土木環境数学Ⅱ

時間と振動数・波数領域による
定数係数の微分方程式と波動方程式の解法

原田 隆典　　本橋 英樹

現代図書

まえがき

本書は、大学工学部に入学し、基礎教育や専門教育において数学者が開講する微分方程式に関する講義の中で、特に、建設系学科の学生や技術者のために、この分野でよく出てくる 1 階微分方程式、2 階微分方程式、連立 1 階微分方程式（状態方程式)、波動方程式に焦点を絞って、時間領域と振動数領域の解法および、振動数・波数領域の解法をわかり易く整理したものである。具体的には、以下のような項目について例題を含めて説明している。

時間領域と振動数領域、振動数・波数領域の解法では、フーリエ変換が有用な数学的道具であり、フーリエ変換によって、時空間領域と振動数・波数領域を迷うことなく行き来できるので、フーリエ変換の使い方とその離散高速フーリエ変換（FFT:Fast Fourier Transform）の重要な項目を説明している。ラプラス変換（Laplace transform）とフーリエ変換の関係から、一般化フーリエ変換の考え方や複素積分の留数定理を整理している。

微分方程式の解析的方法による解法の基礎とともに、実用的に多用される各種の微分方程式を離散化して解くための数値解析法をまとめ、それらの関係を整理している。

構造物の地震応答や免震、制震のための基礎として、振動方程式や状態方程式の最適制御の基礎理論(時間領域の最適制御)とその数値計算例を示している。

地震による地盤震動や外力による地盤振動問題の基礎として重要な 3 次元波動方程式と 2 次元波動方程式の関係を振動数・波数領域の解析から説明している。ここでは、2 重と 3 重フーリエ変換を使うことで、3 次元波動方程式の解が 2 次波動方程式の解から求められることを説明している。

目　次

まえがき ……… iii

概　要 ……… 1

(1) 時間領域と振動数領域(フーリエ変換) ……… 1

(2) 微分方程式の時間領域と振動数領域の解法 ……… 2

第 1 章　典型的な定数係数の微分方程式 ……… 6

1.1　外力を受ける 1 自由度振動モデルの運動方程式 ……… 6

第 2 章　1 階微分方程式の解 ……… 8

2.1　時間領域の解法 ……… 8

(1) 同次方程式の解 ……… 8

2.1　補助記事 1　同次方程式の解の仮定 ……… 8

(2) 非同次方程式の特解 ……… 9

(3) 非同次方程式の一般解と初期条件を満たす解 ……… 11

2.1　補助記事 2　畳み込み積分(Convolution)の模式図による説明 ……… 12

2.1　補助記事 3　指数関数のグラフと外力一定の時の解 ……… 13

2.2　振動数領域の解法(フーリエ変換による方法) ……… 15

(1) フーリエ変換とその条件 ……… 15

(2) ラプラス変換のアイデアとラプラス変換の概要 ……… 15

2.2　補助記事 1　一般化フーリエ変換とラプラス変換の関係 ……… 17

(3) $a > 0$ の場合の解法 ……… 18

(4) $a < 0$ の場合 ……… 21

2.2　補助記事 2　複素積分の留数定理 ……… 22

2.2　補助記事 3　係数の正負で分けて解析しない 1 階微分方程式の振動数領域の解析 (ラプラス変換のアイデアを使ったフーリエ変換：一般化フーリエ変換) ……… 25

(5) 時間領域と振動数領域の解のまとめ ……… 27

2.2　補助記事 4　離散フーリエ変換 ……… 28

第 3 章　2 階微分方程式の解 ……… 32

3.1　時間領域の解法 ……… 32

(1) 同次方程式の解 ……… 32

(2) 非同次方程式の特解 33
(3) 一般解と初期条件を満たす解 34
3.2 振動数領域の解法 37
(1) $h > 0$ の場合 37
(2) $h > 0$ の場合の振動数領域の解のまとめ 40
(3) $h \leq 0$ の場合 40
3.2 補助記事 1 減衰定数零の単振動のフーリエ解析
(ラプラス変換のアイデアを利用したフーリエ変換：一般化フーリエ変換) 41
3.2 補助記事 2 単位衝撃力(Unit Impulse)による応答
(時間領域と振動数領域の 1 階と 2 階の微分方程式の解) 45
3.3 時間領域と振動数領域の単位衝撃力による応答(グリーン関数)と
任意外力による応答の関係 52

第 4 章 定数係数の連立 1 階微分方程式(状態方程式) 54
4.1 概要 54
(1) 定数係数の 2 階微分方程式 55
(2) 定数行列係数の 2 階微分方程式 55
4.2 同次方程式と非同次方程式の解の概要(時間領域) 55
4.3 同次方程式の解 56
(1) 固有値と固有ベクトル、固有行列と係数行列の対角化 57
(2) 係数行列の対角化と対称行列の固有ベクトルの直交性 57
(3) 一般解と初期条件を満たす解 58
4.4 固有値と固有ベクトルに関する性質の整理と例題 59
4.5 指数関数行列を使う解 62
(1) 指数関数行列 62
4.5 補助記事 1 指数関数行列の例題 63
(2) 同次方程式の解 65
4.5 補助記事 2 指数関数行列と差分方程式の関係 65
(3) 非同次方程式の解 66
4.5 補助記事 3 1 自由度振動方程式の指数関数行列(伝達行列) 67

第 5 章 係数行列の固有値のみを使う伝達行列の計算 69
5.1 ケーリー・ハミルトンの定理を使う方法 69
(1) ケーリー・ハミルトンの定理 69
(2) 無限級数和の伝達行列の有限級数和表現 70
(3) 重根の無い場合の例題 71
(4) 重根の有る場合の例題 72
5.1 補助記事 1 ケーリー・ハミルトンの定理 73
5.2 シルベスターの恒等式を使う方法 73
(1) シルベスターの恒等式 73
5.2 補助記事 1 振動方程式の解 75

5.3　振動数領域の解 …… 76
5.3　補助記事 1　$\mathbf{x}(t=\infty)$ で零でないような場合の解
（ラプラス変換のアイデアを使う方法 : 一般化フーリエ変換） …… 78

第 6 章　定数係数の高階微分方程式 …… 81
6.1　時間領域の解 …… 81
(1) 同次方程式の解 …… 81
(2) 非同次方程式の特解 …… 82
6.2　振動数領域の解 …… 82
6.2　補助記事 1　一般化フーリエ変化による 2 階微分方程式（振動方程式）の解 …… 84
6.2　補助記事 2　2 階微分方程式（片持ち梁のたわみ曲線） …… 85
6.2　補助記事 3　4 階微分方程式（両端固定梁のたわみ曲線） …… 87

第 7 章　微分方程式の数値計算法 …… 89
7.1　1 階微分方程式の数値解析法（ルンゲ・クッタ法） …… 89
7.2　2 階微分方程式の数値解析法（ルンゲ・クッタ法） …… 91
7.3　2 階微分方程式の数値解析法（Nigam・Jennings 法） …… 92
7.4　2 階微分方程式の数値解析法（Newmark の β 法を用いた Clough の増分法） …… 94
7.4　補助記事 1　（テイラー展開と Newmark の β 法） …… 95
7.4　補助記事 2　4 次精度のルンゲ・クッタ法と Newmark の β 法の微分演算子と
伝達演算子の関係による整理 …… 96
7.4　補助記事 3　一定外力を受ける振動方程式の差分法解と理論解 …… 101
7.5　連立 1 階微分方程式の数値解析法（直接積分法） …… 103
7.5　補助記事 1　一定外力を受ける 1 自由度系の振動 …… 104
7.5　補助記事 2　一定外力を受ける 1 質点系の振動の数値計算例 …… 106

第 8 章　構造物の免震と制震 …… 110
8.1　受動的免震・制震の考え方 …… 110
(1) 外力を受ける 1 質点系の免震・制震 …… 110
(2) 外力を受ける多質点系の制震 …… 111
(3) 受動的制震系の数値計算 …… 112
8.1　補助記事 1　地震動加速度を受ける 1 質点系の受動的免震・制震の計算例 …… 114
8.2　最適制震理論（外力の無い場合の時間に関する連続系の最適制震法） …… 118
8.2　補助記事 1　スカラーの 1 階微分方程式の最適制震外力 …… 119
8.2　補助記事 2　評価関数の最小値とリカッチ方程式（ラグランジェの未定係数法） …… 121
8.3　制震理論（外力の有る離散系の最適制震法） …… 123
8.3　補助記事 1　外力を受ける離散化連立 1 階微分方程式の最適制震力とリカッチ方程式 …… 125
8.3　補助記事 2　外力の無い 1 自由度系の最適制震力と最適応答の数値計算例 …… 127
8.3　補助記事 3　正定値対称行列 $\mathbf{P}$ の計算のための繰り返し法 …… 132
8.3　補助記事 4　地震動を受ける 1 自由度振動系の最適応答と制震力 …… 133
8.3　補助記事 5　評価関数の最小値とリカッチ方程式 …… 136

第９章　２次元と３次元フーリエ変換による波動方程式の一般解 139
9.1　2次元波動方程式のSH波(面内問題) 140
(1) SH波の波動方程式 140
(2) 振動数・波数領域の解 140
9.1　補助記事1　波数・振動数の幾何学的意味とSnellの法則 141
(3) 多層の要素剛性行列 145
(4) 水平多層弾性体の全体の剛性方程式 147
(5) 水平1層弾性体の地震波応答 148
9.2　2次元波動方程式のP・SV波(面外問題) 151
(1) P・SV波の波動方程式 151
(2) 振動数・波数領域の解 151
(3) 多層の要素剛性行列 153
(4) 水平多層弾性体の全体の剛性方程式 154
9.3　2次元と3次元波動方程式の関係(振動数・波数領域) 155
(1) 3次元波動方程式 156
(2) 振動数・波数領域の解 156
(3) 調和平面波の特性と座標変換 157
(4) 3次元波動方程式の解と2元波動方程式の解の関係 159

参考文献 162
索　引 163

概　要

(1) 時間領域と振動数領域(フーリエ変換)

時間変数または時間と空間変数の関数として表される物理量に関する微分方程式の解法は、以下のように大別できる。

時間変数を持つ微分方程式の解法
- 時間領域の解法
- 振動数領域の解法

時間と空間変数を持つ微分方程式の解法
- 時間・空間領域の解法
- 振動数・波数領域の解法

時間領域と振動数領域、さらに時間・空間領域と振動数・波数領域の架け橋は、フーリエ変換(フーリエ積分、フーリエ逆積分)である。フーリエ変換の意味を理解すると、迷わずに時間領域と振動数領域を往来できる。したがって、両領域の視野から現象が分析できると思われる。同じ答えに行き着く方法は多数あることが一般的なので、たくさんの方法とその意味を学んで現象を分析できる力を養うことは、課題解決能力に幅ができて問題に最も適切かつスマートな方法を適用し解決できるものと思われる。

本書は、定数係数の微分方程式の解法を例に、時間領域と振動数領域の解法を通して、フーリエ変換の意味を解説する。微分方程式として、1 階微分方程式、2 階微分方程式、連立 1 階微分方程式、高次微分方程式を例に、時間領域と振動数領域の解法を説明する。フーリエ変換は、離散高速フーリエ変換(FFT: Fast Fourier Transform)で数値計算できるので、複雑な時間関数や振動数領域の関数の場合には、便利である。このため、フーリエ変換とラプラス変換の関係を示すが、本書では、ラプラス変換のアイデアを使ったフーリエ変換を主に説明する。

本書では、時間領域と振動数領域のフーリエ変換は、以下のように定義する。

$$
\begin{aligned}
F(\omega) &= \int_{-\infty}^{\infty} f(t)\mathrm{e}^{-i\omega t} \\
f(t) &= \frac{1}{2\pi}\int_{-\infty}^{\infty} F(\omega)\mathrm{e}^{i\omega t}d\omega
\end{aligned}
\tag{1}
$$

ここに、$f(t), F(\omega)$ は時間の関数(時間領域の関数)と振動数の関数(振動数領域の関数)を表す。

時間・空間領域と振動数・波数領域のフーリエ変換は、

$$
\begin{aligned}
F(\omega,\boldsymbol{\kappa}) &= \int_{-\infty}^{\infty} f(t,x)\mathrm{e}^{-i(\omega t+\kappa x)}dtdx \\
f(t,x) &= \frac{1}{2\pi}\int_{-\infty}^{\infty} F(\omega,\boldsymbol{\kappa})\mathrm{e}^{i(\omega t+\kappa x)}d\omega d\boldsymbol{\kappa}
\end{aligned}
\tag{2}
$$

または、波動伝播のような時間・空間領域と振動数・波数領域のフーリエ変換は波数と振動数の正負を変更して、以下のように定義することが一般的である。この波動問題への適用を9章で示す。本書の2次元波動問題(9.1節と9.2節)では、次式の定義を使う。

$$
\begin{aligned}
F(\omega,\boldsymbol{\kappa}) &= \int_{-\infty}^{\infty} f(t,x)\mathrm{e}^{-i(\kappa x-\omega t)}dtdx \\
f(t,x) &= \frac{1}{2\pi}\int_{-\infty}^{\infty} F(\omega,\boldsymbol{\kappa})\mathrm{e}^{i(\kappa x-\omega t)}d\omega d\boldsymbol{\kappa}
\end{aligned}
\tag{3}
$$

さらに、2つの空間変数と時間変数の場合(9.3節)、本書では、次式の定義を使う。

$$
\begin{aligned}
F(\omega,\boldsymbol{\kappa}_x,\boldsymbol{\kappa}_y) &= \int_{-\infty}^{\infty} f(t,x,y)\mathrm{e}^{-i(\kappa_x x+\kappa_y y-\omega t)}dtdxdy \\
f(t,x,y) &= \frac{1}{(2\pi)^2}\int_{-\infty}^{\infty} F(\omega,\boldsymbol{\kappa}_x,\boldsymbol{\kappa}_y)\mathrm{e}^{i(\kappa_x x+\kappa_y y-\omega t)}d\omega d\boldsymbol{\kappa}_x d\boldsymbol{\kappa}_y
\end{aligned}
\tag{4}
$$

(2) 微分方程式の時間領域と振動数領域の解法

微分方程式の時間領域と振動数領域の解法をまとめると、以下の箱書きのようになる。

時間領域の解法

(1) 一般解＝同次方程式の解と非同次方程式の特解の和で与えられる。

(2) 同次方程式の解＝$C\mathrm{e}^{\lambda t}$ (C＝積分定数) の指数関数を仮定する。特性方程式よりλを決め、それぞれの指数関数の和として与えられる。微分方程式の階数と同じ数の積分定数が現れる。

(3) 非同次方程式の特解＝同次方程式の解の係数を時間関数と仮定して ($C(t)\mathrm{e}^{\lambda t}$)、非同次方程式を満たすように係数$C(t)$を決めて、特解を求める(定数変化法)。

(4) 初期条件を満たす解＝初期条件を満たすように一般解に現れる積分定数を決める。

(5) 初期条件を満たす解＝初期条件を満たす同次方程式の解と初期条件が零の特解の和で与えられる構成が一般的である。

振動数領域の解法(フーリエ変換による解法)

フーリエ変換を使う場合、$t=\infty$で必ず零に収束するような関数でなければならない。

下記 (2) の手順が必要となる。もちろん、物理的に必ずこの条件が満たされるような問題 (このような場合がほとんどである) では、下記 (2) の手順を飛ばし、微分方程式に対してフーリエ変換を行えばよい。下記 (2) の手順による方法を (一般化フーリエ変換と呼ぶ) 一般化したものがラプラス変換であるが、高速フーリエ変換を用いる離散高速フーリエ変換 (FFT: Fast Fourier Transform) による効率的な数値フーリエ変換を使うことにより振動数領域の解法は応用範囲が広い。

(1) 微分方程式の外力と解を $q(t), x(t)$ として説明する。

(2) $t = t_0$ を初期時間とし、$t = \infty$ で必ず零に収束するような新しい関数として、$z(t) = \mathrm{e}^{-\alpha t} q(t), y(t) = \mathrm{e}^{-\alpha t} x(t), \alpha \geq 0, t \geq t_0$ (その他では零とする) を導入する。

(3) $q(t), x(t)$ に関する微分方程式に上式の関係を代入し、新しい関数 $z(t), y(t)$ に関する微分方程式 (新微分方程式) を作る。

(4) 新微分方程式のフーリエ変換から、新しい関数 $z(t), y(t)$ のフーリエ変換 $Z(\omega), Y(\omega)$ と初期条件との関係式を導く。

(5) $Y(\omega)$ の逆フーリエ変換より、新しい関数 $y(t)$ を求める。

(6) 新しい関数 $y(t)$ に $\mathrm{e}^{\alpha t}$ を乗じて、微分方程式の解 $x(t)$ を求める。

箱書きの内容をもう少し詳細に解説すると、以下のようになる。

時間変数を持つ物理量に関する 3 つの典型的な定数係数の微分方程式を使って、時間領域と振動数領域の解法を説明する。

$$1 \text{ 階微分方程式：} \dot{v} + av = q(t) \tag{5}$$

$$2 \text{ 階微分方程式：} \ddot{x} + 2h\omega_0 \dot{x} + \omega_0^2 x = q(t) \tag{6}$$

$$\text{連立 } 1 \text{ 階微分方程式：} \dot{\mathbf{X}}(t) = \mathbf{A}\mathbf{X}(t) + \mathbf{Q}(t) \tag{7}$$

ここでは、時間と空間変数を持つ物理量に関する微分方程式の解法は省略するが、ここで示す振動数領域の解法をそのまま振動数・波数領域の解法に応用することができる。

時間領域の解法では、上記微分方程式の定数係数の正負を心配しないで解が求められる。しかし、振動数領域の解法では、フーリエ変換に対する制約条件として時間が無限 ($t = \infty$) で応答 (微分方程式の解) が零または有限でなければならない。この制約条件は、上記微分方程式の定数係数の正負に関わるため振動数領域の解法では定数係数の正負に注意が必要となる。しかし、この点に気を付ければ、両者の解は同じになる。振動数領域の解法の基本は、以下のようにまとめることができる。

次式のように定数 $\alpha > 0$ を導入して、応答関数 $x(t)$ と外力関数 $q(t)$ に指数関数 $\mathrm{e}^{-\alpha t}$ をかけて新しい応答関数 $y(t)$ と外力関数 $z(t)$ をつくると、この応答関数と外力関数は時間が無限大では必ず零に収束し、フーリエ積分が存在する。また、微分方程式の初期値問題としては、$t<0$で零と仮定することは適切である。

$$y(t)=\begin{cases}e^{-\alpha t}x(t) & t\geq 0\\ 0 & t<0\end{cases},\quad z(t)=\begin{cases}e^{-\alpha t}q(t) & t\geq 0\\ 0 & t<0\end{cases} \tag{8}$$

この新しいに関数に関する微分方程式は、上式の関係から新しい関数の微分を考えると、次式のようになり、新しい関数に対しては常にフーリエ変換が存在する。

1 階微分方程式：$\dot{y}+(a+\alpha)y=z(t)$ (9)

2 階微分方程式：$\ddot{y}+2\tilde{h}\tilde{\omega}_0\dot{y}\ +\tilde{\omega}_0^2 y=z(t)$ (10a)

ここに、

$$\begin{aligned}\tilde{h}\tilde{\omega}_0 &= h\omega_0+\alpha\\ \tilde{\omega}_0^2 &= \alpha^2+2\alpha h\omega_0+\omega_0^2\end{aligned} \tag{10b}$$

連立 1 階微分方程式：$\dot{\mathbf{y}}(t)=\left(\mathbf{A}-\alpha\mathrm{I}\right)\mathbf{y}(t)+\mathbf{z}(t)$ (11)

この微分方程式から解（応答関数）を求めて、その解に指数関数 $e^{\alpha t}$ をかけて、もとの応答関数を求めることができる。もとの微分方程式（式(5)～式(7)）の定数係数 a,h や定数係数行列 $\mathbf{A}$ の固有値が正の場合、応答は減衰して時間が無限（$t=\infty$）で零となるのでフーリエ変換は存在し、新しい関数に関する微分方程式（式(9)～式(11)）経由を採る必要はない。しかし、もとの微分方程式の定数係数が負の場合、新しい関数に関する微分方程式を経由しなければならない。適切な正の定数 α を採用することにより新しい関数の微分方程式（式(9)～式(11)）の定数係数や定数係数行列 $\mathbf{A}$ の固有値が正となるように調整することができるので、新しい関数のフーリエ変換は存在する。

したがって、振動数領域の解法（フーリエ変換を用いる解法）としては、上式（式(8)～式(11)）を経由して解を求めると、時間領域の解法と同じように定数係数の正負を気にせずに定式化することができる。

もちろん時間領域と振動数領域の解法からは同じ解が導かれる。ただ、振動数領域の解法は、フーリエ変換の制約条件を考慮した定式化の必要なことが弱点であるものの、一般化フーリエ変換を使えば、制約条件を満足する。物理現象では大抵の場合、制約条件は満足されることと、複雑な時間関数を調和振動という単純な振動現象に分解して考えることができるという数学的な方法で時間関数の物理的解釈に便利であること等の強みを持つため、応用範囲が広い。

本書では、微分方程式の解法の基礎を丁寧に説明している。しかし、コンピューターによる数値計算法で直接に解く方法が多用されているので、7 章で、数値解析法を整理している。また、連立 1 階微分方程式（状態方程式）を扱うので、8 章で、振動制御への適用例を整理している。

第 1 章
典型的な定数係数の微分方程式

典型的な定数係数の 2 階微分方程式と 1 階微分方程式を扱うに当たり、外力を受ける 1 質点 1 自由度振動モデルの運動方程式を例にして、この運動方程式が、定数係数の 2 階微分方程式と 1 階微分方程式になることから始める。連立 1 階微分方程式に関しては、4 章で説明する。

1.1　外力を受ける 1 自由度振動モデルの運動方程式

図 1.1-1 (a) のようなばねと減衰器 (ダッシュポット) に支持された質量 m の質点に外力が作用する場合の運動方程式を例として取り上げる。ばね定数を k 、減衰係数を c 、外力を $f(t)$ とする。

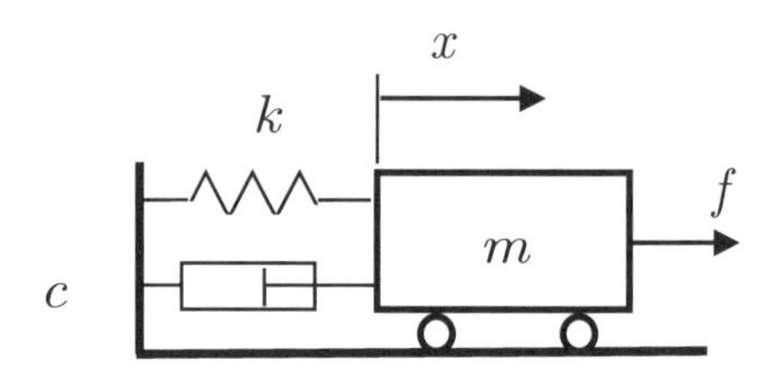

(a) 外力を受けるばね・減衰係数・質量の 1 質点振動モデル

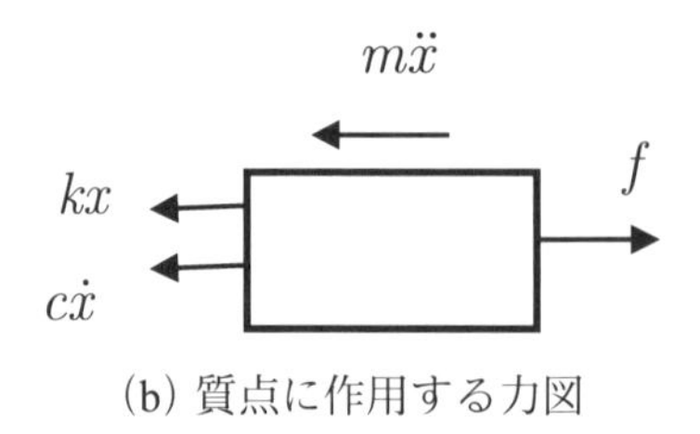

(b) 質点に作用する力図

図 1.1-1　1 質点 1 自由度振動系とその記号

図 1.1-1 (b) は時刻 t において質点に作用している力の状態を示す。この力の釣合い式より、運動方程式は、

$$m\ddot{x} + c\dot{x} + kx = f \tag{1.1-1}$$

この式は、以下のように表現できる。

$$\ddot{x} + 2h\omega_0\dot{x} + \omega_0^2 x = q(t) \tag{1.1-2a}$$

ここに、

$$\omega_0 = \sqrt{\frac{k}{m}},\ h = \frac{c}{2km},\ q(t) = \frac{f(t)}{m} \tag{1.1-2b}$$

ここで、ばねを取り除くと、運動方程式は、

$$m\ddot{x} + c\dot{x} = f(t) \tag{1.1-3}$$

この式は以下のように一階微分方程式である。

$$\dot{v} + av = q(t) \tag{1.1-4a}$$

ここに、

$$v = \dot{x},\ a = \frac{c}{m},\ q(t) = \frac{f(t)}{m} \tag{1.1-4b}$$

式 (1.1-2) と式 (1.1-4) は、典型的な定数係数の 2 階微分方程式と 1 階微分方程式である。この運動方程式の例で用いた 1 質点系振動問題では、微分方程式の係数（h, ω_0, a）は全て正の定数である。しかし、以下に説明する微分方程式の定数係数は、正だけではなく正や負の定数係数を有する微分方程式として、時間領域の解法と振動数領域(フーリエ変換を用いる)の解法を説明する。定数係数の正負を物理現象で見ると、正の場合には、2 階微分方程式と 1 階微分方程式には抵抗力が働き、時間とともに減衰・減少して、応答は零になる。しかし、負の場合、加振力として作用するため、応答は時間とともに増大し、零にはならない。

なお、時間領域の解法では、微分方程式の定数係数の正や負に関して注意せずに定式化ができる。一方、フーリエ変換を用いる振動数領域の解法では、定数係数の正や負に関して注意が必要であるものの、どちらの解法でも同じ解を得ることができる。一般化フーリエ変換を使えば、定数係数の正や負を気にせずに解析できる。

同じ解が得られるのであれば、時間領域の解法の方のみの説明でよいかもしれない。しかし、振動数領域の解法は、時間領域の物理現象を振動数領域に変換して見るので物理的解釈に適した方法であるので、応用範囲も広い。この理由のために、両方の解法を対比できるように振動数領域の解法を説明することとした。以下では、これらの微分方程式の時間領域と振動数領域(フーリエ変換)の解法を示す。

第 2 章
1 階微分方程式の解

ここでは、時間領域の解法(2.1 節)と振動数領域の解法(2.2 節)の 2 つを説明する。

2.1　時間領域の解法

次式の微分方程式と初期条件を設定して、解法を説明する。

微分方程式：$\dot{v} + av = q(t)$　(2.1-1a)

初期条件　：$t = t_0,\ v(t_0) = v_0$　(2.1-1b)

この解は、$q(t) = 0$ とした場合(同次方程式と呼ばれる)の解 v_h と $q(t) \neq 0$ の場合(非同次方程式)の特解 v_p の和で与えられる。

$$v = v_h + v_p \tag{2.1-2}$$

(1) 同次方程式の解

この解は、通常、$v = Ce^{\lambda t}$ と仮定する(2.1 補助記事 1)。これを微分方程式に代入すると、

$$(\lambda + a)Ce^{\lambda t} = 0 \tag{2.1-3}$$

$v \neq 0$ の解を持つためには、特性方程式と呼ばれる $f(\lambda) = (\lambda + a) = 0$ の条件式が成立しなければならない。

$$\lambda = -a \tag{2.1-4}$$

したがって、一般解は、

$$v_h = Ce^{-at} \tag{2.1-5}$$

ここに、積分定数 C は初期条件から決められる。これは、後の(3)で示す。

2.1　補助記事 1　同次方程式の解の仮定

同次方程式の解の仮定は、通常、指数関数を仮定する。指数関数は微分しても指数関数になる不変関数なので、微分方程式の解に適しているからである。また、計算が簡単

になるからである。しかし、最も基本的には、連続関数は、次式の多項式で表現できる(Weierstrass（ワイエルシュトラス）の定理)ので、微分方程式の解を多項式で仮定するのが原理的であろう。

$$\begin{aligned} v_h &= a_0 + a_1 t + a_2 t^2 + \cdots + a_n t^n + \cdots \\ &= \sum_{n=0}^{\infty} a_n t^n \end{aligned} \tag{A2.1-1-1}$$

上式を微分方程式に代入し整理すると、次式が得られる。

$$\begin{aligned} &(aa_0 + a_1) + (aa_1 + 2a_2)t + (aa_2 + 3a_3)t^2 + \cdots + (aa_n + (n+1)a_{n+1})t^n + \cdots \\ &= \sum_{n=0}^{\infty} (aa_n + (n+1)a_{n+1})t^n = 0 \end{aligned} \tag{A2.1-1-2a}$$

時間に関係なく上式が成立するには、次式が必要となる。これより未知係数が得られる。

$$\begin{aligned} &aa_0 + a_1 = 0 \to a_1 = -aa_0 \\ &aa_1 + 2a_2 = 0 \to a_2 = a^2 a_0 / 2! \\ &aa_2 + 3a_3 = 0 \to a_3 = -a^3 a_0 / 3! \\ &\vdots \\ &aa_n + (n+1)a_{n+1} = 0 \to a_{n+1} = -a^{n+1} a_0 / (n+1)! \\ &\vdots \end{aligned} \tag{A2.1-1-2b}$$

この関係式を多項式に代入すると、微分方程式の解は、未知係数が１つの次式の多項式となる。

$$\begin{aligned} v_h &= a_0 \left(1 - (at) + \frac{1}{2!}(at)^2 - \frac{1}{3!}(at)^3 + \cdots + \frac{1}{n!}(at)^n - \frac{1}{(n+1)!}(at)^{n+1} + \cdots \right) \\ &= a_0 e^{-at} \\ e^x &= 1 + x + \frac{1}{2!}x^2 + \frac{1}{3!}x^3 + \cdots + \frac{1}{n!}x^n + \cdots \end{aligned} \tag{A2.1-1-3}$$

以上のように、多項式を仮定して、多項式が微分方程式を満足するための条件から多項式の係数を求めると、１つの未知係数の指数関数になる。したがって、最初から、未知係数を持つ指数関数を仮定した方が簡単なので、指数関数を仮定するのが常道である。

(2) 非同次方程式の特解

特解の求め方は、以下の定数変化法 a)が一般的方法であるが、1 階微分方程式の場合には、指数関数の特性を使う方法 b)もある。

a) 定数変化法

この方法は、次式の同次方程式の一般解の積分定数を時間関数と仮定する。特解は初期条件が零の解とする。

$$v_p = C(t)\mathrm{e}^{-at},\ v_p(t_0) = C(t_0) = 0 \tag{2.1-6}$$

これと $\dot{v}_p = \dot{C}(t)\mathrm{e}^{-at} - av_p$ を微分方程式に代入すると、

$$\dot{C}(t)\mathrm{e}^{-at} = q(t) \rightarrow \dot{C}(t) = \mathrm{e}^{at}q(t) \tag{2.1-7}$$

この式の両辺を時間 $t_0 \sim t$ で積分すると、

$$\int_{t_0}^{t} \dot{C}(\tau)d\tau = \int_{t_0}^{t} \mathrm{e}^{a\tau}q(\tau)d\tau \tag{2.1-8a}$$

上式では、積分区間 t と積分変数 τ を区別しても、次式のように積分値は変わらないことを用いた。

$$\int f(t)dt = \int f(\tau)d\tau \tag{2.1-8b}$$

式(2.1-8)左辺の積分は、$C(t) - C(t_0)$ なので、

$$C(t) = C(t_0) + \int_{t_0}^{t} \mathrm{e}^{a\tau}q(\tau)d\tau \tag{2.1-9a}$$

初期条件が零であるため、上式右辺第 1 項は零となるので、係数は次式で与えられる。

$$C(t) = \int_{t_0}^{t} \mathrm{e}^{a\tau}q(\tau)d\tau \tag{2.1-9b}$$

この時間係数より、特解は、次式の畳み込み積分(Convolution)で与えられる(2.1 補助記事 2)。

$$v_p = C(t)\mathrm{e}^{-at} = \int_{t_0}^{t} q(\tau)\mathrm{e}^{-a(t-\tau)}d\tau \tag{2.1-9c}$$

b) 指数関数の特性を使う方法

1 階微分方程式の両辺に e^{at} を掛けると、次式が得られる。

$$\mathrm{e}^{at}\dot{v} + a\mathrm{e}^{at}v = \mathrm{e}^{at}q(t) \rightarrow \frac{d}{dt}\left(\mathrm{e}^{at}v\right) = \mathrm{e}^{at}q(t) \tag{2.1-10a}$$

この式の両辺を時間 $t_0 \sim t$ で積分すると、次式が得られる。

$$\begin{aligned} \left[\mathrm{e}^{at}v_p\right]_{t_0}^{t} &= \int_{t_0}^{t} \mathrm{e}^{a\tau}q(\tau)d\tau \\ \left[\mathrm{e}^{at}v_p\right]_{t_0}^{t} &= \mathrm{e}^{at}v_p(t) - \mathrm{e}^{at_0}v_p(t_0) = \mathrm{e}^{at}v_p(t) \end{aligned} \tag{2.1-10b}$$

上式 2 段目右辺では、初期条件が零の条件を用いた。したがって、特解は次式で与えられる。

$$v_p(t) = \int_{t_0}^{t} \mathrm{e}^{-a(t-\tau)} q(\tau) d\tau \tag{2.1-11}$$

(3) 非同次方程式の一般解と初期条件を満たす解

微分方程式の一般解は、同次方程式の一般解と非同次方程式の特解の和で与えられるので、(1) 項と (2) 項の解より、微分方程式の一般解は、次式で与えられる。

$$\begin{aligned} v &= v_h + v_p \\ &= C\mathrm{e}^{-at} + \int_{t_0}^{t} \mathrm{e}^{-a(t-\tau)} q(\tau) d\tau \end{aligned} \tag{2.1-12}$$

初期条件 $v(t_0) = v_0$ を上式に代入すると、未知係数（積分定数と呼ぶ）が、次式のように求められる。

$$C = v_0 \mathrm{e}^{at_0} \tag{2.1-13}$$

したがって、初期条件を満たす微分方程式の解は、次式となる。

$$v = v_0 \mathrm{e}^{-a(t-t_0)} + \int_{t_0}^{t} \mathrm{e}^{-a(t-\tau)} q(\tau) d\tau \tag{2.1-14}$$

この式の右辺第 1 項は初期条件を満たす解である。右辺第 2 項の外力との畳み込み積分（Convolution）（2.1 補助記事 2）は、初期条件が零の解である。別の言い方をすれば、初期条件を満たす微分方程式の解は、初期条件を満たす同次方程式の解と初期条件が零の非同次方程式の解の和で与えられる。

この解は、指数関数 $\mathrm{e}^{-a(t-t_0)}$ を含むので、a の正負で、時間とともに減少するか、増加するかの 2 つの特性を有する（2.1 補助記事 3)。振動数領域の解析では、a の正負で解析手順が異なるが、同じ時間領域の解が得られる（2.2 節参照)。しかし、ラプラス変換のアイデアを用いたフーリエ変換（一般化フーリエ変換と呼ぶ）を使えば、a の正負を気にせずに、1 回の手順で同じ時間領域の解が得られる（3.2 補助記事 2)。

以上では、初期条件の時刻を t_0 として説明したが、初期条件の時刻を零とする場合が多い。この場合、$t_0 = 0$ とすればよい。

$$v = v_0 \mathrm{e}^{-at} + \int_{0}^{t} \mathrm{e}^{-a(t-\tau)} q(\tau) d\tau \tag{2.1-15}$$

上式から初期条件の時刻を t_0 とした解を得るためには、初期条件を満たす右辺第 1 項の時刻を $t \to t - t_0$、右辺第 2 項の積分範囲 $0 \sim t \to t_0 \sim t$ に変更だけでよいことがわかる。右辺第 2 項の畳み込み積分の被積分関数の変更は不要である。

2.1　補助記事２　畳み込み積分（Convolution）の模式図による説明

外力と応答関数の時間をずらしながら積分する畳み込み積分を模式図で説明する。ここでは、積分範囲 $0 \sim t$ で説明する。

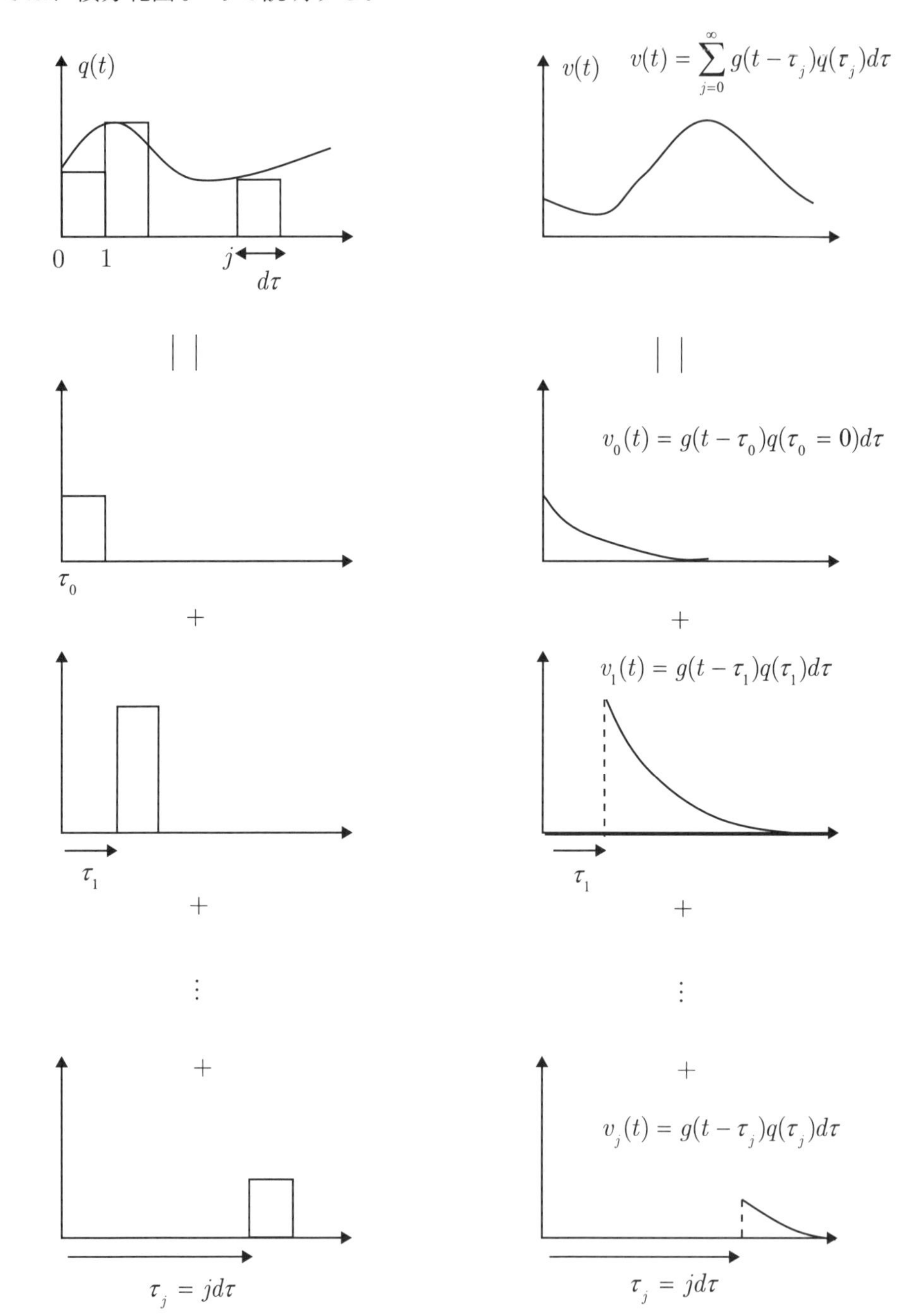

図 A2.1-2-1　畳み込み積分の模式的説明図
（左図：外力の微小矩形分解、右図：微小矩形外力の各応答とその和としての応答）

外力を図 A2.1-2-1 のように微小時間の矩形に分割する。外力の単位衝撃力（Unit impulse：微小矩形外力の面積が 1 となるような外力であるため、時間分割を $d\tau$ としているので、矩形外力の高さは $1/d\tau$ となる）による応答を $g(t)$ とする（グリーン関数と呼ばれる）。単位衝撃力は、次式のデルタ関数で定義される。

$$\delta(t)=\delta(-t)=\begin{cases}\infty & t=0\\ 0 & t\neq 0\end{cases},\quad \int_{-\infty}^{\infty}\delta(t)dt=1 \qquad \text{(A2.1-2-1)}$$

単位衝撃力による時間領域と振動数領域の応答に関しては、3.2 補助記事 2 で述べるが、1 階微分方程式では、$g(t)=\mathrm{e}^{-at}$ となる。次式のように各矩形外力の面積は $q(\tau_j)d\tau$ なので、単位面積 1 による単位衝撃力の応答 $g(t-\tau_j)$ に衝撃力 $q(\tau_j)d\tau$ を掛けて足し合わせると、外力による応答が得られる。 図 A2.1-2-1 のように衝撃力の作用時間をずらしながら足し合わせることになるため、畳み込み積分と呼ばれる。

$$\begin{aligned}v(t)&=\sum_{j=0}^{\infty}g(t-\tau_j)q(\tau_j)d\tau\\&=\int_0^{\infty}g(t-\tau)q(\tau)d\tau\end{aligned} \qquad \text{(A2.1-2-2a)}$$

各矩形による応答 $g(t)$ は、外力が作用するまでは零であるため、次式が成立する。

$$g(t-\tau_j)=\begin{cases}g(t-\tau_j) & \tau_j\leq t\\ 0 & \tau_j>t\end{cases} \qquad \text{(A2.1-2-2b)}$$

この条件式のため、応答は、次式のようにも表される。

$$v(t)=\int_0^{\infty}g(t-\tau)q(\tau)d\tau=\int_0^{t}g(t-\tau)q(\tau)d\tau \qquad \text{(A2.1-2-3)}$$

2.1　補助記事 3　指数関数のグラフと外力一定の時の解

指数関数 $f(t)=\mathrm{e}^{-at}$ は、a の正負で、その図形は、以下のように時間が無限大で零か、無限大になる性質を有する（図 A2.1-3-1）。

外力 $q(t)=q_0$ の時の解は、次式となる。

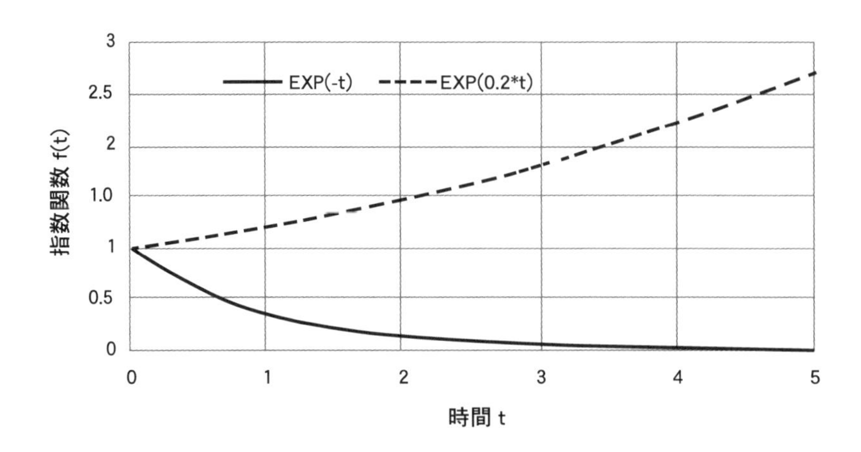

図 A2.1-3-1　指数関数の図の例 ($f(t)=\mathrm{e}^{-at}, a=1,-0.2$)

$$
\begin{aligned}
v &= v_0 \mathrm{e}^{-at} + \int_0^t \mathrm{e}^{-a(t-\tau)} q(\tau) d\tau \\
&= v_0 \mathrm{e}^{-at} + \frac{q_0}{a}\left(1-\mathrm{e}^{-at}\right)
\end{aligned}
\qquad \text{(A2.1-3-1)}
$$

図 A2.1-3-2 は、一定外力による応答を示す。この場合、$v_0 = 1, a = 1, q_0 = 2$ としているので、初期の約 1 秒以下の時間では、同次方程式の解が影響し、それ以降は非同次方程式の解が支配的になる。4 秒以降は、一定外力の値 2 に収束する。

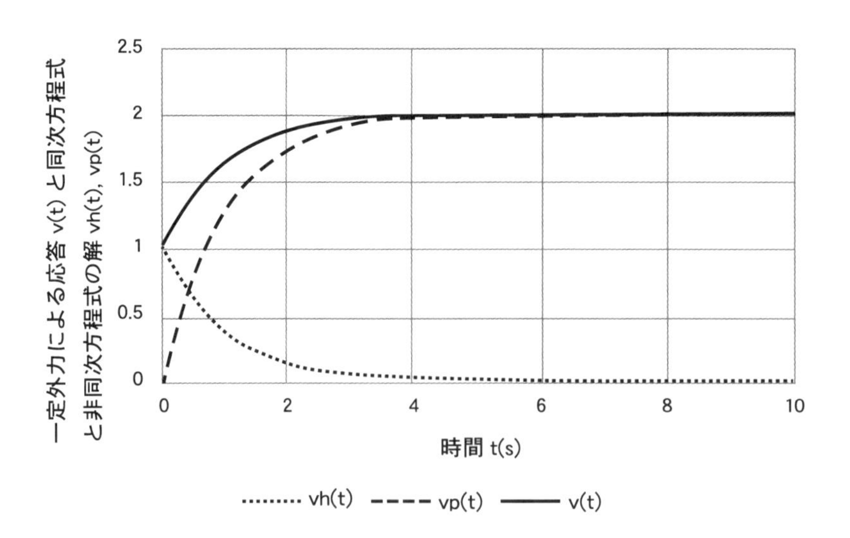

図 A2.1-3-2　一定外力による応答 $v(t)$ と同次方程式と非同次方程式の解 $v_h(t), v_p(t)$ の比較 ($v_0 = 1, a = 1, q_0 = 2$)

2.2　振動数領域の解法(フーリエ変換による方法)

微分方程式と初期条件は、時間領域の場合と同じとする。微分方程式の解法の前に、フーリエ変換を以下に説明する。

(1) フーリエ変換とその条件

任意の時間関数 $x(t)$ のフーリエ積分 $X(\omega)$ は、

$$X(\omega) = \int_{-\infty}^{\infty} x(t)\mathrm{e}^{-i\omega t}dt \tag{2.2-1a}$$

その逆フーリエ積分により、任意の時間関数 $x(t)$ が次式のように求められる。

$$x(t) = \frac{1}{2\pi}\int_{-\infty}^{\infty} X(\omega)\mathrm{e}^{i\omega t}d\omega \tag{2.2-1b}$$

これらのフーリエ積分、逆フーリエ積分という呼び名は逆転して使われることもあり、また、まとめてフーリエ変換と呼ばれる。

任意の時間関数のフーリエ積分が存在するための数学的条件は、$x(t)$ が積分可能で、次式のように絶対値の積分が有限でなければならない。

$$\int_{-\infty}^{\infty} |\, x(t)\,|dt < c \quad \text{(有限値)} \tag{2.2-2a}$$

そして、$x(t)$ がその右側と左側で微分係数を持つすべての点(不連続点)では、次式のように中間値に収束する。

$$\frac{1}{2}\left(x(t^{+}) + x(t^{-})\right) = \frac{1}{2\pi}\int_{-\infty}^{\infty} X(\omega)\mathrm{e}^{i\omega t}d\omega \tag{2.2-2b}$$

上式のように関数 $x(t)$ の不連続点では、不連続点の中間値にフーリエ積分が収束することに注意しておかなければならない(因果性を有する指数関数の例は 2.2 補助記事 4 参照)。

(2) ラプラス変換のアイデアとラプラス変換の概要

関数が式(2.2-2a)を満たさずに、$x(t=\pm\infty)=0$ とならないような場合、フーリエ積分は直接に使えない。しかし、このような場合でも、ラプラス変換のアイデア（ラプラス変換はこのようなフーリエ変換の難点を除いて一般化したもの)をフーリエ変換(一般化フーリエ変換と呼ぶ)に適用すれば、以下のようにフーリエ変換が使える。

解析解が得にくい場合、離散フーリエ変換による数値計算が使えるので、ラプラス変換に比べると、フーリエ変換の方の応用範囲は広い。そこで、ここではラプラス変換に関しての説明は概要にとどめる(2.2 補助記事 1)。

次式のように正の定数$\alpha > 0$を導入して、新しい関数$y(t)$をつくる。この新しい関数は、時間が無限大では零に収束するので、この関数のフーリエ積分が存在する。また、微分方程式の初期値問題では、$t < 0$で零と仮定することは適切である。

$$y(t) = \begin{cases} e^{-\alpha t}x(t) & t \geq 0 \\ 0 & t < 0 \end{cases} \tag{2.2-3}$$

関数$y(t)$のフーリエ変換は、元の関数$x(t)$のフーリエ積分と次式の関係にある。

$$Y(\omega) = \int_{-\infty}^{\infty} y(t)e^{-i\omega t}dt = \int_{0}^{\infty} x(t)e^{-i(\omega - i\alpha)t}dt = X(\omega - i\alpha) \tag{2.2-4a}$$

ここに、

$$X(\omega - i\alpha) = \int_{-\infty}^{\infty} x(t)e^{-i(\omega - i\alpha)t}dt = \int_{0}^{\infty} x(t)e^{-i(\omega - i\alpha)t}dt \tag{2.2-4b}$$

振動数領域における新しい関数と元の関数の関係を表す上式の関係は、元の関数のフーリエ積分が存在しない場合であっても、振動数領域の振動数を複素数$\omega - i\alpha$（正の定数$\alpha > 0$で定数であることに注意せよ）にすれば、元の関数のフーリエ積分$X(\omega - i\alpha)$が存在することを意味する。

関数$Y(\omega)$のフーリエ逆変換は、次式で与えられる。

$$y(t) = \frac{1}{2\pi}\int_{-\infty}^{\infty} Y(\omega)e^{i\omega t}d\omega = \frac{1}{2\pi}\int_{-\infty}^{\infty} X(\omega - i\alpha)e^{i\omega t}d\omega \tag{2.2-4c}$$

この両辺に$e^{\alpha t}$を掛けると、元の関数が得られる。

$$x(t) = e^{\alpha t}y(t) = e^{\alpha t}\left(\frac{1}{2\pi}\int_{-\infty}^{\infty} X(\omega - i\alpha)e^{i\omega t}d\omega\right) \tag{2.2-4d}$$

この式は、$X(\omega - i\alpha)$をフーリエ変換して関数$y(t)$を求め、これに$e^{\alpha t}$を乗じて、関数$x(t)$が求められることを示す。この手順を使うと、時間が無限大で零に収束しないような関数でも、フーリエ変換を使うことができる(3.2 補助記事 1)。

上式は、新しい関数$y(t)$のフーリエ積分$Y(\omega)$の逆フーリエ積分から元の関数$x(t)$を求める手順を示した。この手順で時間が無限大で零に収束しないような関数でも、フーリエ変換(一般化フーリエ変換)を使うことができる。

ここで、上式を次式のように書き変えて、一般化フーリエ変換の定式化を示す。

$$x(t) = \frac{1}{2\pi}\int_{-\infty}^{\infty} X(\omega - i\alpha)\mathrm{e}^{i(\omega - i\alpha)t}d\omega$$
$$= \frac{1}{2\pi}\int_{-\infty}^{\infty} X(\omega^*)\mathrm{e}^{i\omega^* t}d\omega^* \tag{2.2-5a}$$
$$\omega^* = \omega - i\alpha, \quad d\omega = d\omega^*$$

ここに、複素振動数 $\omega^* = \omega - i\alpha$ の α は正の定数なので、変数は振動数 ω で、$d\omega = d\omega^*$ となる。フーリエ逆積分から、

$$X(\omega - i\alpha) = \frac{1}{2\pi}\int_{-\infty}^{\infty} x(t)\mathrm{e}^{-i(\omega - i\alpha)t}dt$$

または、　(2.2-5b)

$$X(\omega^*) = \frac{1}{2\pi}\int_{-\infty}^{\infty} x(t)\mathrm{e}^{-i\omega^* t}dt$$
$$\omega^* = \omega - i\alpha$$

この定式化は、時間が無限大で零に収束しない関数 $x(t)$ は、複素振動数 $\omega^* = \omega - i\alpha$ を導入したフーリエ変換とすればよいことを意味する（3.2 補助記事 2 のグリーン関数はこの定式化を使った例）。

2.2　補助記事 1　一般化フーリエ変換とラプラス変換の関係

$x(t = \pm\infty) = 0$ を満たさない関数であっても、関数 $x(t)$ に $\mathrm{e}^{-\alpha t}$（α は正の定数）を掛けて、この条件を満たす関数を作ると、上記では、そのフーリエ変換（一般化フーリエ変換）は、次式になることを説明した。

$$X(\omega^*) = \int_{0}^{\infty} x(t)\mathrm{e}^{-i\omega^* t}dt$$
$$x(t) = \frac{1}{2\pi}\int_{-\infty}^{\infty} X(\omega^*)\mathrm{e}^{i\omega^* t}d\omega^* \tag{A2.2-1-1}$$
$$\omega^* = \omega - i\alpha, \quad d\omega^* = d\omega$$

ここに、関数 $x(t)$ は時間 $0 \le t \le \infty$ で定義される因果性の関数としている。

ここで、振動数 ω は、$\omega = \omega^* + i\alpha$ を通してこの積分に寄与していることを強調するために、積分変数を ω^* から ω に代えて、上式を書き変えると、次式が得られる。

$$\int_{0}^{\infty} x(t)\mathrm{e}^{-(\alpha + i\omega)t}dt = X(\alpha + i\omega)$$
$$\frac{1}{2\pi}\int_{-\infty}^{\infty} X(\alpha + i\omega)\mathrm{e}^{(\alpha + i\omega)t}d\omega = x(t) \tag{A2.2-1-2}$$
$$\omega^* = \omega - i\alpha, \quad d\omega^* = d\omega$$

$s = \alpha + i\omega$ とすると、$ds = id\omega \to d\omega = ds / i$ なので、$\omega = \pm\infty$ の時に $s = \alpha \pm i\infty$ である。この変数変換を上式に代入すると、次式が得られる。

$$
\begin{aligned}
&X(s) = \int_0^\infty x(t)\mathrm{e}^{-st}dt \\
&x(t) = \frac{1}{2\pi i}\int_{\alpha-i\infty}^{\alpha+i\infty} X(s)\mathrm{e}^{st}ds \\
&s = \alpha + i\omega
\end{aligned}
\tag{A2.2-1-3}
$$

上式をラプラス変換（Laplace transform）と呼ぶ。ラプラス変換は、解析解が得られる場合に有効である。しかし、時間関数が複雑な場合など積分による解析解が得難い場合には、フーリエ変換の方が離散高速フーリエ変換（FFT: Fast Fourier Transform）による数値計算に利用しやすい（2.2 補助記事 3）。このため、本書ではフーリエ変換を主にして微分方程式の解を求める。

ラプラス変換のアイデアを用いたフーリエ変換（一般化フーリエ変換）を使えば、a の正負を気にせずに、1 回の手順で同じ時間領域の解が得られる（3.2 補助記事 2）。しかし、ここでは、フーリエ変換を使った振動数領域の解析の手順の説明を強調するために、通常のフーリエ変換による振動数領域の解析から始める。

（3） $a > 0$ の場合の解法

この場合、時間がたつと応答は減衰し零になるので、物理的に $v(t = \infty) = 0$ が成立する。ラプラス変換のアイデアを持ち込まずに、以下のように定式化できる。

微分方程式（式（2.1-1））の両辺に $\mathrm{e}^{-i\omega t}$ をかけて積分すると、次式が得られる。

$$
\int_{t_0}^\infty \dot{v}\mathrm{e}^{-i\omega t}dt + a\int_{t_0}^\infty v\mathrm{e}^{-i\omega t}dt = \int_{t_0}^\infty q(t)\mathrm{e}^{-i\omega t}dt \tag{2.2-6a}
$$

積分範囲は、問題設定の条件より $t_0 \le t \le \infty$ である。部分積分を使うと、

$$
\begin{aligned}
\int_{t_0}^\infty \dot{v}\mathrm{e}^{-i\omega t}dt &= \left[v\mathrm{e}^{-i\omega t}\right]_{t_0}^\infty - (-i\omega)\int_{t_0}^\infty v\mathrm{e}^{-i\omega t}dt \\
&= -v(t_0)\mathrm{e}^{-i\omega t_0} + i\omega V(\omega)
\end{aligned}
\tag{2.2-6b}
$$

ここで、外力 $q(t)$ と応答 $v(t)$ のフーリエ積分を $Q(\omega), V(\omega)$ とする。すなわち、

$$
\begin{aligned}
Q(\omega) &= \int_{-\infty}^\infty q(t)\mathrm{e}^{-i\omega t}dt = \int_{t_0}^\infty q(t)\mathrm{e}^{-i\omega t}dt \\
V(\omega) &= \int_{-\infty}^\infty v(t)\mathrm{e}^{-i\omega t}dt = \int_{t_0}^\infty v(t)\mathrm{e}^{-i\omega t}dt
\end{aligned}
\tag{2.2-6c}
$$

ここに、t が t_0 より小さい時、問題設定の条件より外力と応答は零なので、積分範囲は t_0 から無限大と書ける。初期条件 $v(t_0)=v_0$ を式(2.2-6b)に代入し、これらを式(2.2-6a)に代入すると、次式が得られる。

$$-v_0\mathrm{e}^{-i\omega t_0}+i\omega V(\omega)+aV(\omega)=Q(\omega) \tag{2.2-7a}$$

上式から、

$$V(\omega)=\frac{v_0\mathrm{e}^{-i\omega t_0}+Q(\omega)}{(i\omega+a)} \tag{2.2-7b}$$

応答変位は、フーリエ逆変換から次式のように求められる。

$$v(t)=\frac{1}{2\pi}\int_{-\infty}^{\infty}V(\omega)\mathrm{e}^{i\omega t}d\omega=\frac{1}{2\pi}\int_{-\infty}^{\infty}\frac{v_0\mathrm{e}^{-i\omega t_0}+Q(\omega)}{(i\omega+a)}\mathrm{e}^{i\omega t}d\omega \tag{2.2-8}$$

このフーリエ変換は、高速フーリエ変換を使い数値計算で時間領域に変換できる。しかし、ここでは、以下のようにこの振動数に関する積分の解析解が得られるので、時間領域の解と一致することを示す。

$$\begin{aligned}
v(t)&=\frac{1}{2\pi}\int_{-\infty}^{\infty}V(\omega)\mathrm{e}^{i\omega t}d\omega=\frac{1}{2\pi}\int_{-\infty}^{\infty}\frac{v_0\mathrm{e}^{-i\omega t_0}+Q(\omega)}{(i\omega+a)}\mathrm{e}^{i\omega t}d\omega\\
&=\left(\frac{1}{2\pi}\int_{-\infty}^{\infty}\frac{\mathrm{e}^{-i\omega t_0}}{(i\omega+a)}\mathrm{e}^{i\omega t}d\omega\right)v_0+\left(\frac{1}{2\pi}\int_{-\infty}^{\infty}\frac{Q(\omega)}{(i\omega+a)}\mathrm{e}^{i\omega t}d\omega\right)\\
&=\mathrm{e}^{-a(t-t_0)}v_0+\left(\frac{1}{2\pi}\int_{-\infty}^{\infty}\left(\int_{t_0}^{\infty}\frac{q(\tau)\mathrm{e}^{-i\omega\tau}}{(i\omega+a)}\mathrm{d}\tau\right)\mathrm{e}^{i\omega t}d\omega\right)\\
&=\mathrm{e}^{-a(t-t_0)}v_0+\left(\int_{t_0}^{\infty}\left(\frac{1}{2\pi}\int_{-\infty}^{\infty}\frac{\mathrm{e}^{-i\omega\tau}}{(i\omega+a)}\mathrm{e}^{i\omega t}d\omega\right)q(\tau)d\tau\right)\\
&=\mathrm{e}^{-a(t-t_0)}v_0+\int_{t_0}^{\infty}\mathrm{e}^{-a(t-\tau)}q(\tau)d\tau\\
&=\mathrm{e}^{-a(t-t_0)}v_0+\int_{t_0}^{t}\mathrm{e}^{-a(t-\tau)}q(\tau)d\tau
\end{aligned} \tag{2.2-9a}$$

上式は、時間領域の解法で求めた 1 階微分方程式の解に一致している。したがって、振動数領域の解法から得られる式(2.2-8)は、1 階微分方程式の振動数領域の解である。

なお、上式を導くに当たり、次式のフーリエ積分に関する関係式を用いた。式(2.2-9a)の右辺の最後の段の積分範囲が、$t_0\sim\infty\rightarrow t_0\sim t$ は、次式のように $t-\tau$ が負になると $\mathrm{e}^{-a(t-\tau)}$ が零となるからである。

$$\frac{1}{2\pi}\int_{-\infty}^{\infty}\frac{1}{(i\omega+a)}\mathrm{e}^{i\omega t}d\omega=\begin{cases}\mathrm{e}^{-at} & t\geq 0\\ 0 & t<0\end{cases} \tag{2.2-9b}$$

この式は複素積分（留数定理）を使うと求めることができる（2.2 補助記事 2)。また、直接的ではないが、この式の右辺のような指数関数で表される時間関数のフーリエ積分が、$1/(i\omega+a)$ となることと、フーリエ変換の関係からこの式を確かめることができる。

ここで、式(2.2-8)の解の性質を調べておく。初期時間 $t=t_0$ では、上式右辺第 1 項が v_0 となり、第 2 項の積分値は零となる。すなわち、次式のように振動数に関する積分の右辺第 1 項の積分は、初期条件を満足する解を、右辺第 2 項の積分は初期条件として零の解を与える。

$$v(t)=\frac{1}{2\pi}\int_{-\infty}^{\infty}\frac{v_0\mathrm{e}^{i\omega(t-t_0)}}{(i\omega+a)}d\omega+\frac{1}{2\pi}\int_{-\infty}^{\infty}\frac{Q(\omega)}{(i\omega+a)}\mathrm{e}^{i\omega t}d\omega \tag{2.2-10}$$

＝(初期条件を満たす解)＋(初期条件が零の解)

上記には、フーリエ変換を使った微分方程式の厳密な解法を示したが、初期条件が零である解(物理現象ではこのような条件が多い)を求めるには、部分積分を行わずに、以下のような手順が使えるので、簡単で便利である。

外力と応答を以下のような振幅 $Q(\omega), V(\omega)$ の調和振動を仮定する。

手順(i):

$$q(t)=Q(\omega)\mathrm{e}^{i\omega t},\quad v(t)=V(\omega)\mathrm{e}^{i\omega t} \tag{2.2-11a}$$

手順(ii):

これらを式(2.1-1)の微分方程式に代入すると、次式が得られる。

$$(i\omega+a)V(\omega)=Q(\omega) \tag{2.2-11b}$$

または、

$$V(\omega)=\frac{Q(\omega)}{i\omega+a} \tag{2.2-11c}$$

ここに、$V(\omega)$ は振動数応答関数と呼ばれる。

手順(iii):

次式のように全ての振動数の調和振動解を足し合わせると、初期条件が零の応答を求めることができる。

$$v(t)=\frac{1}{2\pi}\int_{-\infty}^{\infty}V(\omega)\mathrm{e}^{i\omega t}d\omega=\frac{1}{2\pi}\int_{-\infty}^{\infty}\frac{Q(\omega)}{(i\omega+a)}\mathrm{e}^{i\omega t}d\omega \tag{2.2-11d}$$

このような手順による解は初期条件が零の解であることに注意せよ。また、時間領域の解は、式(2.2-9a)のように求められる。

$$v(t)=\int_{t_0}^{t}\mathrm{e}^{-a(t-\tau)}q(\tau)d\tau \tag{2.2-12}$$

(4)　$a < 0$の場合

この場合には、$v(t=\infty)=0$が成立しない。この場合、直接的にフーリエ変換が使えないので、以下のようなラプラスの考え方を使う定式化が必要となる。(2) のラプラスのアイデアに従い新しい関数$y(t)$を導入する（$\alpha > 0$）。

$$y(t)=\begin{cases} e^{-\alpha t}v(t) & t \geq t_0 \\ 0 & t < t_0 \end{cases}, \quad z(t)=\begin{cases} e^{-\alpha t}q(t) & t \geq t_0 \\ 0 & t < t_0 \end{cases} \tag{2.2-13a}$$

これらの新しい関数を使うと、次式が得られる。

$$\dot{v}+av=e^{\alpha t}\left(\dot{y}+(a+\alpha)y\right), \quad q=e^{\alpha t}z \tag{2.2-13b}$$

新しい関数に関する微分方程式は、

$$\begin{aligned} &\dot{y}+(a+\alpha)y=z(t) \\ &y(t_0)=y_0=e^{-\alpha t_0}v_0 \end{aligned} \tag{2.2-13c}$$

上式で、$(a+\alpha)$が正の定数になるように定数αを決めると$(\alpha > -a)$、$y(t=\infty)=0$の条件が成り立つ。したがって、(3) で説明したような微分方程式のフーリエ変換による解法を新しい関数yに関する微分方程式に適用して使うことができる（(2) 参照)。この結果、次式の振動数領域の解が得られる。

$$Y(\omega)=\frac{y_0 e^{-i\omega t_0}+Z(\omega)}{(i\omega+a+\alpha)} \tag{2.2-13d}$$

フーリエ積分より、次式の時間領域の解が得られる。

$$y(t)=\frac{1}{2\pi}\int_{-\infty}^{\infty}Y(\omega)e^{i\omega t}d\omega=\frac{1}{2\pi}\int_{-\infty}^{\infty}\frac{y_0 e^{-i\omega t_0}+Z(\omega)}{(i\omega+a+\alpha)}e^{i\omega t}d\omega \tag{2.2-13e}$$

上式のフーリエ積分は、(3)の結果を使い、次式のように変数変換して得られる。

$$v \to y, a \to a+\alpha, q \to z \tag{2.2-14}$$

関数yの解は、次式のようになる。

$$y(t)=e^{-(a+\alpha)(t-t_0)}y_0+\int_{t_0}^{t}e^{-(a+\alpha)(t-\tau)}z(\tau)d\tau \tag{2.2-15}$$

この式から元の変数に変換すると、$a<0$の場合の微分方程式の解vが求められる。

$$v(t)=e^{-a(t-t_0)}v_0+\int_{t_0}^{t}e^{-a(t-\tau)}q(\tau)d\tau \tag{2.2-16}$$

この解は、$a>0$の場合のフーリエ変換による解と同じであり、2.1 節で示した時間領域の解と一致する。

2.2　補助記事2　複素積分の留数定理

留数とは、複素数 z の関数 $f(z)$ が、$z=a$ に特異点を持つとき、次式のようにローラン展開をしたときに、係数 A_{-1} を留数と呼ぶ。記号では、$\mathrm{Res}(f(z);a)$ とする場合が多い。

$$f(z)=\sum_{n=-\infty}^{\infty}A_n(z-a)^n=\sum_{n=0}^{\infty}A_n(z-a)^n+\sum_{n=1}^{\infty}\frac{A_{-n}}{(z-a)^n} \qquad \text{(A2.2-2-1a)}$$

この場合、留数 A_{-1} を求めるには、次式となることは自明である。

$$A_{-1}=\mathrm{Res}(f(z);a)=(z-a)f(z;a) \qquad \text{(A2.2-2-1b)}$$

また、$z=a$ で m 位の特異点（重根）を持つ場合には、関数 $f(z)$ は、$1/(z-a)^m$ に比例する形式となるので、$(z-a)^m f(z)$ を微分してゆくと係数 A_{-1} が求められるので、留数は次式で求めることになる。

$$\mathrm{Res}\big(f(z);a\big)=\frac{1}{(m-1)!}\frac{d^{m-1}}{dz^{m-1}}\big((z-a)^m f(z);a\big) \qquad \text{(A2.2-2-1c)}$$

複素数 z の関数 $f(z)$ の複素積分は、特異点の値の反時計回り（積分の経路の時計回り、反時計回りは関係ない）の複素積分値で以下のように求められる。特に、$f(z)$ が複素数 z の全ての実数に対して有限であれば、その積分は、次式で与えられる。

$$\int_{-\infty}^{\infty}f(\omega)\mathrm{e}^{\pm i\omega t}d\omega=2\pi i\sum\mathrm{Res}\Big(f(z)\mathrm{e}^{\pm izt};\alpha_k\Big),t\geq 0 \qquad \text{(A2.2-2-2)}$$

ここに、α_k は $f(z)$ の特異点
＋の場合、上半円の閉曲路
－の場合、下半円の閉曲路

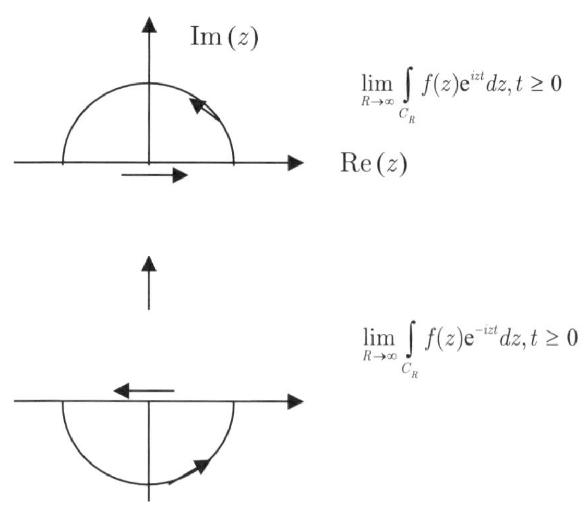

図 A2.2-2-1　上と下半円の閉曲線と複素積分の関係

この留数定理を使うと、次式の積分は、$\omega=ia,(a>0)$ に特異点（上半円内の特異点）を持つので、その特異点周りの積分値となり、右辺のように書ける。下半円内に特異点

はないので、$t < 0$ では、零となる。

$$\frac{1}{2\pi}\int_{-\infty}^{\infty}\frac{1}{(i\omega+a)}\mathrm{e}^{i\omega t}d\omega=\frac{1}{2\pi}2\pi i\mathrm{Res}\left(\frac{z-ia}{(iz+a)}\mathrm{e}^{izt};ia\right)$$
$$=i\frac{1}{i}\mathrm{e}^{-at}=\mathrm{e}^{-at},t\geq 0 \quad \text{(A2.2-2-3a)}$$

まとめて書くと、

$$\frac{1}{2\pi}\int_{-\infty}^{\infty}\frac{1}{(i\omega+a)}\mathrm{e}^{i\omega t}d\omega=\begin{cases}\mathrm{e}^{-at} & t\geq 0\\ 0 & t<0\end{cases} \quad \text{(A2.2-2-3b)}$$

3.2 節の 2 階微分方程式で出てくる次式のフーリエ変換の解析解を、留数定理で求めておく。

$$\frac{1}{2\pi}\int_{-\infty}^{\infty}\frac{1}{\left(-\omega^2+i2h\omega_0\omega+\omega_0^2\right)}\mathrm{e}^{i\omega t}d\omega \quad \text{(A2.2-2-4)}$$

この場合、次の 3 つの場合が考えられる。

(1) $0 < h < 1$ の時：

$$\alpha_1=h\omega_0 i+\omega_D,\alpha_2=h\omega_0 i-\omega_D$$
$$\omega_D=\omega_0\sqrt{1-h^2},\alpha_1+\alpha_2=2ih\omega_0 \quad \text{(A2.2-2-5a)}$$
$$\alpha_1-\alpha_2=2\omega_D,\alpha_1\alpha_2=-\omega_0^2$$

伝達関数は次式のように表現できる。特異点は上半円の 2 点であるので、$t > 0$ でそのほかは零となる。

$$\frac{1}{\left(-\omega^2+i2h\omega_0\omega+\omega_0^2\right)}=\frac{-1}{\left(\omega-\alpha_1\right)\left(\omega-\alpha_2\right)}$$
$$\mathrm{Res}(\alpha_1)=\frac{-1}{\alpha_1-\alpha_2}\mathrm{e}^{i\alpha_1 t}=\frac{-1}{2\omega_D}\mathrm{e}^{-h\omega_0 t}\mathrm{e}^{i\omega_D t}$$
$$\mathrm{Res}(\alpha_2)=\frac{-1}{\alpha_2-\alpha_1}\mathrm{e}^{i\alpha_2 t}=\frac{1}{2\omega_D}\mathrm{e}^{-h\omega_0 t}\mathrm{e}^{-i\omega_D t} \quad \text{(A2.2-2-5b)}$$
$$\mathrm{Res}(\alpha_1)+\mathrm{Res}(\alpha_2)=\frac{-1}{2\omega_D}\mathrm{e}^{-h\omega_0 t}2i\sin\omega_D t$$

したがって、

$$\frac{1}{2\pi}\int_{-\infty}^{\infty}\frac{1}{\left(-\omega^2+i2h\omega_0\omega+\omega_0^2\right)}\mathrm{e}^{i\omega t}d\omega=\frac{1}{2\pi}2\pi i\sum_{k=1}^{2}\mathrm{Res}\left(f(z)\mathrm{e}^{izt};\alpha_k\right),t\geq 0$$
$$=\frac{1}{2\pi}2\pi i\frac{-1}{2\omega_D}\mathrm{e}^{-h\omega_0 t}2i\sin\omega_D t \quad \text{(A2.2-2-5c)}$$
$$=\frac{1}{\omega_D}\mathrm{e}^{-h\omega_0 t}\sin\omega_D t$$

まとめると、次式が得られる。

$$\frac{1}{2\pi}\int_{-\infty}^{\infty}\frac{1}{\left(-\omega^2+i2h\omega_0\omega+\omega_0^2\right)}\mathrm{e}^{i\omega t}d\omega=\left\{\begin{matrix}\frac{1}{\omega_D}\mathrm{e}^{-h\omega_0 t}\sin\omega_D t & t\geq 0\\ 0 & t<0\end{matrix}\right\}0<h<1 \tag{A2.2-2-5d}$$

(2) $h>1$の時：

$$\begin{aligned}&\alpha_1=i(h\omega_0+\tilde{\omega}_D),\alpha_2=i(h\omega_0-\tilde{\omega}_D)\\&\tilde{\omega}_D=\omega_0\sqrt{h^2-1},\alpha_1+\alpha_2=2ih\omega_0\\&\alpha_1-\alpha_2=2i\tilde{\omega}_D,\alpha_1\alpha_2=-\omega_0^2\end{aligned} \tag{A2.2-2-6a}$$

伝達関数は次式のように表現できる。特異点は上半円の 2 点であるので、$t>0$でその他は零となる。

$$\begin{aligned}&\frac{1}{\left(-\omega^2+i2h\omega_0\omega+\omega_0^2\right)}=\frac{-1}{\left(\omega-\alpha_1\right)\left(\omega-\alpha_2\right)}\\&\mathrm{Res}(\alpha_1)=\frac{-1}{\alpha_1-\alpha_2}\mathrm{e}^{i\alpha_1 t}=\frac{-1}{2i\tilde{\omega}_D}\mathrm{e}^{-h\omega_0 t}\mathrm{e}^{-\tilde{\omega}_D t}\\&\mathrm{Res}(\alpha_2)=\frac{-1}{\alpha_2-\alpha_1}\mathrm{e}^{i\alpha_2 t}=\frac{1}{2i\tilde{\omega}_D}\mathrm{e}^{-h\omega_0 t}\mathrm{e}^{\tilde{\omega}_D t}\\&\mathrm{Res}(\alpha_1)+\mathrm{Res}(\alpha_2)=\frac{-1}{2i\tilde{\omega}_D}\mathrm{e}^{-h\omega_0 t}\left(\mathrm{e}^{-\tilde{\omega}_D t}-\mathrm{e}^{\tilde{\omega}_D t}\right)\end{aligned} \tag{A2.2-2-6b}$$

したがって、

$$\begin{aligned}\frac{1}{2\pi}\int_{-\infty}^{\infty}\frac{1}{\left(-\omega^2+i2h\omega_0\omega+\omega_0^2\right)}\mathrm{e}^{i\omega t}d\omega&=\frac{1}{2\pi}2\pi i\sum_{k=1}^{2}\mathrm{Res}\left(f(z)\mathrm{e}^{izt};\alpha_k\right),t\geq 0\\&=\frac{1}{2\pi}2\pi i\frac{-1}{2i\tilde{\omega}_D}\mathrm{e}^{-h\omega_0 t}\left(\mathrm{e}^{-\tilde{\omega}_D t}-\mathrm{e}^{\tilde{\omega}_D t}\right)\\&=\frac{1}{2\tilde{\omega}_D}\mathrm{e}^{-h\omega_0 t}\left(\mathrm{e}^{\tilde{\omega}_D t}-\mathrm{e}^{-\tilde{\omega}_D t}\right)\end{aligned} \tag{A2.2-2-6c}$$

まとめると、次式が得られる。

$$\begin{aligned}&\frac{1}{2\pi}\int_{-\infty}^{\infty}\frac{1}{\left(-\omega^2+i2h\omega_0\omega+\omega_0^2\right)}\mathrm{e}^{i\omega t}d\omega=\left\{\begin{matrix}\frac{1}{2\tilde{\omega}_D}\mathrm{e}^{-h\omega_0 t}\left(\mathrm{e}^{\tilde{\omega}_D t}-\mathrm{e}^{-\tilde{\omega}_D t}\right) & t\geq 0\\ 0 & t<0\end{matrix}\right\}h>1\\&\tilde{\omega}_D=\omega_0\sqrt{h^2-1}\end{aligned} \tag{2.2-2-6d}$$

(3) $h=1$の時：

$$\begin{aligned}&\alpha_1=\alpha_2=i\omega_0\\&\alpha_1+\alpha_2=2i\omega_0\\&\alpha_1-\alpha_2=0,\alpha_1\alpha_2=-\omega_0^2\end{aligned} \tag{A2.2-2-7a}$$

伝達関数は次式のように表現できる。特異点は上半円の 1 点 $z = i\omega_0$ で 2 位の特異点であり、$t > 0$ でその他は零となる。

$$\frac{1}{\left(-\omega^2 + \omega_0^2\right)} = \frac{-1}{\left(\omega - \alpha_1\right)^2}$$

$$\begin{aligned} \mathrm{Res}(\alpha_1) &= \mathrm{Res}(\alpha_2) \\ &= \frac{d}{dz}\left(\left(z - \alpha_1\right)^2 \frac{-1}{\left(z - \alpha_1\right)^2} \mathrm{e}^{izt}; \alpha_1\right) \\ &= -it\mathrm{e}^{i\alpha_1 t} = -it\mathrm{e}^{-\omega_0 t} \end{aligned} \tag{A2.2-2-7b}$$

したがって、

$$\begin{aligned} \frac{1}{2\pi}\int_{-\infty}^{\infty} \frac{1}{\left(-\omega^2 + i2\omega_0\omega + \omega_0^2\right)} \mathrm{e}^{i\omega t} d\omega &= \frac{1}{2\pi} 2\pi i \mathrm{Res}\left(f(z)\mathrm{e}^{izt}; \alpha\right), t \geq 0 \\ &= \frac{1}{2\pi} 2\pi i \frac{d}{dz}\left(\left(z - \alpha\right)^2 \frac{-\mathrm{e}^{izt}}{\left(z - \alpha\right)^2}; \alpha\right) \\ &= \frac{1}{2\pi} 2\pi i\left(-it\mathrm{e}^{-\omega_0 t}\right) \\ &= t\mathrm{e}^{-\omega_0 t} \end{aligned} \tag{A2.2-2-7c}$$

まとめると、次式が得られる。

$$\frac{1}{2\pi}\int_{-\infty}^{\infty} \frac{1}{\left(-\omega^2 + i2\omega_0\omega + \omega_0^2\right)} \mathrm{e}^{i\omega t} d\omega = \left.\begin{cases} t\mathrm{e}^{-\omega_0 t} & t \geq 0 \\ 0 & t < 0 \end{cases}\right\} h = 1 \tag{2.2-2-7d}$$

2.2　補助記事 3　係数の正負で分けて解析しない 1 階微分方程式の振動数領域の解析（ラプラス変換のアイデアを使ったフーリエ変換：一般化フーリエ変換）

2.2 節(3)と(4)では、1 階微分方程式の係数を正負に分けて振動数領域の解析法を示した。ここでは、分けないで最初からラプラス変換のアイデアを使ったフーリエ変換による振動数解析法を示す。

この場合、微分方程式は、次式である。

微分方程式：$\dot{v} + av = q(t)$　(A2.2-3-1a)

初期条件　：$t = t_0, v(t_0) = v_0$　(A2.2-3-1b)

ラプラス変換のアイデアを使ったフーリエ変換は、2.2 節(2)より、次式となる。

$$V(\omega^*) = \int_0^\infty v(t)\mathrm{e}^{-i\omega^* t}dt, \quad Q(\omega^*) = \int_0^\infty q(t)\mathrm{e}^{-i\omega^* t}dt$$

$$v(t) = \frac{1}{2\pi}\int_{-\infty}^{\infty} V(\omega^*)\mathrm{e}^{i\omega^* t}d\omega^*, \quad q(t) = \frac{1}{2\pi}\int_{-\infty}^{\infty} Q(\omega^*)\mathrm{e}^{i\omega^* t}d\omega^* \qquad \text{(A2.2-3-2)}$$

$$\omega^* = \omega - i\alpha, \quad d\omega^* = d\omega$$

手順は 2.2 節（3）と同様である。微分方程式の両辺に $\mathrm{e}^{-i\omega^* t}$ をかけて積分する。積分範囲は、問題設定の条件より $t_0 \le t \le \infty$ である。部分積分を使うと、$v(t=\infty)$で、1 階微分方程式の係数が正の場合は零であるが、負の場合でも、$v\mathrm{e}^{-i\omega^* t} = v(t)\mathrm{e}^{-\alpha t}\mathrm{e}^{-i\omega t}$ なので、零になる。これを考慮すると、次式が得られる。

$$\int_{t_0}^{\infty} \dot{v}\mathrm{e}^{-i\omega^* t}dt = \left[v\mathrm{e}^{-i\omega^* t}\right]_{t_0}^{\infty} - (-i\omega^*)\int_{t_0}^{\infty} v\mathrm{e}^{-i\omega^* t}dt$$
$$= -v(t_0)\mathrm{e}^{-i\omega^* t_0} + i\omega^* V(\omega^*) \qquad \text{(A2.2-3-3a)}$$

初期条件 $v(t_0) = v_0$ を考慮すると、次式が得られる。

$$V(\omega^*) = \frac{v_0\mathrm{e}^{-i\omega^* t_0} + Q(\omega^*)}{(i\omega^* + a)} \qquad \text{(A2.2-3-3b)}$$

応答変位は、フーリエ逆変換から次式のように求められる。

$$v(t) = \frac{1}{2\pi}\int_{-\infty}^{\infty} V(\omega^*)\mathrm{e}^{i\omega^* t}d\omega^* = \frac{1}{2\pi}\int_{-\infty}^{\infty} \frac{v_0\mathrm{e}^{-i\omega^* t_0} + Q(\omega^*)}{(i\omega^* + a)}\mathrm{e}^{i\omega^* t}d\omega^* \qquad \text{(A2.2-3-3c)}$$

ここでは、以下のようにこの振動数に関する積分の解析解が得られるので、時間領域の解と一致することを示す。

$$\frac{1}{2\pi}\int_{-\infty}^{\infty} \frac{v_0}{(i\omega^* + a)}\mathrm{e}^{i\omega^*(t-t_0)}d\omega^* = \begin{cases} \mathrm{e}^{-a(t-t_0)} & t \ge t_0 \\ 0 & t < t_0 \end{cases} \qquad \text{(A2.2-3-4a)}$$

$$\frac{1}{2\pi}\int_{-\infty}^{\infty} \frac{Q(\omega^*)}{(i\omega^* + a)}\mathrm{e}^{i\omega^* t}d\omega^* = \int_{t_0}^{\infty}\left(\frac{1}{2\pi}\int_{-\infty}^{\infty}\frac{1}{(i\omega^* + a)}\mathrm{e}^{i\omega^*(t-\tau)}d\omega^*\right)q(\tau)d\tau$$
$$= \int_{t_0}^{\infty} \mathrm{e}^{-a(t-\tau)}q(\tau)d\tau = \int_{t_0}^{t} \mathrm{e}^{-a(t-\tau)}q(\tau)d\tau \qquad \text{(A2.2-3-4b)}$$

2 つの上式を式（A2.2-3-3c）右辺に代入すると、次式の応答が得られる。この式は、2.2 節(3)と(4)のように 2 つに分けた振動数領域の解析から得られる時間領域の解と同じである。

$$v(t) = \mathrm{e}^{-a(t-t_0)}v_0 + \int_{t_0}^{t} \mathrm{e}^{-a(t-\tau)}q(\tau)d\tau \qquad \text{(A2.2-3-5)}$$

フーリエ変換を使って微分方程式の振動数領域の解を得る場合、微分方程式の解が無限大時間で零になる必要がある。この条件を満足しない場合には、通常のフーリエ変換は使えない。しかし、ここで示したようなラプラス変換のアイデアを使ったフーリエ変換（一般化フーリエ変換）を使えば、この条件を気にせずに、振動数領域の解を求めることができる。

(5) 時間領域と振動数領域の解のまとめ

時間領域の解法では、aの正負に関する条件を考えることなく解を導くことができたが、フーリエ変換を使う振動数領域の解法では、フーリエ変換の制約条件$v(t=\pm\infty)=0$が成立しなければならないので、この条件を満たす場合と満たさない場合に分けて定式化を示した（(3) と (4)）。いずれの場合にも、同じ解が得られることがわかった。すなわち、フーリエ変換を使う振動数領域の解法は、時間領域の解法とともに微分方程式の解法として利用できることを示した。ただ、振動数領域の解法は、フーリエ変換の制約条件を考慮した定式化の必要なことが弱点であるが、物理現象では大抵の場合、制約条件は満足されることと、複雑な時間関数を調和振動という単純な振動現象に分解して考えることができるという数学的な方法で時間関数の物理的解釈に便利であること等の強みを持ち広い応用範囲を持つ。

両者の関係は、フーリエ変換により対応している（(3)参照）。

時間領域の解：

$$v(t)=\mathrm{e}^{-a(t-t_0)}v_0+\int_{t_0}^{t}\mathrm{e}^{-a(t-\tau)}q(\tau)d\tau \tag{2.2-17a}$$

振動数領域の解：

$$v(t)=\frac{1}{2\pi}\int_{-\infty}^{\infty}\frac{v_0\mathrm{e}^{i\omega(t-t_0)}}{(i\omega+a)}d\omega+\frac{1}{2\pi}\int_{-\infty}^{\infty}\frac{Q(\omega)}{(i\omega+a)}\mathrm{e}^{i\omega t}d\omega \tag{2.2-17b}$$

上式は、$a>0$の解である。aの正負に依存しない振動数領域の解は、ラプラス変換のアイデアを使った次式のフーリエ変換の解となる（2.2 節(2)、2.2 補助記事 3）。

$$v(t)=\frac{1}{2\pi}\int_{-\infty}^{\infty}\frac{v_0\mathrm{e}^{-i\omega^* t_0}}{(i\omega^*+a)}\mathrm{e}^{i\omega^* t}d\omega^*+\frac{1}{2\pi}\int_{-\infty}^{\infty}\frac{Q(\omega^*)}{(i\omega^*+a)}\mathrm{e}^{i\omega^* t}d\omega^* \tag{2.2-18a}$$

ここに、ラプラス変換のアイデアを使ったフーリエ変換（一般化フーリエ変換）は次式のように定義される。

$$\begin{aligned}
&V(\omega^*)=\int_{0}^{\infty}v(t)\mathrm{e}^{-i\omega^* t}dt, &&Q(\omega^*)=\int_{0}^{\infty}q(t)\mathrm{e}^{-i\omega^* t}dt\\
&v(t)=\frac{1}{2\pi}\int_{-\infty}^{\infty}V(\omega^*)\mathrm{e}^{i\omega^* t}d\omega^*, &&q(t)=\frac{1}{2\pi}\int_{-\infty}^{\infty}Q(\omega^*)\mathrm{e}^{i\omega^* t}d\omega^*\\
&\omega^*=\omega-i\alpha,\ \alpha>0, &&d\omega^*=d\omega
\end{aligned} \tag{2.2-18b}$$

2.2　補助記事４　離散フーリエ変換

ここでは、次式の解析解が得られている指数関数とその振動数領域の解を使って、離散フーリエ変換を説明する。複雑な解析解が得られない場合には、離散フーリエ変換による解析が重要となる（例えば、原田・本橋(2021)）。

$$V(\omega)=\int_{-\infty}^{\infty} v(t)\mathrm{e}^{-i\omega t}dt$$
$$v(t)=\frac{1}{2\pi}\int_{-\infty}^{\infty} V(\omega)\mathrm{e}^{i\omega t}d\omega \qquad \text{(A2.2-4-1)}$$

$V(\omega)$はフーリエスペクトルで、単位は$v(t)$の単位に時間をかけたものとなる。このフーリエ変換は、以下の離散フーリエ変換から数値計算で求められる。

$$V_W(md\omega)=\frac{T}{N}\sum_{n=0}^{N-1} v_T(ndt)\mathrm{e}^{-i\frac{2\pi mn}{N}}$$
$$v_T(mdt)=\frac{1}{T}\sum_{n=0}^{N-1} V_W(nd\omega)\mathrm{e}^{i\frac{2\pi mn}{N}} \qquad \text{(A2.2-4-2a)}$$

ここに、

$$dt=\frac{2\pi}{W},\quad d\omega=\frac{2\pi}{T},\quad W=Nd\omega,\quad T=Ndt \qquad \text{(A2.2-4-2b)}$$

図 A2.2-4-1 のように$v_T(t), V_W(\omega)$は、周期T, Wの周期関数である。離散フーリエ変換では、時刻歴波形をdtで離散化すると、振動数領域は、周期$W=2\pi/dt$の周期関数となる。もし、$V(\omega)$が、$|\omega|>\pi/dt$で零ならば、フーリエスペクトルが互いに重なることはない。そうでなければ、重なり、それぞれの寄与がわからなくなる。この現象をAliasingという。これを回避するには、dtを小さくし、振動数領域の周期$W=2\pi/dt$を大きくするように、離散化することである。

具体的には、$\omega_{\max}=\pi/dt, (f_{\max}=1/(2dt))$を大きくする。この最大振動数をNyquist振動数と呼ぶ。逆に、dtで離散化された波形は、最大振動数$f_{\max}=1/(2dt)=1/T_{\min}$，$T_{\min}=2dt$以下の振動数しか表せない。

例題：$v(t)=\mathrm{e}^{-at}$とすると、解析解は$V(\omega)=1/(i\omega+a)$となる。以下の変位波形のフーリエスペクトルを求める。

$$v_T(t)=\mathrm{e}^{-2t}, 0\le t\le T=4,\quad dt=0.25, N=2^4=16$$

この指数関数のフーリエスペクトルは、解析解が次式で与えられる。

$$V(\omega)=\frac{1}{i\omega+2}=\frac{2}{4+\omega^2}-i\frac{\omega}{4+\omega^2}$$

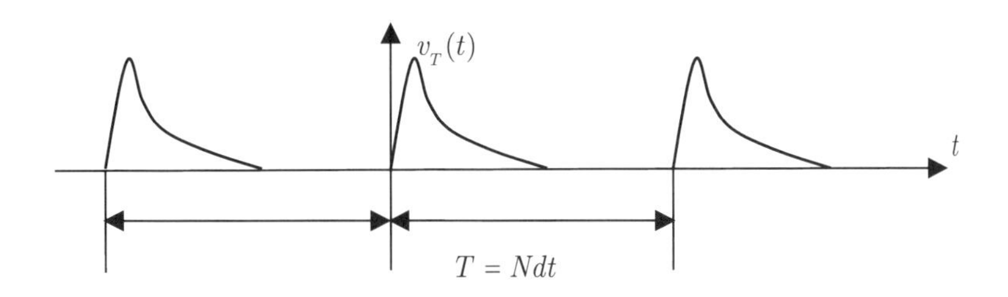

(a) 時刻歴波形 $v(t)$ の周期関数 $v_T(t)$ ($v_T(t)$ を時間間隔 dt で離散化する)

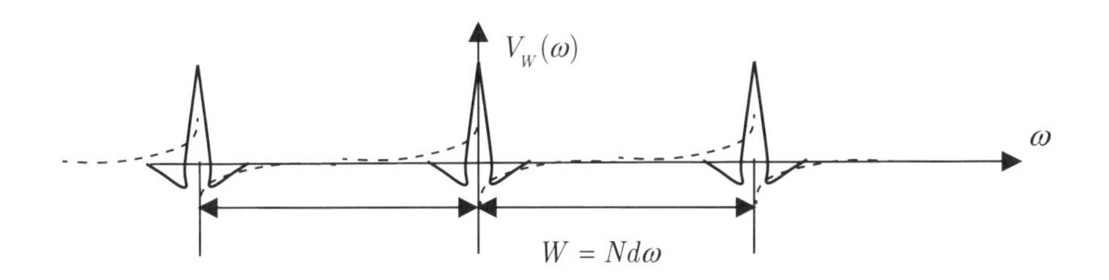

(b) フーリエスペクトル $V(\omega)$ の周期関数 $V_W(\omega)$ ($V_W(\omega)$ を振動数間隔 $d\omega$ で離散化する)
(実線は $V_W(\omega)$ の実数部で対称、点線は虚数部で原点逆対称：共役複素数)

図 A2.2-4-1　離散フーリエ変換における周期関数 $v_T(t), V_W(\omega)$

1 周期分を示すと、表 A2.2-4-1 のようになる。離散化パラメータは、以下のようになる。変位波形とすると、フーリエスペクトルの単位は(cm・s)となる。

$$dt = \frac{T}{N} = \frac{4}{16} = 0.25, W = \frac{2\pi}{dt} = \frac{\pi}{0.125} = 25.1327$$

$$d\omega = \frac{W}{N} = \frac{\pi}{0.125 \times 16} = \frac{\pi}{2} = 1.571$$

図 A2.2-4-2 は、時刻歴波形の離散化とフーリエスペクトルの実部と虚部を示す。図 A2.2-4-2 (a)の実線は指数関数の理論式であるが、点線・黒丸はフーリエ変換のために離散化した指数関数である。時間零の値 0.5 は、この指数関数は時刻零で不連続点を持つ関数であるため、2.2 節(2)項の不連続点では $(x(t^+) + x(t^-)) / 2$ に収束するので、0.5 となっている。

表 A2.2-4-1 と図 A2.2-4-2 から、フーリエスペクトルの実部は 8 番目の離散点で対称であり、虚部は、逆対称であることがわかる。このような共役複素数のフーリエスペクトルの逆フーリエ変換から元の時刻歴波形が再現できることも、表 A2.2-4-1 からわかる。

表 A2.2-4-1　時刻歴波形と離散化フーリエスペクトルの実部と虚部とその波形の再現結果

n, m	$v_T(ndt)$	$\mathrm{Re}(V_W(md\omega))$	$\mathrm{Im}(V_W(md\omega))$	$v_T(mdt)$
0	0.5000	0.5102	0.0000	0.5000
1	0.6065	0.3195	-0.2347	0.6065
2	0.3679	0.1548	-0.2101	0.3679
3	0.2231	0.0874	-0.1550	0.2231
4	0.1353	0.0577	-0.1108	0.1353
5	0.0821	0.0431	-0.0764	0.0821
6	0.0498	0.0354	-0.0482	0.0498
7	0.0302	0.0317	-0.0233	0.0302
8	0.0183	**0.0306**	**0.0000**	0.0183
9	0.0111	0.0317	0.0233	0.0111
10	0.0067	0.0354	0.0482	0.0067
11	0.0041	0.0431	0.0764	0.0041
12	0.0025	0.0577	0.1108	0.0025
13	0.0015	0.0874	0.1550	0.0015
14	0.0009	0.1548	0.2101	0.0009
15	0.0006	0.3195	0.2347	0.0006

図 A2.2-4-2 (b)は、離散フーリエスペクトルの実部と虚部を理論式と比較した図である。実部は理論式の実部とほぼ同じであるが、虚部はやや違っている。これは離散化数を大きくすれば、一致する。

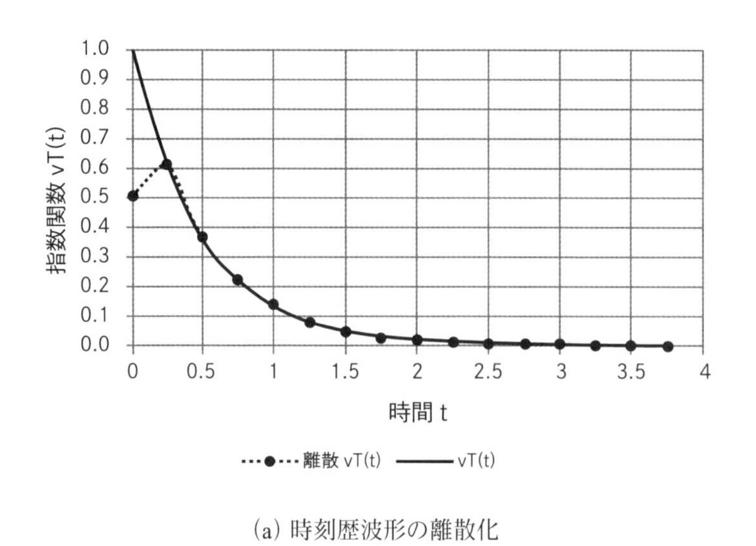

(a) 時刻歴波形の離散化

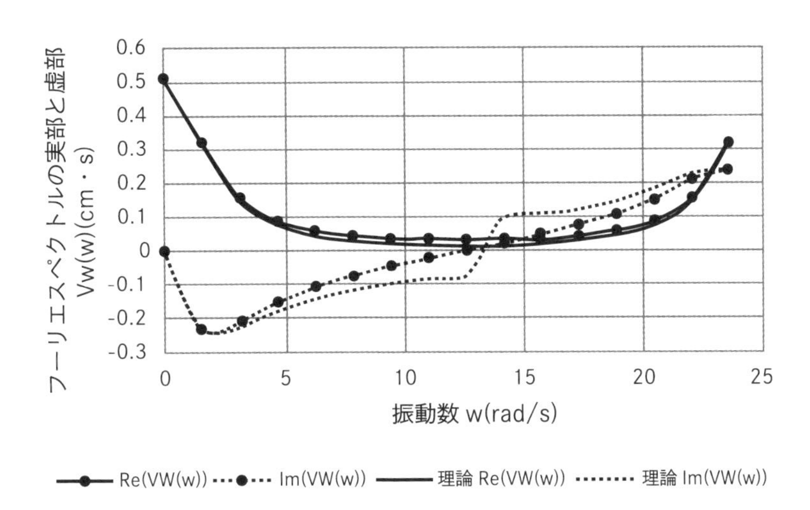

(b) 離散化フーリエスペクトルの実部と虚部

図 A2.2-4-2　時刻歴波形の離散化と離散化フーリエスペクトルの実部と虚部(1 周期分)

第3章
2階微分方程式の解

ここでは、時間領域の解法(3.1節)と振動数領域の解法(3.2節)の2つを説明する。

3.1　時間領域の解法

微分方程式と初期条件は、次式とする。

微分方程式：$\ddot{x} + 2h\omega_0\dot{x} + \omega_0^2 x = q(t)$　(3.1-1a)

初期条件　：$t = t_0,\ x(t_0) = x_0,\ \dot{x}(t_0) = v_0$　(3.1-1b)

この解も1階微分方程式と同じように、$q(t) = 0$ とした場合の解 v_h と $q(t) \neq 0$ の場合の特解 v_p の和として、以下のように与えられる。

$$x = x_h + x_p \tag{3.1-1c}$$

(1) 同次方程式の解

$x = Ce^{\lambda t}$ と仮定し(2.1補助記事1)、微分方程式に代入すると、次式が得られる。

$$(\lambda^2 + 2h\omega_0\lambda + \omega_0^2)Ce^{\lambda t} = 0 \tag{3.1-2a}$$

$x \neq 0$ の解を持つためには、特性方程式 $f(\lambda) = \lambda^2 + 2h\omega_0\lambda + \omega_0^2 = 0$ より、

$$\lambda = \begin{cases} -h\omega_0 \pm i\omega_D & h < 1 \\ -h\omega_0 \pm \omega_{D0} & h > 1 \end{cases}$$
$$\omega_D = \omega_0\sqrt{1-h^2}$$
$$\omega_{D0} = \omega_0\sqrt{h^2-1} \tag{3.1-2b}$$

これらの2つの λ の解の和として、一般解は、次式で与えられる。

$$x_h = C_1 e^{\lambda_1 t} + C_2 e^{\lambda_2 t} \tag{3.1-3a}$$

ここに、λ_1, λ_2 は、式(3.1-2b)の特性方程式の2つの解である。もし、$\lambda_1 = \lambda_2$ となり、特性方程式が重根を持つ場合には、一般解は、

$$x_h = (C_1 + C_2 t)e^{\lambda_1 t} \tag{3.1-3b}$$

その理由は、解を $x = C(t)e^{\lambda_1 t}$ とおいて、微分方程式に代入すると、次式が得られるからである(5.2補助記事1)。

$$\ddot{C}(t)=0 \rightarrow C = C_1 + C_2 t \tag{3.1-3c}$$

特性方程式が異なる２つの解を持つ場合、具体的には、

$h > 1$の場合：

$$\begin{aligned} x_h &= C_1 e^{(-h\omega_0+\omega_{D0})t} + C_2 e^{(-h\omega_0-\omega_{D0})t} \\ &= e^{-h\omega_0 t}\left(C_1 e^{\omega_{D0}t} + C_2 e^{-\omega_{D0}t}\right) \\ \omega_{D0} &= \omega_0\sqrt{h^2-1} \end{aligned} \tag{3.1-4a}$$

$0 \le h < 1$の場合：

$$\begin{aligned} x_h &= C_1 e^{(-h\omega_0+i\omega_D)t} + C_2 e^{(-h\omega_0-i\omega_D)t} \\ &= e^{-h\omega_0 t}\left(C_1 e^{i\omega_D t} + C_2 e^{-i\omega_D t}\right) \\ x_h &= e^{-h\omega_0 t}\left(A_1 \cos\omega_D t + A_2 \sin\omega_D t\right) \\ &\text{ここに、}\quad \omega_D = \omega_0\sqrt{1-h^2} \\ A_1 &= C_1 + C_2, A_2 = i(C_1 - C_2) \\ C_1 &= \frac{1}{2}\left(A_1 - iA_2\right), C_2 = \frac{1}{2}\left(A_1 + iA_2\right) \end{aligned} \tag{3.1-4b}$$

解は実数なので、C_1, C_2は共役複素数である。

$h = 1(\lambda_1 = \lambda_2 = -\omega_0)$の場合：

$$x_h = (C_1 + C_2 t)e^{-\omega_0 t} \tag{3.1-4c}$$

積分定数C_1, C_2は初期条件から決めることができる。これは、後の(3)項で示す。

(2) 非同次方程式の特解

特解の求め方は、1階微分方程式と同じように以下の定数変化法が一般的な方法である。

a) 定数変化法

この方法は、一般解の定数を時間の関数と仮定する方法である。

$$x_p = C_1(t)e^{\lambda_1 t} + C_2(t)e^{\lambda_2 t} \tag{3.1-5a}$$

ここに、λ_1, λ_2は、次式の特性方程式を満たす。

$$(\lambda^2 + 2h\omega_0\lambda + \omega_0^2) = 0 \tag{3.1-5b}$$

ここで、仮定した特解の1階微分は、次式となる。

$$\dot{x}_p = (C_1(t)\lambda_1 e^{\lambda_1 t} + C_2(t)\lambda_2 e^{\lambda_2 t}) + (\dot{C}_1(t)e^{\lambda_1 t} + \dot{C}_2(t)e^{\lambda_2 t}) \tag{3.1-6a}$$

この微分をもう1階微分すると、$\ddot{C}_1(t), \ddot{C}_2(t)$ が出てくるので、右辺第2項を次式のように零とする条件を導入する。

$$(\dot{C}_1(t)\mathrm{e}^{\lambda_1 t} + \dot{C}_2(t)\mathrm{e}^{\lambda_2 t}) = 0 \tag{3.1-6b}$$

この条件下では、特解の2階微分は、次式となる。

$$\ddot{x}_p = (C_1(t)\lambda_1^2\mathrm{e}^{\lambda_1 t} + C_2(t)\lambda_2^2\mathrm{e}^{\lambda_2 t}) + (\dot{C}_1(t)\lambda_1\mathrm{e}^{\lambda_1 t} + \dot{C}_2(t)\lambda_2\mathrm{e}^{\lambda_2 t}) \tag{3.1-6c}$$

これらを、微分方程式に代入すると、次式が得られる。

$$\ddot{x}_p + 2h\omega_0\dot{x}_p + \omega_0^2 x_p = \dot{C}_1(t)\lambda_1\mathrm{e}^{\lambda_1 t} + \dot{C}_2(t)\lambda_2\mathrm{e}^{\lambda_2 t} \tag{3.1-6d}$$

したがって、

$$\dot{C}_1(t)\lambda_1\mathrm{e}^{\lambda_1 t} + \dot{C}_2(t)\lambda_2\mathrm{e}^{\lambda_2 t} = q(t) \tag{3.1-6e}$$

式(3.1-6b)と式(3.1-6e)は、微分方程式を満足するために必要な特解の条件式である。これらの条件式は、次式のような連立1次方程式である。

$$\begin{pmatrix} \mathrm{e}^{\lambda_1 t} & \mathrm{e}^{\lambda_2 t} \\ \lambda_1\mathrm{e}^{\lambda_1 t} & \lambda_2\mathrm{e}^{\lambda_2 t} \end{pmatrix}\begin{pmatrix} \dot{C}_1 \\ \dot{C}_2 \end{pmatrix} = \begin{pmatrix} 0 \\ q(t) \end{pmatrix} \tag{3.1-7a}$$

これより、

$$\begin{aligned} \dot{C}_1 &= \frac{q(t)\mathrm{e}^{-\lambda_1 t}}{(\lambda_1 - \lambda_2)} \\ \dot{C}_2 &= -\frac{q(t)\mathrm{e}^{-\lambda_2 t}}{(\lambda_1 - \lambda_2)} \end{aligned} \tag{3.1-7b}$$

両辺を $t_0 \sim t$ で積分すると、次式が得られる。

$$\begin{aligned} C_1(t) &= C_1(t_0) + \frac{1}{(\lambda_1 - \lambda_2)}\int_{t_0}^{t} q(\tau)\mathrm{e}^{-\lambda_1 \tau}d\tau \\ C_2(t) &= C_2(t_0) - \frac{1}{(\lambda_1 - \lambda_2)}\int_{t_0}^{t} q(\tau)\mathrm{e}^{-\lambda_2 \tau}d\tau \end{aligned} \tag{3.1-7c}$$

したがって、特解は、次式で与えられる。

$$\begin{aligned} x_p &= C_1(t)\mathrm{e}^{\lambda_1 t} + C_2(t)\mathrm{e}^{\lambda_2 t} \\ &= C_1(t_0)\mathrm{e}^{\lambda_1 t} + C_2(t_0)\mathrm{e}^{\lambda_2 t} + \frac{1}{(\lambda_1 - \lambda_2)}\int_{t_0}^{t} q(\tau)\left(\mathrm{e}^{\lambda_1(t-\tau)} - \mathrm{e}^{\lambda_2(t-\tau)}\right)d\tau \end{aligned} \tag{3.1-8}$$

(3) 一般解と初期条件を満たす解

微分方程式の一般解は、次式で与えられる。

$$\begin{aligned} x &= x_h + x_p \\ &= A_1\mathrm{e}^{\lambda_1 t} + A_2\mathrm{e}^{\lambda_2 t} + \frac{1}{(\lambda_1 - \lambda_2)}\int_{t_0}^{t} q(\tau)\left(\mathrm{e}^{\lambda_1(t-\tau)} - \mathrm{e}^{\lambda_2(t-\tau)}\right)d\tau \end{aligned} \tag{3.1-9a}$$

ここに、

$$A_1 = C_1 + C_1(t_0)$$
$$A_2 = C_2 + C_2(t_0) \tag{3.1-9b}$$

また、一般解の１階微分は、

$$\dot{x} = A_1\lambda_1 e^{\lambda_1 t} + A_2\lambda_2 e^{\lambda_2 t} + \frac{1}{(\lambda_1 - \lambda_2)}\int_{t_0}^{t} q(\tau)\left(\lambda_1 e^{\lambda_1(t-\tau)} - \lambda_2 e^{\lambda_2(t-\tau)}\right)d\tau \tag{3.1-9c}$$

　ここで、初期条件を代入すると、

$$x_0 = x(t_0) = A_1 e^{\lambda_1 t_0} + A_2 e^{\lambda_2 t_0}$$
$$v_0 = \dot{x}(t_0) = A_1\lambda_1 e^{\lambda_1 t_0} + A_2\lambda_2 e^{\lambda_2 t_0} \tag{3.1-10a}$$

この式より、

$$A_1 = \frac{v_0 - \lambda_2 x_0}{(\lambda_1 - \lambda_2)} e^{-\lambda_1 t_0}$$
$$A_2 = \frac{-v_0 + \lambda_1 x_0}{(\lambda_1 - \lambda_2)} e^{-\lambda_2 t_0} \tag{3.1-10b}$$

したがって、初期条件を満たす微分方程式の一般解は、

$$x = \frac{v_0 - \lambda_2 x_0}{(\lambda_1 - \lambda_2)} e^{\lambda_1(t-t_0)} + \frac{-v_0 + \lambda_1 x_0}{(\lambda_1 - \lambda_2)} e^{\lambda_2(t-t_0)} + \frac{1}{(\lambda_1 - \lambda_2)}\int_{t_0}^{t} q(\tau)\left(e^{\lambda_1(t-\tau)} - e^{\lambda_2(t-\tau)}\right)d\tau \tag{3.1-11a}$$

$$\dot{x} = \frac{\lambda_1(v_0 - \lambda_2 x_0)}{(\lambda_1 - \lambda_2)} e^{\lambda_1(t-t_0)} + \frac{\lambda_2(-v_0 + \lambda_1 x_0)}{(\lambda_1 - \lambda_2)} e^{\lambda_2(t-t_0)} + \frac{1}{(\lambda_1 - \lambda_2)}\int_{t_0}^{t} q(\tau)\left(\lambda_1 e^{\lambda_1(t-\tau)} - \lambda_2 e^{\lambda_2(t-\tau)}\right)d\tau \tag{3.1-11b}$$

この式の右辺第１項は初期条件を満たす解であり、右辺第２項の外力との畳み込み積分は初期条件が零の解である。具体的な一般解は、以下のように表される。

$h > 1$の場合(振動しない解)：$\lambda_1 = -h\omega_0 + \omega_{D0}, \lambda_2 = -h\omega_0 - \omega_{D0}$

$$(\lambda_1 - \lambda_2) = 2\omega_{D0} = 2\omega_0\sqrt{h^2 - 1}, \quad \lambda_1\lambda_2 = \omega_0^2$$

$$x(t) = e^{-h\omega_0(t-t_0)}\left(x_0 \cosh\omega_{D0}(t-t_0) + \left(\frac{h\omega_0 x_0 + v_0}{\omega_{D0}}\right)\sinh\omega_{D0}(t-t_0)\right) + \frac{1}{\omega_{D0}}\int_{t_0}^{t} q(\tau)e^{-h\omega_0(t-\tau)}\sinh\omega_{D0}(t-\tau)d\tau \tag{3.1-12a}$$

$$\dot{x}(t) = \mathrm{e}^{-h\omega_0(t-t_0)}\left(v_0 \cosh\omega_{D0}(t-t_0) - \left(\frac{\omega_0^2 x_0 + h\omega_0 v_0}{\omega_{D0}}\right)\sinh\omega_{D0}(t-t_0)\right)$$
$$+\frac{1}{\omega_{D0}}\int_{t_0}^{t} q(\tau)\mathrm{e}^{-h\omega_0(t-\tau)}\left(\omega_{D0}\cosh\omega_{D0}(t-\tau) - h\omega_0 \sinh\omega_{D0}(t-\tau)\right)d\tau \qquad (3.1\text{-}12b)$$

ここに、

$$\sinh x = \frac{\mathrm{e}^{x} - \mathrm{e}^{-x}}{2}, \quad \cosh x = \frac{\mathrm{e}^{x} + \mathrm{e}^{-x}}{2} \qquad (3.1\text{-}12c)$$

$h<1$の場合(振動する解)：$\lambda_1 = -h\omega_0 + i\omega_D,\quad \lambda_2 = -h\omega_0 - i\omega_D$

$$(\lambda_1 - \lambda_2) = 2i\omega_D = 2i\omega_0\sqrt{1-h^2},\quad \lambda_1\lambda_2 = \omega_0^2$$

$$x(t) = \mathrm{e}^{-h\omega_0(t-t_0)}\left(x_0 \cos\omega_D(t-t_0) + \left(\frac{h\omega_0 x_0 + v_0}{\omega_D}\right)\sin\omega_D(t-t_0)\right)$$
$$+\frac{1}{\omega_D}\int_{t_0}^{t} q(\tau)\mathrm{e}^{-h\omega_0(t-\tau)}\sin\omega_D(t-\tau)d\tau \qquad (3.1\text{-}13a)$$

$$\dot{x}(t) = \mathrm{e}^{-h\omega_0(t-t_0)}\left(v_0 \cos\omega_D(t-t_0) - \left(\frac{\omega_0^2 x_0 + h\omega_0 v_0}{\omega_D}\right)\sin\omega_D(t-t_0)\right)$$
$$+\frac{1}{\omega_D}\int_{t_0}^{t} q(\tau)\mathrm{e}^{-h\omega_0(t-\tau)}\left(\omega_D\cos\omega_D(t-\tau) - h\omega_0 \sin\omega_D(t-\tau)\right)d\tau \qquad (3.1\text{-}13b)$$

$h=1$の場合(臨界減衰の解)：

この場合、特性方程式の根は$\lambda_1 = \lambda_2 = -\omega_0$の重根となるので、定数変化法は使えない（4章の連立1階微分方程式にして、5.1節ケーリー・ハミルトンの方法を使った伝達関数からも求められる)。

しかし、特解は、2.1補助記事2と3.2補助記事2の畳み込み積分と単位衝撃力による応答(グリーン関数)を用いると、初期条件$\dot{x}(t_0) = v_0 = 1, x(t_0) = x_0 = 0$の解がグリーン関数となる。初期条件$x_0, v_0$を満たす同次方程式の解は、3.1節(1)より、次式で与えられる。

$$x_h = \mathrm{e}^{-\omega_0(t-t_0)}\left(x_0 + (x_0\omega_0 + v_0)(t-t_0)\right) \qquad (3.1\text{-}14a)$$

したがって、グリーン関数と特解は、次式で与えられる。

$$g(t) = \mathrm{e}^{-\omega_0(t-t_0)}(t-t_0)$$
$$x_p = \int_{t_0}^{t} q(\tau)(t-\tau)\mathrm{e}^{-\omega_0(t-\tau)}d\tau \qquad (3.1\text{-}14b)$$

その結果、この場合の解は、次式で与えられる。

$$x(t) = \mathrm{e}^{-\omega_0(t-t_0)}\left(x_0 + \left(\omega_0 x_0 + v_0\right)(t-t_0)\right) + \int_{t_0}^{t} q(\tau)(t-\tau)\mathrm{e}^{-\omega_0(t-\tau)}d\tau \qquad (3.1\text{-}14c)$$

3.2　振動数領域の解法

1 階微分方程式の振動数領域の解法と同じように、時間領域の解法と比べ、振動数領域の解法では、定数係数の正負に注意して定式化しなければならない。ラプラス変換のアイデアを使ったフーリエ変換 (一般化フーリエ変換) の解析では (2.2 節 (2)、2.2 補助記事 3)、定数係数の正負に関係なく振動数領域の解から時間領域の解が得られる。

この節では重複するが、最初に、2 階微分方程式に対しても通常の振動数領域の解と時間領域の解が一致することを示す。最後に、ラプラス変換のアイデアを使ったフーリエ変換 (一般化フーリエ変換) の解析を示し、定数係数の正負に関係なく振動数領域の解から時間領域の解が得られることを示す。

(1) $h>0$ の場合

この場合、速度に比例する抵抗があるため振動が減衰するので、$x(t=\infty)=0$ の仮定が成立する。

初めに、厳密な方法を示す。微分方程式の両辺に $\mathrm{e}^{-i\omega t}$ をかけて、時間で積分すると次式が得られる。

$$\int_{t_0}^{\infty}\ddot{x}\mathrm{e}^{-i\omega t}dt+2h\omega_0\int_{t_0}^{\infty}\dot{x}\mathrm{e}^{-i\omega t}dt+\omega_0^2\int_{t_0}^{\infty}x\mathrm{e}^{-i\omega t}dt=\int_{t_0}^{\infty}q(t)\mathrm{e}^{-i\omega t}dt \tag{3.2-1}$$

積分範囲は、条件より $t_0\le t\le\infty$ となり、部分積分を使うと、

$$\begin{aligned}\int_{t_0}^{\infty}\dot{x}\mathrm{e}^{-i\omega t}dt&=\left[x\mathrm{e}^{-i\omega t}\right]_{t_0}^{\infty}-(-i\omega)\int_{t_0}^{\infty}x\mathrm{e}^{-i\omega t}dt=-x(t_0)\mathrm{e}^{-i\omega t_0}+i\omega X(\omega)\\ \int_{t_0}^{\infty}\ddot{x}\mathrm{e}^{-i\omega t}dt&=\left[\dot{x}\mathrm{e}^{-i\omega t}\right]_{t_0}^{\infty}-(-i\omega)\int_{t_0}^{\infty}\dot{x}\mathrm{e}^{-i\omega t}dt\\ &=-\dot{x}(t_0)\mathrm{e}^{-i\omega t_0}-i\omega x(t_0)\mathrm{e}^{-i\omega t_0}-\omega^2X(\omega)\end{aligned} \tag{3.2-2a}$$

上式を導くにあたり、$x(t=\infty)=0,\ \dot{x}(t=\infty)=0$ を用いた。したがって、

$$\left(-\omega^2+i2h\omega_0\omega+\omega_0^2\right)X(\omega)=\left((2h\omega_0+i\omega)x_0+v_0\right)\mathrm{e}^{-i\omega t_0}+Q(\omega) \tag{3.2-2b}$$

または、

$$X(\omega)=\frac{\left((2h\omega_0+i\omega)x_0+v_0\right)\mathrm{e}^{-i\omega t_0}+Q(\omega)}{\left(-\omega^2+i2h\omega_0\omega+\omega_0^2\right)} \tag{3.2-2c}$$

応答変位は、フーリエ逆変換から次式で与えられる。

$$
\begin{aligned}
x(t) &= \frac{1}{2\pi}\int_{-\infty}^{\infty} X(\omega)\mathrm{e}^{i\omega t}d\omega \\
&= \frac{1}{2\pi}\int_{-\infty}^{\infty} \frac{(2h\omega_0 + i\omega)x_0 + v_0}{\left(-\omega^2 + i2h\omega_0\omega + \omega_0^2\right)}\mathrm{e}^{i\omega(t-t_0)}d\omega + \frac{1}{2\pi}\int_{-\infty}^{\infty} \frac{Q(\omega)}{\left(-\omega^2 + i2h\omega_0\omega + \omega_0^2\right)}\mathrm{e}^{i\omega t}d\omega
\end{aligned} \tag{3.2-3}
$$

この振動数に関する積分は、高速フーリエ変換を使い数値的に、または複素積分を用いて解析解(2.2 補助記事 2)を求めることができる。ここでは、上式の解析解を求める。

複素積分を行うと、以下の式が得られる(2.2 補助記事 2)。

$$
\frac{1}{2\pi}\int_{-\infty}^{\infty} \frac{1}{\left(-\omega^2 + i2h\omega_0\omega + \omega_0^2\right)}\mathrm{e}^{i\omega t}d\omega =
\begin{cases}
\left.\begin{matrix} \dfrac{1}{\omega_D}\mathrm{e}^{-h\omega_0 t}\sin\omega_D t & t \ge 0 \\ 0 & t < 0 \end{matrix}\right\} 0 < h < 1 \\
\left.\begin{matrix} \dfrac{1}{\omega_{D0}}\mathrm{e}^{-h\omega_0 t}\sinh\omega_{D0} t & t \ge 0 \\ 0 & t < 0 \end{matrix}\right\} h > 1 \\
\left.\begin{matrix} t\mathrm{e}^{-\omega_0 t} & t \ge 0 \\ 0 & t < 0 \end{matrix}\right\} h = 1
\end{cases} \tag{3.2-4a}
$$

ここに、

$$
\omega_D = \omega_0\sqrt{1-h^2}, \omega_{D0} = \omega_0\sqrt{h^2-1} \tag{3.2-4b}
$$

この式の両辺を時間で微分すると、次式の積分とその解が得られる。

$$
\frac{1}{2\pi}\int_{-\infty}^{\infty} \frac{i\omega}{\left(-\omega^2 + i2h\omega_0\omega + \omega_0^2\right)}\mathrm{e}^{i\omega t}d\omega =
\begin{cases}
\left.\begin{matrix} \dfrac{1}{\omega_D}\mathrm{e}^{-h\omega_0 t}\left(-h\omega_0\sin\omega_D t + \omega_D\cos\omega_D t\right) & t \ge 0 \\ 0 & t < 0 \end{matrix}\right\} 0 < h < 1 \\
\left.\begin{matrix} \dfrac{1}{\omega_{D0}}\mathrm{e}^{-h\omega_0 t}\left(-h\omega_0\sinh\omega_{D0} t + \omega_D\cosh\omega_{D0} t\right) & t \ge 0 \\ 0 & t < 0 \end{matrix}\right\} h > 1 \\
\left.\begin{matrix} \left(1-\omega_0 t\right)\mathrm{e}^{-\omega_0 t} & t \ge 0 \\ 0 & t < 0 \end{matrix}\right\} h = 1
\end{cases} \tag{3.2-4c}
$$

したがって、

$h<1$の場合、

$$
\begin{aligned}
x_h &= \frac{1}{2\pi}\int_{-\infty}^{\infty}\frac{(2h\omega_0+i\omega)x_0+v_0}{\left(-\omega^2+i2h\omega_0\omega+\omega_0^2\right)}\mathrm{e}^{i\omega(t-t_0)}d\omega \\
&= (2h\omega_0 x_0+v_0)\frac{1}{\omega_D}\mathrm{e}^{-h\omega_0(t-t_0)}\sin\omega_D(t-t_0)+ \\
&\quad \frac{x_0}{\omega_D}\left(-h\omega_0\mathrm{e}^{-h\omega_0(t-t_0)}\sin\omega_D(t-t_0)+\omega_D\mathrm{e}^{-h\omega_0(t-t_0)}\cos\omega_D(t-t_0)\right) \\
&= \mathrm{e}^{-h\omega_0(t-t_0)}\left(x_0\cos\omega_D(t-t_0)+\left(\frac{h\omega_0 x_0+v_0}{\omega_D}\right)\sin\omega_D(t-t_0)\right)
\end{aligned}
\qquad (3.2\text{-}5a)
$$

この解は、時間領域の解法で求めた外力$q(t)=0$のときの微分方程式の解と一致する。この式の時間微分は、

$$
\dot{x}_h = \mathrm{e}^{-h\omega_0(t-t_0)}\left(v_0\cos\omega_D(t-t_0)-\left(\frac{\omega_0 x_0+hv_0}{\sqrt{1-h^2}}\right)\sin\omega_D(t-t_0)\right) \qquad (3.2\text{-}5b)
$$

これらに$t=t_0$を代入すると、$x_h(t_0)=x_0, \dot{x}_h(t_0)=v_0$が得られる。これらの式は初期条件を満たす解である（時間領域の同次方程式の解と一致している）。したがって、式 (3.2-3) の右辺第２項の積分は、初期条件が$x\ (t_0)=\dot{x}\ (t_0)=0$の微分方程式の特解である。このことは、以下のように右辺第２項の積分を時間領域に変換することによっても確かめることができる。

$$
\begin{aligned}
x_p &= \frac{1}{2\pi}\int_{-\infty}^{\infty}\frac{Q(\omega)}{\left(-\omega^2+i2h\omega_0\omega+\omega_0^2\right)}\mathrm{e}^{i\omega t}d\omega \\
&= \frac{1}{2\pi}\int_{-\infty}^{\infty}\int_{t_0}^{\infty}q(\tau)\mathrm{e}^{-i\omega\tau}\frac{1}{\left(-\omega^2+i2h\omega_0\omega+\omega_0^2\right)}\mathrm{e}^{i\omega t}d\omega d\tau \\
&= \int_{t_0}^{\infty}q(\tau)\left(\frac{1}{2\pi}\int_{-\infty}^{\infty}\frac{1}{\left(-\omega^2+i2h\omega_0\omega+\omega_0^2\right)}\mathrm{e}^{i\omega(t-\tau)}d\omega\right)d\tau \\
&= \int_{t_0}^{\infty}q(\tau)\frac{1}{\omega_D}\mathrm{e}^{-h\omega_0(t-\tau)}\sin\omega_D(t-\tau)d\tau
\end{aligned}
\qquad (3.2\text{-}6a)
$$

上式右辺の時間積分は、$t-\tau<0$で零なので、積分範囲は$t_0\le\tau\le t$となる。したがって、次式のように書ける。

$$
x_p = \frac{1}{2\pi}\int_{-\infty}^{\infty}\frac{Q(\omega)}{\left(-\omega^2+i2h\omega_0\omega+\omega_0^2\right)}\mathrm{e}^{i\omega t}d\omega = \frac{1}{\omega_D}\int_{t_0}^{t}q(\tau)\mathrm{e}^{-h\omega_0(t-\tau)}\sin\omega_D(t-\tau)d\tau \qquad (3.2\text{-}6b)
$$

$t=t_0$では、この積分は零となる。すなわち、式 (3.2-3) の右辺第２項の積分は、初期値が零の特解であり、時間領域の解法で求めた特解（前節（3）項）と一致している。

(2) $h > 0$ の場合の振動数領域の解のまとめ

以上をまとめると、2 階微分方程式の解は、次式のように与えられる。

$0 < h < 1$ の場合：

$$x(t) = \frac{1}{2\pi}\int_{-\infty}^{\infty} X(\omega)\mathrm{e}^{i\omega t}d\omega$$
$$= \frac{1}{2\pi}\int_{-\infty}^{\infty} \frac{(2h\omega_0 + i\omega)x_0 + v_0}{\left(-\omega^2 + i2h\omega_0\omega + \omega_0^2\right)}\mathrm{e}^{i\omega(t-t_0)}d\omega + \frac{1}{2\pi}\int_{-\infty}^{\infty}\frac{Q(\omega)}{\left(-\omega^2 + i2h\omega_0\omega + \omega_0^2\right)}\mathrm{e}^{i\omega t}d\omega \tag{3.2-7a}$$

時間領域の解は、上式の積分から次式のように得られる(2.2 補助記事 2)。

$0 < h < 1$ の場合：

$$x(t) = \mathrm{e}^{-h\omega_0(t-t_0)}\left(x_0 \cos\omega_D(t-t_0) + \left(\frac{h\omega_0 x_0 + v_0}{\omega_D}\right)\sin\omega_D(t-t_0)\right) + \frac{1}{\omega_D}\int_{t_0}^{t} q(\tau)\mathrm{e}^{-h\omega_0(t-\tau)}\sin\omega_D(t-\tau)d\tau \tag{3.2-7b}$$

$h > 1$ の場合：

$$x(t) = \mathrm{e}^{-h\omega_0(t-t_0)}\left(x_0 \cosh\omega_{D0}(t-t_0) + \left(\frac{h\omega_0 x_0 + v_0}{\omega_{D0}}\right)\sinh\omega_{D0}(t-t_0)\right) + \frac{1}{\omega_{D0}}\int_{t_0}^{t} q(\tau)\mathrm{e}^{-h\omega_0(t-\tau)}\sinh\omega_{D0}(t-\tau)d\tau \tag{3.2-7c}$$

$h = 1$ の場合：

$$x(t) = \mathrm{e}^{-\omega_0(t-t_0)}\left(x_0 + \left(\omega_0 x_0 + v_0\right)(t-t_0)\right) + \int_{t_0}^{t} q(\tau)(t-\tau)\mathrm{e}^{-\omega_0(t-\tau)}d\tau \tag{3.2-7d}$$

(3) $h \le 0$ の場合

この場合、速度に比例する抵抗ではなく、力が作用するため振動がどんどん大きくなり、$x(t=\infty) = 0$ の仮定が成立しない（上式の解は指数関数 $\mathrm{e}^{-h\omega_0(t-t_0)}$ が全体に掛かっているので、$h \le 0$ では、振幅が時間とともに増加する）。このような場合、直接的なフーリエ変換ではなく、ラプラス変換のアイデアを使うフーリエ変換(一般化フーリエ変換)を使う。1 階微分方程式で説明したように新しい関数を定義した方法を説明し、その後、複素振動数を導入した定式化の説明をする。以下に $h \le 0$ の場合の定式化を示す。

新しい関数を次式のように定義する。

$$y(t) = \begin{cases} \mathrm{e}^{-\alpha t}x(t) & t \ge t_0 \\ 0 & t < t_0 \end{cases}$$
$$z(t) = \begin{cases} \mathrm{e}^{-\alpha t}q(t) & t \ge t_0 \\ 0 & t < t_0 \end{cases} \tag{3.2-8a}$$

時間に関する微分は、

$$\dot{x} = \mathrm{e}^{\alpha t}\left(\alpha y + \dot{y}\right), \ddot{x} = \mathrm{e}^{\alpha t}\left(\alpha^2 y + 2\alpha\dot{y} + \ddot{y}\right) \tag{3.2-8b}$$

これらを微分方程式に代入すると、新しい関数 y に関する微分方程式は次式のようになる。

$$\ddot{y} + 2(h\omega_0 + \alpha)\dot{y} + (\alpha^2 + 2\alpha h\omega_0 + \omega_0^2)y = z \tag{3.2-8c}$$

この微分方程式の特性方程式は、

$$\lambda^2 + 2(h\omega_0 + \alpha)\lambda + (\alpha^2 + 2\alpha h\omega_0 + \omega_0^2) = 0 \tag{3.2-8d}$$

特性方程式の根より、次式の２つの根が得られる。

$$\lambda = \begin{cases} -(h\omega_0 + \alpha) \pm i\omega_0\sqrt{1-h^2} & h < 1 \\ -(h\omega_0 + \alpha) \pm \omega_0\sqrt{h^2-1} & h > 1 \end{cases} \tag{3.2-8e}$$

この根は、x に関する微分方程式の特性方程式の根（3.1 節（3）項）と比べると、$h\omega_0 \to h\omega_0 + \alpha$ である。適当な正の定数 $\alpha > -h\omega_0$ を使用すると、$h \le 0$ であっても $h\omega_0 + \alpha > 0$ とすることができる。このため新しい関数 y の微分方程式の解は、フーリエ変換で必要な $y(t=\infty) = 0$ の条件を満たす。新しい関数 y の微分方程式は、次式のように書き直すことができる。

$$\ddot{y} + 2\tilde{h}\tilde{\omega}_0\dot{y} + \tilde{\omega}_0^2 y = z \tag{3.2-9a}$$

ここに、

$$\begin{aligned} \tilde{h}\tilde{\omega}_0 &= h\omega_0 + \alpha \\ \tilde{\omega}_0^2 &= \alpha^2 + 2\alpha h\omega_0 + \omega_0^2 \end{aligned} \tag{3.2-9b}$$

したがって、適当な正の定数 $\alpha > -h\omega_0$ を使用すると、$h > 0$ の２階微分方程式と同じになるので、新しい関数 y の微分方程式に対して、（1）のフーリエ変換の解法が適用できる。そして、その解 y に $\mathrm{e}^{\alpha t}$ をかけ元の関数 x を求めることができる。その結果、時間領域の解法で求めた解（3.1 節（3）項）に一致することを確かめることができる。

3.2　補助記事１　減衰定数零の単振動のフーリエ解析
（ラプラス変換のアイデアを利用したフーリエ変換：一般化フーリエ変換）

ここでは、次式の減衰定数零の単振動のフーリエ解析を考察する。

$$\ddot{x} + \omega_0^2 x = 0 \tag{A3.2-1-1a}$$

$$\text{初期条件：} t = 0, x(0) = 0, \dot{x}(0) = v_0 \tag{A3.2-1-1b}$$

この時間領域の解は、3.1 節より、次式で与えられる。

$$\begin{aligned} x(t) &= \frac{v_0}{\omega_0}\sin\omega_0 t \\ \dot{x}(t) &= v_0\cos\omega_0 t \end{aligned} \tag{A3.2-1-1c}$$

この解は、減衰せず $x(\infty) \ne 0$ となり、フーリエ変換の条件を満たさない。しかし、ラプラス変換のアイデアを利用して、新しい関数を以下のように決めて、フーリエ変換から求めることができる（一般化フーリエ変換は解析的スマート性がある。しかし、離散高速フーリエ変換を使う数値解析では、以下のように新しい関数を定義して使う方が、わかり易い)。

$$y(t) = \begin{cases} e^{-\alpha t} x(t) & t \geq 0 \\ 0 & t < 0 \end{cases} \quad (A3.2\text{-}1\text{-}2a)$$

$$\ddot{y} + 2\alpha\dot{y} + (\alpha^2 + \omega_0^2)y = 0 \quad (A3.2\text{-}1\text{-}2b)$$

この解は、

$$y(t) = e^{-\alpha t} \frac{\dot{y}(0)}{\omega_0} \sin \omega_0 t \quad (A3.2\text{-}1\text{-}2c)$$

振動数伝達関数は、初速度 $\dot{y}(0) = v_0$ の解を使っているので、次式のようになる。

$$Y(\omega) = \frac{v_0}{-\omega^2 + i2\alpha\omega + \alpha^2 + \omega_0^2} \quad (A3.2\text{-}1\text{-}3)$$

ここで、$\alpha \ll \omega_0$ の正の値を選び、$\dot{y}(0) = v_0$ を考慮し $y(t)$ を $x(t)$ に戻すと、式(A3.2-1-1c)が得られる。

具体的にフーリエ変換を使った計算例を示す。計算例は、(1)新しい時間関数 $y(t)$ のフーリエ変換により振動数領域に変換し、また時間領域にもどして、これに指数関数を掛けて、$x(t)$ を求める手順と、(2)新しい時間関数の振動数伝達関数 $Y(\omega)$ のフーリエ逆変換から時間関数 $y(t)$ を求めて、これに指数関数をかけて $x(t)$ を求める手順の 2 つの例題を示す。

計算では、以下の値を用いる。

$$x_T(t) = \frac{v_0}{\omega_0} \sin \omega_0 t, \quad \omega_0 = 2\pi = 6.28\text{rad/s}$$
$$T = 6.4\text{s}, dt = 0.1\text{s}, N{=}2^6 = 64$$

離散化パラメータは、以下のようになる。

$$dt = \frac{T}{N} = \frac{6.4}{64} = 0.1, \quad W = \frac{2\pi}{dt} = 20\pi = 62.8318$$
$$d\omega = \frac{W}{N} = \frac{5\pi}{16} = 0.9817$$

(1) 新しい時間関数 $y(t)$ のフーリエ変換により振動数領域に変換し、また時間領域にもどして、これに指数関数を掛けて、$x(t)$ を求める手順の計算例

図 A3.2-1-1(a)は、単振動変位 $x_T(t)$ と新しい関数 $y_T(t)(\alpha = 1 \leq 2\pi)$ を示す。新しい関数は減衰して、時間がたてば、ほぼ零に収束している。

図 A3.2-1-1(b)は、新しい関数のフーリエスペクトルの実部と虚部を示す。この関数の固有振動は、$\omega_0 = 2\pi = 6.28\text{rad/s}$ であるため、その振動数で振幅が大きくなっている。実部は Nyquist 振動数で対称、虚部は逆対称の共役複素数である。

図 A3.2-1-1(c)は、新しい関数のフーリエスペクトルのフーリエ変換から計算した新

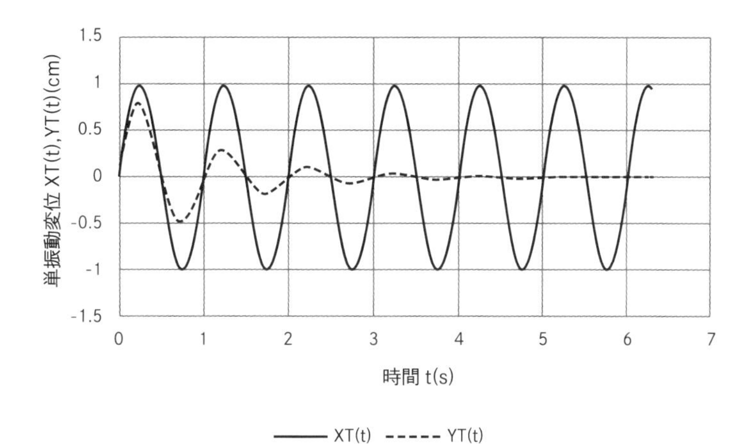

図 A3.2-1-1(a)　単振動変位$x_T(t)$と新しい関数$y_T(t)(\alpha = 1 \leq 2\pi)$の変位

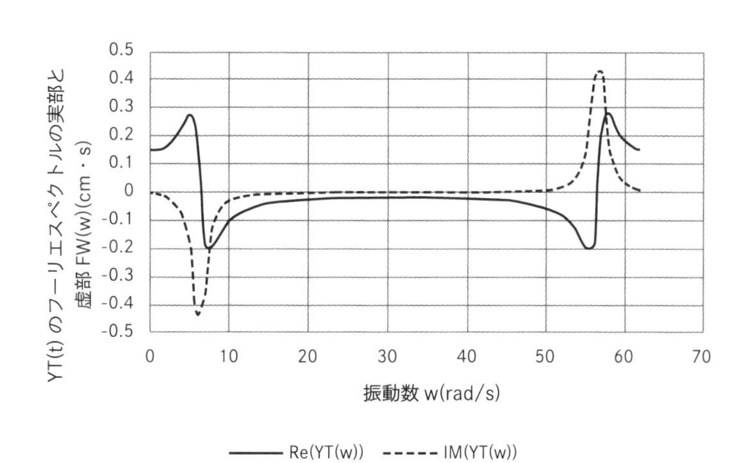

図 A3.2-1-1(b)　新しい関数$y_T(t)(\alpha = 1 \leq 2\pi)$のフーリエスペクトルの実部$\mathrm{Re}(Y_T(\omega))$と虚部$\mathrm{Im}(Y_T(\omega))$

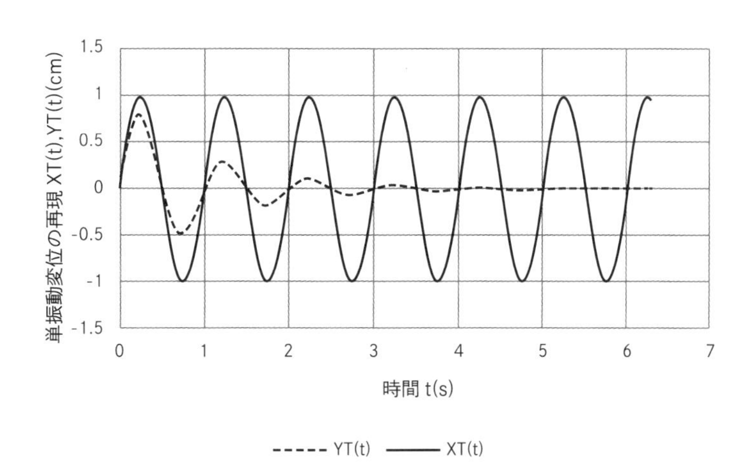

図 A3.2-1-1(c)　新しい関数$y_T(t)(\alpha = 1 \leq 2\pi)$のフーリエスペクトルからの再現変位$y_T(t)$とそれに指数関数を掛けた単振動変位の再現変位$x_T(t)$

しい関数の再現性を示す。また、$x_T(t) = \mathrm{e}^{\alpha t} y_T(t)$ から求めた元の単振動変位を再現したものである。図 A3.2-1-1(a)と比較すると、ほぼ完全に再現されていることがわかる。

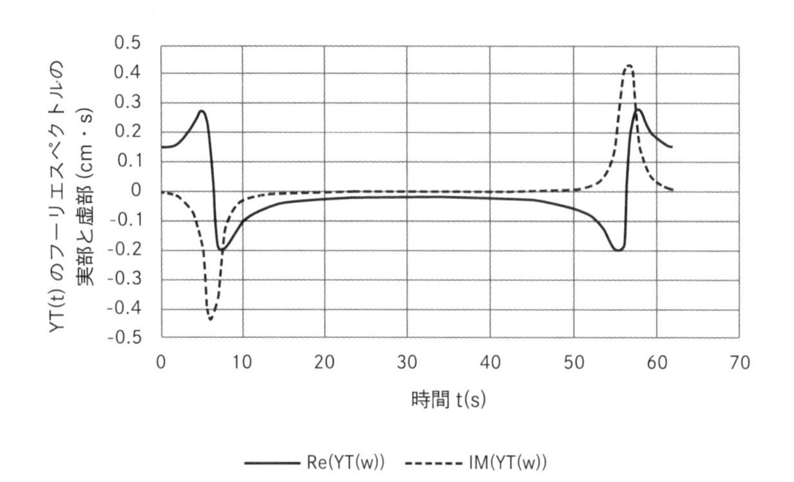

図 A3.2-1-2(a)　新しい関数 $y_T(t)$ の伝達関数の実部と虚部

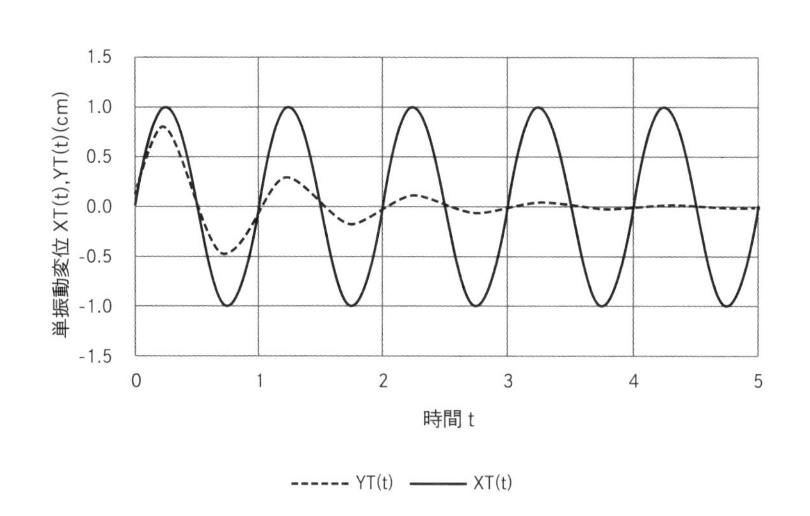

図 A3.2-1-2(b)　新しい関数 $y_T(t)$ の伝達関数のフーリエ逆変換から求めた関数 $y_T(t)$ とそれに指数関数を掛けて求めた単振動変位 $x_T(t)$

(2) 新しい時間関数の振動数伝達関数 $Y(\omega)$ のフーリエ逆変換から新しい時間関数 $y(t)$ を求めて、これに指数関数をかけて、$x(t)$ を求める手順の計算例

図 A3.2-1-2(a)は、式(A3.2-1-3)の伝達関数の実部と虚部を示す。この図は、図 A3.2-1-1(b)に示す新しい関数から計算したフーリエスペクトルの実部と虚部と比較すると、まったく同じものであることがわかる。

この伝達関数のフーリエ変換から求めた $y_T(t)$ とそれに指数関数を掛けた単振動変位の再現変位 $x_T(t)$ を図 A3.2-1-2(b)に示す。この図では、時間 5 秒までの再現波形を示すが、図 A3.2-1-1(c)と比較すると、再現されていることがわかる。ただし、数値計算上のわずかな誤差のために、$y_T(t)$ に指数関数を掛けた単振動変位の再現変位 $x_T(t)$ は、5 秒以降の再現性が悪くなる。

したがって、数値計算上の安定性からは、図 A3.2-1-1 に示したように、(1)新しい関数 $y_T(t)$ からフーリエスペクトルを計算して、その逆フーリエ変換から新しい関数 $y_T(t)$ とそれに指数関数を掛けた単振動変位の再現変位 $x_T(t)$ を計算する手順の方が良い。

3.2　補助記事２　単位衝撃力(Unit Impulse)による応答（時間領域と振動数領域の１階と２階の微分方程式の解）

2.1 補助記事 2 で説明した畳み込み積分で定義した単位衝撃力は、次式のデルタ関数で数学的に与えられることを示した。また、単位衝撃力による微分方程式の初期条件が零の時の応答を単位衝撃力応答 $g(t)$ (グリーン関数と呼ぶ)とした。

$$\delta(t)=\delta(-t)=\begin{cases}\infty & t=0\\ 0 & t\neq 0\end{cases},\quad \int_{-\infty}^{\infty}\delta(t)dt=1 \qquad \text{(A3.2-2-1)}$$

例えば、図 A3.2-2-1 のような矩形の波形は、デルタ関数の模式図の 1 つである。

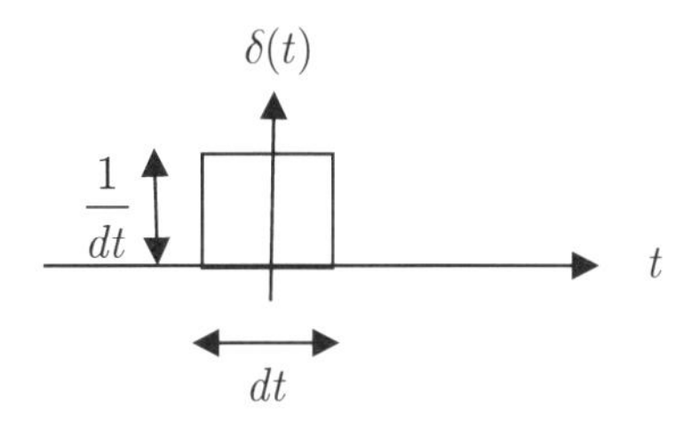

図 A3.2-2-1　デルタ関数の模式図の 1 つの例

ここでは、時間領域と振動数領域の 1 階と 2 階微分方程式の単位衝撃力応答の解を示す。

(1) 1 階微分方程式

次式の微分方程式と初期条件零の単位衝撃力応答の時間領域と振動数領域の解を求める。時間領域の場合、初期条件に注意が必要となる。

微分方程式：$\dot{v}+av=\delta(t)$　(A3.2-2-2a)

初期条件　：$t=-dt/2,\ v(-dt/2)=0$　(A3.2-2-2b)

a) 時間領域

図 A3.2-2-1 のようなデルタ関数で説明するのが、わかりやすい。微小時間τを$-dt/2 \le \tau \le dt/2$の範囲に設定する。応答を時刻零の周りにテイラー展開すると、次式が得られる。

$$v(\tau) = v(0) + \dot{v}(0)\tau + \frac{\ddot{v}(0)}{2!}\tau^2 + \cdots \qquad \text{(A3.2-2-3a)}$$

ここで、微分方程式を次式のように積分すると、右辺はデルタ関数の定義より 1 となる。

$$\begin{aligned} &\int_{-dt/2}^{dt/2} \dot{v}(\tau)d\tau + a\int_{-dt/2}^{dt/2} v(\tau)d\tau = \int_{-dt/2}^{dt/2} \delta(\tau)d\tau = 1 \\ &v(dt/2) + av(0)dt = 1 \end{aligned} \qquad \text{(A3.2-2-3b)}$$

ここに、上式の下段の式は、左辺の積分が、次式になることを用いた。

$$\begin{aligned} &\int_{-dt/2}^{dt/2} \dot{v}(\tau)d\tau = \Big[v\Big]_{-dt/2}^{dt/2} = v(dt/2) - v(-dt/2) = v(dt/2) \\ &\int_{-dt/2}^{dt/2} v(\tau)d\tau = \int_{-dt/2}^{dt/2} \Big(v(0) + \dot{v}(0)\tau\Big)d\tau = v(0)dt \end{aligned} \qquad \text{(A3.2-2-3c)}$$

微小時間dtを零に近づけると、(A3.2-2-3b)の下段の式から、次式が得られる。

$$v(0) = 1 \qquad \text{(A3.2-2-4)}$$

この式は、初期変位が 1 の条件の応答が、単位衝撃力応答であることを意味する。

したがって、2.1 節の初期条件$v_0 = 1$の解が、次式の単位衝撃力応答関数$g(t)$となる。

$$g(t) = \mathrm{e}^{-at} \qquad \text{(A3.2-2-5a)}$$

以上は、時刻零に単位衝撃力が作用した場合であったが、時刻t_0に単位衝撃力が作用する場合も同様な考察ができるので、この場合の単位衝撃力応答関数$g(t)$は次式のようになる。

$$g(t) = \mathrm{e}^{-a(t-t_0)} \qquad \text{(A3.2-2-5b)}$$

b) 振動数領域

振動数領域の解析は、微分方程式の係数aの正負で扱いを変える必要があった。ここでは、係数の正負を気にしないで解析できる一般化フーリエ変換を使った振動数領域の単位衝撃力によるグリーン関数を説明する。

微分方程式：$\dot{v} + av = \delta(t)$ (A3.2-2-6a)

初期条件　：静止 (A3.2-2-6b)

ここに、一般化フーリエ変換は、次式のようになる。

$$V(\omega^*) = \int_0^\infty v(t)\mathrm{e}^{-i\omega^* t}dt, \qquad Q(\omega^*) = \int_0^\infty q(t)\mathrm{e}^{-i\omega^* t}dt$$
$$v(t) = \frac{1}{2\pi}\int_{-\infty}^{\infty} V(\omega^*)\mathrm{e}^{i\omega^* t}d\omega^*, \quad q(t) = \frac{1}{2\pi}\int_{-\infty}^{\infty} Q(\omega^*)\mathrm{e}^{i\omega^* t}d\omega^* \tag{A3.2-2-6c}$$
$$\omega^* = \omega - i\alpha, \alpha > 0, \qquad d\omega^* = d\omega$$

2.2 節で述べたが、静止条件のフーリエ変換の場合、外力(デルタ関数)と応答を次式のように調和振動に仮定する。

手順(i)：

単位衝撃力のフーリエ変換は、以下のように 1 となるので、

$$Q_\delta(\omega^*) = \int_0^\infty q(t)\mathrm{e}^{-i\omega^* t}dt = \int_0^\infty \delta(t)\mathrm{e}^{-i\omega^* t}dt = 1 \tag{A3.2-2-7a}$$

単位衝撃力と応答を次式の調和振動に仮定する。

$$q(t) = Q_\delta(\omega^*)\mathrm{e}^{i\omega^* t} = 1\mathrm{e}^{i\omega^* t}$$
$$v(t) = G_v(\omega^*)\mathrm{e}^{i\omega^* t} \tag{A3.2-2-7b}$$

手順(ii)：

微分方程式に代入すると、次式が得られる。

$$\left(i\omega^* + a\right)G_v(\omega^*)\mathrm{e}^{i\omega^* t} = 1\mathrm{e}^{i\omega^* t} \rightarrow G_v(\omega^*) = \frac{1}{i\omega^* + a} \tag{A3.2-2-7c}$$

手順(iii)：

フーリエ逆変換より、グリーン関数は、微分方程式の係数 a の正負に関わらずに、以下のような指数関数となる。

$$\begin{aligned} g_v(t) &= \frac{1}{2\pi}\int_{-\infty}^{\infty} G_v(\omega^*)\mathrm{e}^{i\omega^* t}d\omega^* \\ &= \frac{1}{2\pi}\int_{-\infty}^{\infty} \frac{1}{i\omega^* + a}\mathrm{e}^{i\omega^* t}d\omega^* \\ &= \mathrm{e}^{-at} \end{aligned} \tag{A3.2-2-8a}$$

時刻 t_0 に単位衝撃力が作用する場合には、以下のようになることは自明であろう。

$$g_v(t) = \mathrm{e}^{-a(t-t_0)} \tag{A3.2-2-8b}$$

これらの一般化フーリエ変換を使った振動数領域の解析解による時間領域へ変換したグリーン関数は、a) 時間領域の解析解と一致している。1 階微分方程式の単位衝撃力による応答(グリーン関数)は、指数関数 $g_v(t) = \mathrm{e}^{-at}$ となる。その形状は、2.1 補助記事 1 に示すように正の係数では、時間の減少関数、負の係数では、時間の増加関数である。

(2) 2 階微分方程式

次式の微分方程式と初期条件零の単位衝撃力応答の時間領域と振動数領域の解を求め

る。時間領域の場合、初期条件に注意が必要となる。

微分方程式： $\ddot{x} + 2h\omega_0\dot{x} + \omega_0^2 x = q(t)$ (A3.2-2-9a)

初期条件　： $t = -dt/2,\ x(-dt/2) = \dot{x}(-dt/2) = 0$ (A3.2-2-9b)

a) 時間領域

(1)の 1 階微分方程式と同様に、デルタ関数による応答を求める。微小時間τを$-dt/2 \le \tau \le dt/2$で設定する。応答を時刻零の周りにテイラー展開すると、次式のようになる。

$$
\begin{aligned}
x(\tau) &= x(0) + \dot{x}(0)\tau + \frac{\ddot{x}(0)}{2!}\tau^2 + \cdots \\
\dot{x}(\tau) &= \dot{x}(0) + \ddot{x}(0)\tau + \cdots
\end{aligned}
\tag{A3.2-2-10}
$$

ここで、微分方程式を次式のように積分すると右辺はデルタ関数の定義より 1 となる。

$$
\begin{aligned}
&\int_{-dt/2}^{dt/2} \ddot{x}(\tau)d\tau + 2h\omega_0 \int_{-dt/2}^{dt/2} \dot{x}(\tau)d\tau + \omega_0^2 \int_{-dt/2}^{dt/2} x(\tau)d\tau = \int_{-dt/2}^{dt/2} \delta(\tau)d\tau = 1 \\
&\dot{x}(dt/2) + 2h\omega_0\dot{x}(0)dt + \omega_0^2 x(0)dt = 1
\end{aligned}
\tag{A3.2-2-11a}
$$

ここに、上式の下段の式は、左辺の積分が、次式になることを用いた。

$$
\begin{aligned}
&\int_{-dt/2}^{dt/2} \ddot{x}(\tau)d\tau = \left[\dot{x}\right]_{-dt/2}^{dt/2} = \dot{x}(dt/2) - \dot{x}(-dt/2) = \dot{x}(dt/2) \\
&\int_{-dt/2}^{dt/2} \dot{x}(\tau)d\tau = \int_{-dt/2}^{dt/2} \left(\dot{x}(0) + \ddot{x}(0)\tau\right)d\tau = \dot{x}(0)dt \\
&\int_{-dt/2}^{dt/2} x(\tau)d\tau = \int_{-dt/2}^{dt/2} \left(x(0) + \dot{x}(0)\tau\right)d\tau = x(0)dt
\end{aligned}
\tag{A3.2-2-11b}
$$

微小時間dtを零に近づけると、(A3.2-2-11a)下段の式から、次式が得られる。

$$\dot{x}(0) = 1,\ x(0) = 0 \tag{A3.2-2-12}$$

この式は、初期速度が 1 で初期変位零の条件の応答が、単位衝撃力応答であることを意味する。力学で、微小時間とその時の力の積を力積($q(t)dt = (1/dt)dt$)と呼び、力積は運動量の変化に等しいという法則がある。上式では、単位質量当たりの運動量の変化は、$\dot{x}(dt/2) - \dot{x}(-dt/2)$であるので、$\dot{x}(dt/2) - \dot{x}(-dt/2) = (1/dt)dt = 1$は、この運動量の変化の法則を意味する。

したがって、3.1 節の初期条件$\dot{x}(0) = 1,\ x(0) = 0$の解が、次式の単位衝撃力応答関数$g(t)$となる。

$$g_x(t)=\begin{cases}\left.\begin{array}{ll}\dfrac{1}{\omega_D}\mathrm{e}^{-h\omega_0 t}\sin\omega_D t & t\geq 0\\ 0 & t<0\end{array}\right\} & h<1\\ \left.\begin{array}{ll}\dfrac{1}{\omega_{D0}}\mathrm{e}^{-h\omega_0 t}\sinh\omega_{D0} t & t\geq 0\\ 0 & t<0\end{array}\right\} & h>1\\ \left.\begin{array}{ll}t\mathrm{e}^{-\omega_0 t} & t\geq 0\\ 0 & t<0\end{array}\right\} & h=1\end{cases}\qquad\text{(A3.2-2-13)}$$

$$\omega_D=\omega_0\sqrt{1-h^2},\quad \omega_{D0}=\omega_0\sqrt{h^2-1}$$

以上は、時刻零に単位衝撃力が作用した場合であったが、時刻 t_0 に単位衝撃力が作用する場合も同様な考察ができるので、この場合の単位衝撃力応答関数 $g(t)$ は上式の時刻 t と 0 を $t-t_0$ と t_0 に変更すればよい。

b）振動数領域

振動数領域の解析は、微分方程式の速度比例係数 $h\omega_0$ の正負で扱いを変える必要があった。ここでは、係数の正負を気にしないで解析できる一般化フーリエ変換を使った振動数領域の単位衝撃力によるグリーン関数を説明する。

微分方程式：$\ddot{x}+2h\omega_0\dot{x}+\omega_0^2 x=q(t)$　（A3.2-2-14a）

初期条件　：静止　（A3.2-2-14b）

ここに、一般化フーリエ変換は、次式で与えられる。

$$\begin{aligned}&X(\omega^*)=\int_0^\infty x(t)\mathrm{e}^{-i\omega^* t}dt, && Q(\omega^*)=\int_0^\infty q(t)\mathrm{e}^{-i\omega^* t}dt\\ &x(t)=\frac{1}{2\pi}\int_{-\infty}^\infty X(\omega^*)\mathrm{e}^{i\omega^* t}d\omega^*, && q(t)=\frac{1}{2\pi}\int_{-\infty}^\infty Q(\omega^*)\mathrm{e}^{i\omega^* t}d\omega^*\\ &\omega^*=\omega-i\alpha,\ \alpha>0, && d\omega^*=d\omega\end{aligned}\qquad\text{(A3.2-2-14c)}$$

2.2 節で述べたが、静止条件のフーリエ変換の場合、外力（デルタ関数）と応答を次式のように調和振動に仮定する。

手順（i）：

単位衝撃力のフーリエ変換は、以下のように 1 となるので、

$$Q_\delta(\omega^*)=\int_0^\infty q(t)\mathrm{e}^{-i\omega^* t}dt=\int_0^\infty \delta(t)\mathrm{e}^{-i\omega^* t}dt=1\qquad\text{(A3.2-2-15a)}$$

単位衝撃力と応答を次式の調和振動に仮定する。

$$\begin{aligned}q(t)&=Q_\delta(\omega^*)\mathrm{e}^{i\omega^* t}=1\mathrm{e}^{i\omega^* t}\\ x(t)&=G_x(\omega^*)\mathrm{e}^{i\omega^* t}\end{aligned}\qquad\text{(A3.2-2-15b)}$$

手順(ii)：

微分方程式に代入すると、次式が得られる。

$$\left(-\omega^{*2}+i2h\omega_0\omega^*+\omega_0^2\right)G_x(\omega^*)\mathrm{e}^{i\omega^* t}=1\mathrm{e}^{i\omega^* t}$$
$$G_x(\omega^*)=\frac{1}{-\omega^{*2}+i2h\omega_0\omega^*+\omega_0^2} \tag{A3.2-2-15c}$$

手順(iii)：

フーリエ逆変換より、グリーン関数は、微分方程式の速度比例係数$h\omega_0$の正負に関わらずに、以下のような時間領域の解になる。

$$\begin{aligned} g_x(t)&=\frac{1}{2\pi}\int_{-\infty}^{\infty}G_x(\omega^*)\mathrm{e}^{i\omega^* t}d\omega^* \\ &=\frac{1}{2\pi}\int_{-\infty}^{\infty}\frac{1}{-\omega^{*2}+i2h\omega_0\omega^*+\omega_0^2}\mathrm{e}^{i\omega^* t}d\omega^* \end{aligned} \tag{A3.2-2-16}$$

このフーリエ変換は、留数の定理を用いた3.2節の解析解として次式のように与えられる。したがって、時間領域のグリーン関数と同じ解が得られる。

$$\begin{aligned} g_x(t)&=\frac{1}{2\pi}\int_{-\infty}^{\infty}\frac{1}{-\omega^{*2}+i2h\omega_0\omega^*+\omega_0^2}\mathrm{e}^{i\omega^* t}d\omega^* \\ &=\begin{cases} \left.\begin{matrix} \frac{1}{\omega_D}\mathrm{e}^{-h\omega_0 t}\sin\omega_D t & t\ge 0 \\ 0 & t<0 \end{matrix}\right\} & h<1 \\ \left.\begin{matrix} \frac{1}{\omega_{D0}}\mathrm{e}^{-h\omega_0 t}\sinh\omega_{D0} t & t\ge 0 \\ 0 & t<0 \end{matrix}\right\} & h>1 \\ \left.\begin{matrix} t\mathrm{e}^{-\omega_0 t} & t\ge 0 \\ 0 & t<0 \end{matrix}\right\} & h=1 \end{cases} \end{aligned} \tag{A3.2-2-17a}$$

上式の2階微分方程式のグリーン関数は、減衰定数$h<1, h>1, h=1$の3ケースで関数が異なる。しかし、減衰定数$h=1$は、3ケースの境界値に相当するので、$h<1, h>1$の2つのケースにおいて、$\lim_{h\to 1}h\to 1$とすると、以下のように減衰定数$h=1$の解が得られる。

$$\begin{aligned} &\lim_{h\to 1}\omega_D=\omega_0\sqrt{1-h^2}\to 0,\quad \lim_{h\to 1}\omega_{D0}=\omega_0\sqrt{h^2-1}\to 0 \\ &\lim_{h\to 1}\frac{1}{\omega_D}\mathrm{e}^{-h\omega_0 t}\sin\omega_D t=t\mathrm{e}^{-\omega_0 t}\left(1-\frac{1}{3!}(\omega_D t)^2+\frac{1}{5!}(\omega_D t)^4+\cdots\right) \\ &\qquad =t\mathrm{e}^{-\omega_0 t} \\ &\lim_{h\to 1}\frac{1}{\omega_{D0}}\mathrm{e}^{-h\omega_0 t}\sinh\omega_{D0} t=t\mathrm{e}^{-\omega_0 t}\left(1+\frac{1}{3!}(\omega_{D0} t)^2+\frac{1}{5!}(\omega_{D0} t)^4+\cdots\right) \\ &\qquad =t\mathrm{e}^{-\omega_0 t} \end{aligned} \tag{A3.2-2-17b}$$

図 A3.2-2-1 は、以下の値を用いた2階微分方程式のグリーン関数を示す。

$$\omega_D = \omega_0\sqrt{1-h^2} = \begin{cases} 2\pi\times 0.978, & h = 0.2 \\ 2\pi\times 1.000, & h = 0.0 \\ 2\pi\times 0.995, & h = -0.1 \end{cases}$$

$$\omega_{D0} = \omega_0\sqrt{h^2-1} = \begin{cases} 2\pi\times 0.663, & h = 1.2 \\ 2\pi\times 1.118, & h = 1.5 \end{cases}$$

$$\omega_0 = 2\pi, \quad h = 1$$

図 A3.2-2-1(a)は、$h<1$ の場合のグリーン関数$(g(t) = g_x(t))$を示す。この場合は、振動する。固有振動数は 1Hz(固有周期 1s)で、$h = 0.1$ では、減衰振動である。$h = 0$ では、無減衰振動(単振動)である。$h = -0.1$ の場合、振動するが、振幅が時間の増加関数となっている。

図 A3.2-2-1(b)は、$h>1$ の場合のグリーン関数を示す。この場合、振動しないが、減衰定数が大きいほど振幅は小さい。図 A3.2-2-1(c)は、$h=1$ の場合のグリーン関数を示す。この場合を臨界減衰状態と呼び、振動するかしないかの境界状態となる。

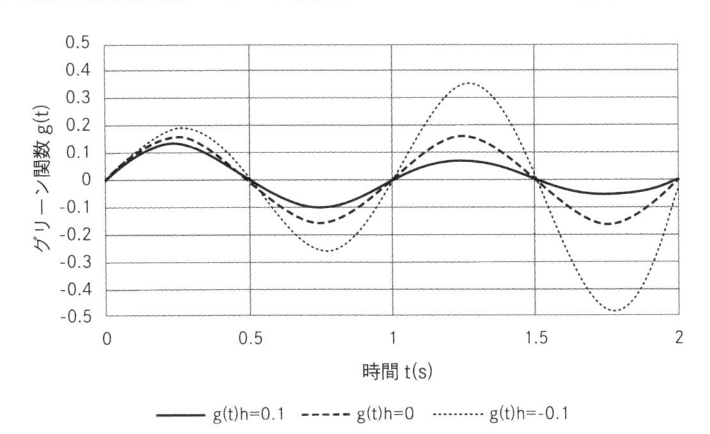

(a) 固有周期1秒のグリーン関数 $g(t)$ の減衰定数による変化($h = 0.1, 0.0, -0.1$)

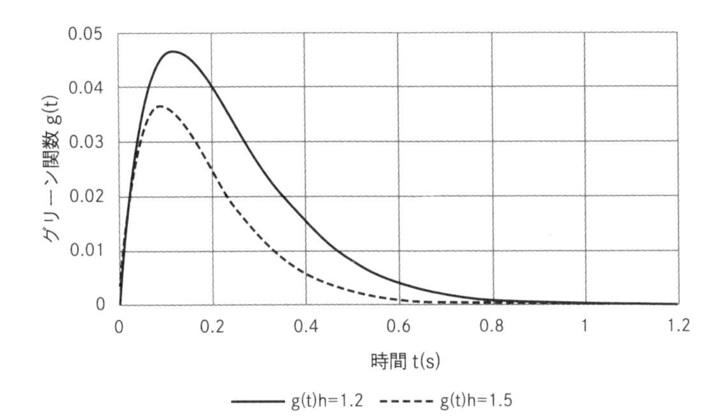

(b) 固有周期1秒のグリーン関数 $g(t)$ の減衰定数による変化($h = 1.2, 1.5$)

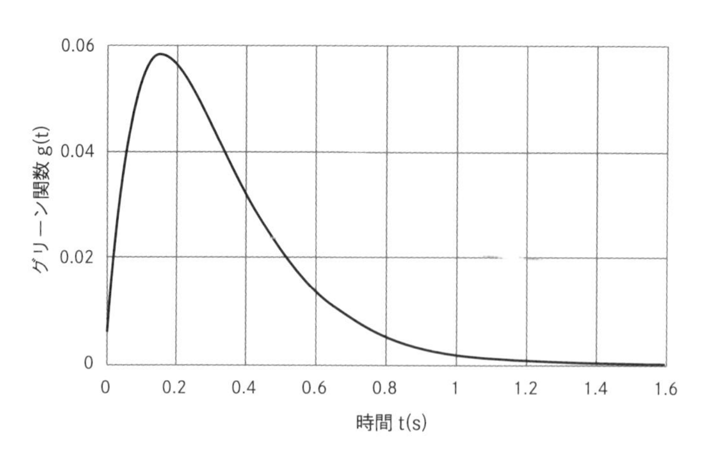

(c) 固有周期 1 秒と減衰定数 $h=1$（臨界減衰）のグリーン関数 $g(t)$

図 A3.2-2-1　固有周期 1 秒の 2 階微分方程式のグリーン関数の減衰定数による変化

3.3　時間領域と振動数領域の単位衝撃力による応答（グリーン関数）と任意外力による応答の関係

1 階と 2 階微分方程式を使って、時間領域と振動数領域の解の求め方を説明してきた。ここでは、初期条件が静止状態として、単位衝撃力による応答（グリーン関数）と任意外力による応答の関係を整理しておく。

図 3.3-1 は、外力を Input、微分方程式を System、応答を Output として、時間領域と振動数領域の応答解析をまとめたものである。

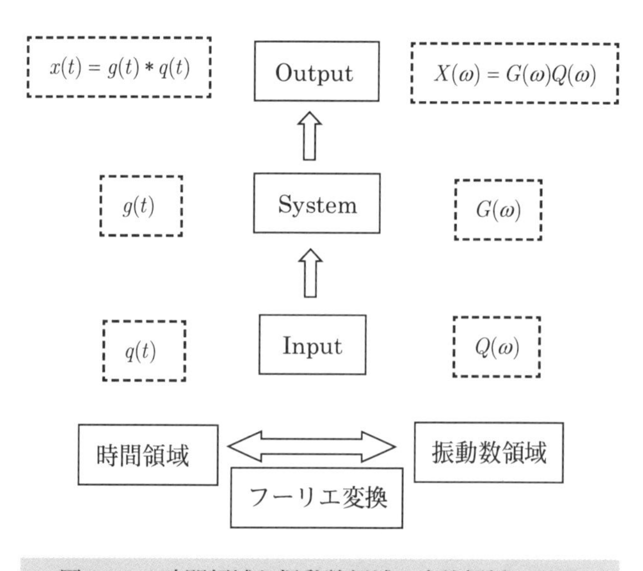

図 3.3-1　時間領域と振動数領域の応答解析の説明

時間領域の応答は、畳み込み積分(Convolution)で与えられ、次式の表現が多用される。

$$x(t) = g(t) * q(t) = \int_{t_0}^{t} g(t-\tau)q(\tau)d\tau \tag{3.3-1}$$

また、時間領域と振動数領域は、フーリエ変換で関係づけられているので、入力、System 特性と応答には、次式が成立する。

$$\begin{aligned} Q(\omega) &= \int_{-\infty}^{\infty} q(t)\mathrm{e}^{-i\omega t}dt, \quad q(t) = \frac{1}{2\pi}\int_{-\infty}^{\infty} Q(\omega)\mathrm{e}^{i\omega t}d\omega \\ G(\omega) &= \int_{-\infty}^{\infty} g(t)\mathrm{e}^{-i\omega t}dt, \quad g(t) = \frac{1}{2\pi}\int_{-\infty}^{\infty} G(\omega)\mathrm{e}^{i\omega t}d\omega \\ X(\omega) &= \int_{-\infty}^{\infty} x(t)\mathrm{e}^{-i\omega t}dt, \quad x(t) = \frac{1}{2\pi}\int_{-\infty}^{\infty} X(\omega)\mathrm{e}^{i\omega t}d\omega \end{aligned} \tag{3.3-2}$$

振動数領域では、応答は次式の積で与えられるので、任意の２つの特性がわかれば、簡単な掛け算や割り算から、残りの特性値が求められる。

(i) 入力と System 特性が既知の場合、応答は、

$$X(\omega) = G(\omega)Q(\omega) \tag{3.3-3a}$$

(ii) 入力と応答特性が既知の場合、System 特性は、

$$G(\omega) = \frac{X(\omega)}{Q(\omega)} \tag{3.3-3b}$$

(iii) System と応答特性が既知の場合、入力特性は、

$$Q(\omega) = \frac{X(\omega)}{G(\omega)} \tag{3.3-3c}$$

第 4 章 定数係数の連立 1 階微分方程式(状態方程式)

2 章と 3 章で、時間領域と振動数領域におけるスカラー変数に関する 1 階微分方程式と 2 階微分方程式の解法を説明した。4 章では、ベクトルである変数の連立 1 階微分方程式の時間領域の解法を説明する。5 章には、係数行列の固有値のみを使う伝達行列の計算法のケーリー・ハミルトンの定理を使う方法とシルベスターの恒等式を使う方法を説明し、その後、振動数領域の解法を示す。

4.1 概要

図 4.1-1 のように、定数係数の 2 階微分方程式、2 階連立微分方程式や、現象を状態微分方程式で表すことが多い。これらの微分方程式や状態微分方程式は、定数係数の連立 1 階微分方程式に書き変えられるので、ここでは、連立 1 階微分方程式の解法を解説する。定数行列 $\mathbf{A}$ の性質により、各種の解法があるので、これらを説明する。オールマイティーな解法(全てが等しい重根の場合には使えない)は、シルベスターの恒等式であるが、これは、ケーリー・ハミルトンの定理を使う方法を一般化したもので、詳しくは、ケーリー・ハミルトンの定理を使う方法(全てが等しい重根の場合にも使える)を説明する。

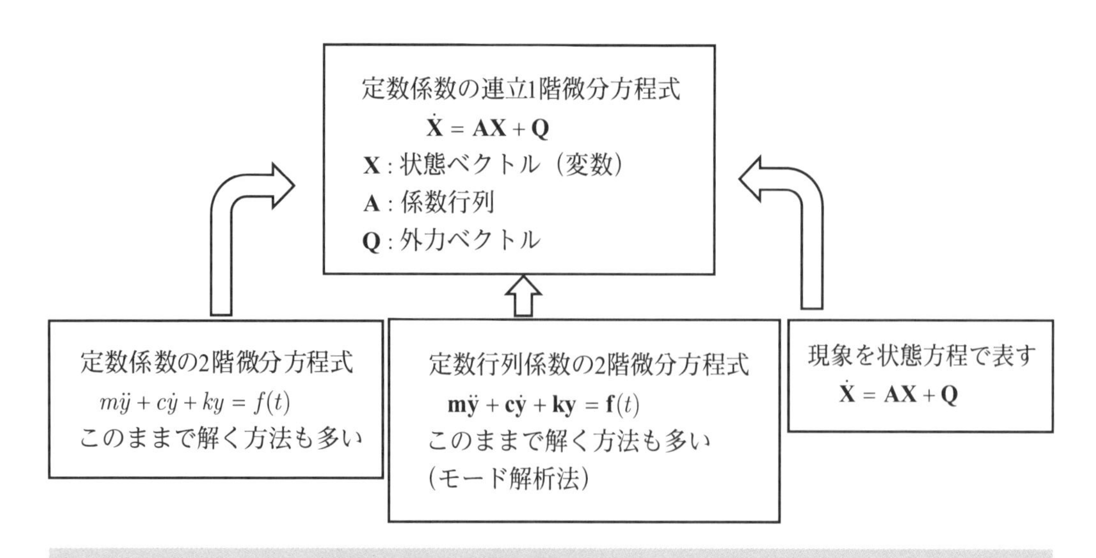

図 4.1-1　定数係数の連立 1 階微分方程式とその他の微分方程式の関係

(1) 定数係数の 2 階微分方程式

$$m\ddot{y} + c\dot{y} + ky = f(t) \tag{4.1-1a}$$

この方程式は、次式のように書き変えられる。

$$\begin{pmatrix} k & 0 \\ 0 & m \end{pmatrix}\begin{pmatrix} \dot{y} \\ \ddot{y} \end{pmatrix} + \begin{pmatrix} 0 & -k \\ k & c \end{pmatrix}\begin{pmatrix} y \\ \dot{y} \end{pmatrix} = \begin{pmatrix} 0 \\ f(t) \end{pmatrix} \tag{4.1-1b}$$

簡略化表現をすると、

$$\mathbf{B}\dot{\mathbf{X}} + \mathbf{C}\mathbf{X} = \mathbf{f}(t) \tag{4.1-1c}$$

これより、

$$\begin{aligned} &\dot{\mathbf{X}} = \mathbf{A}\mathbf{X} + \mathbf{Q} \\ &\mathbf{X} = \begin{pmatrix} y \\ \dot{y} \end{pmatrix} \\ &\mathbf{A} = -\mathbf{B}^{-1}\mathbf{C} = \begin{pmatrix} 0 & 1 \\ -k/m & -c/m \end{pmatrix} \\ &\mathbf{Q} = \mathbf{B}^{-1}\mathbf{f}(t) = \begin{pmatrix} 0 \\ f(t)/m \end{pmatrix} \end{aligned} \tag{4.1-1d}$$

(2) 定数行列係数の 2 階微分方程式

$$\mathbf{m}\ddot{\mathbf{y}} + \mathbf{c}\dot{\mathbf{y}} + \mathbf{k}\mathbf{y} = \mathbf{f}(t) \tag{4.1-2a}$$

同様に、この方程式は、次式のように書き変えられる。

$$\begin{pmatrix} \mathbf{k} & \mathbf{0} \\ \mathbf{0} & \mathbf{m} \end{pmatrix}\begin{pmatrix} \dot{\mathbf{y}} \\ \ddot{\mathbf{y}} \end{pmatrix} + \begin{pmatrix} \mathbf{0} & -\mathbf{k} \\ \mathbf{k} & \mathbf{c} \end{pmatrix}\begin{pmatrix} \mathbf{y} \\ \dot{\mathbf{y}} \end{pmatrix} = \begin{pmatrix} \mathbf{0} \\ \mathbf{f}(t) \end{pmatrix} \tag{4.1-2b}$$

$$\mathbf{B}\dot{\mathbf{X}} + \mathbf{C}\mathbf{X} = \mathbf{f}(t) \tag{4.1-2c}$$

記号の簡略化のため、$\mathbf{B}, \mathbf{C}, \mathbf{X}, \mathbf{f}(t)$ は、(1) の時と同じ記号を使っている。これより、次式の連立 1 階微分方程式が得られる。

$$\begin{aligned} &\dot{\mathbf{X}} = \mathbf{A}\mathbf{X} + \mathbf{Q} \\ &\mathbf{X} = \begin{pmatrix} \mathbf{y} \\ \dot{\mathbf{y}} \end{pmatrix} \\ &\mathbf{A} = -\mathbf{B}^{-1}\mathbf{C} = \begin{pmatrix} \mathbf{0} & \mathbf{I} \\ -\mathbf{m}^{-1}\mathbf{k} & -\mathbf{m}^{-1}\mathbf{c} \end{pmatrix} \\ &\mathbf{Q} = \mathbf{B}^{-1}\mathbf{f}(t) = \begin{pmatrix} \mathbf{0} \\ \mathbf{m}^{-1}\mathbf{f}(t) \end{pmatrix} \end{aligned} \tag{4.1-2d}$$

4.2　同次方程式と非同次方程式の解の概要(時間領域)

定数係数の連立 1 階微分方程式（状態方程式）の解の概要を概観するために、図 4.2-1 は、同次方程式と非同次方程式の解の概要を 2 行 2 列の係数行列で示す。4.3 節以降に、これらの説明をする。

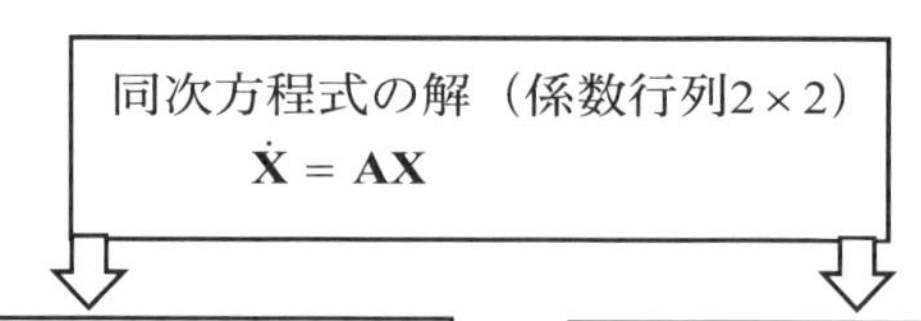

指数関数を使う原理的な解

$$\mathbf{X}(t) = C_1\mathbf{X}_1\mathrm{e}^{\lambda_1 t} + C_2\mathbf{X}_2\mathrm{e}^{\lambda_2 t}$$
$$= \begin{pmatrix} \mathbf{X}_1 & \mathbf{X}_2 \end{pmatrix} \begin{pmatrix} \mathrm{e}^{\lambda_1 t} & 0 \\ 0 & \mathrm{e}^{\lambda_2 t} \end{pmatrix} \begin{pmatrix} C_1 \\ C_2 \end{pmatrix}$$
$$= \mathbf{\Phi}\mathrm{e}^{\lambda t}\mathbf{C}$$

$\mathbf{X}_i$：i次固有ベクトル

λ_i: i次固有値

$\mathbf{\Phi} = \begin{pmatrix} \mathbf{X}_1 & \mathbf{X}_2 \end{pmatrix}$: 固有行列

$\mathrm{e}^{\lambda t}$: 固有値の指数関数行列

$\mathbf{C}$：未知係数ベクトル

初期条件$\mathbf{X}_0 = \mathbf{X}(t_0)$とすると、
解は、

$$\mathbf{X}(t) = \mathbf{\Phi} \begin{pmatrix} \mathrm{e}^{\lambda_1(t-t_0)} & 0 \\ 0 & \mathrm{e}^{\lambda_2(t-t_0)} \end{pmatrix} \mathbf{\Phi}^{-1}\mathbf{X}(t_0)$$
$$= \mathbf{P}(t, t_0)\mathbf{X}(t_0)$$

$\mathbf{P}(t, t_0)$: 伝達行列

指数関数行列を使う解

$$\mathbf{X}(t) = \mathrm{e}^{\mathbf{A}(t-t_0)}\mathbf{X}(t_0)$$
$$\mathrm{e}^{\mathbf{A}t} = \mathbf{I} + \mathbf{A}t + \frac{1}{2!}\mathbf{A}^2t^2 + \cdots + \frac{1}{n!}\mathbf{A}^n t^n + \cdots$$

$\mathrm{e}^{\mathbf{A}t}$: 指数関数行列

$\mathbf{P}(t, t_0) = \mathrm{e}^{\mathbf{A}t}$である

$\mathbf{A}$が対角化できる場合：
伝達行列$\mathbf{P}(t, t_0)$が使える
$\mathbf{A}$が対角化でき無い場合：
$\mathrm{e}^{\mathbf{A}t}$が無限級数となるので
シルベスターの補間法や
ケーリ・ハミルトンの定理
による有限級数が便利

(a)同次方程式の解

非同次方程式の解

$$\dot{\mathbf{X}} = \mathbf{AX} + \mathbf{Q}$$
$$\mathbf{X}(t) = \mathrm{e}^{\mathbf{A}(t-t_0)}\mathbf{X}(t_0) + \int_{t_0}^{t} \mathrm{e}^{\mathbf{A}(t-\tau)}\mathbf{Q}(\tau)d\tau$$

(b) 非同次方程式の解

図 4.2-1　同次方程式の解(a)と非同次方程式の解 (b)

4.3　同次方程式の解

外力項が零の場合の次式を同次方程式という。ここでは、同次方程式の固有値と固有ベクトル、固有行列を用いて、一般解と初期条件を満足する解を求める。

$$\dot{\mathbf{X}} = \mathbf{AX} \tag{4.3-1}$$

(1) 固有値と固有ベクトル、固有行列と係数行列の対角化

一般的な微分方程式と同様に、次式の指数関数を仮定する。

$$\mathbf{X} = \mathbf{C}e^{\lambda t} \qquad (4.3\text{-}2a)$$

これを、$\dot{\mathbf{X}} = \lambda \mathbf{C}e^{\lambda t}$ と単位行列 $\mathbf{I}$ を考慮して、微分方程式に代入すると、次式が得られる。

$$\left(\mathbf{A} - \lambda \mathbf{I}\right)\mathbf{X} = \mathbf{0} \qquad (4.3\text{-}2b)$$

上式は、$\mathbf{AX} = \lambda \mathbf{X}$ と書けば、固有値問題の式である。$\mathbf{X} \neq \mathbf{0}$ の解であるためには、次式の係数行列式が零でなければならない。

$$\left|\mathbf{A} - \lambda \mathbf{I}\right| = 0 \qquad (4.3\text{-}2c)$$

係数行列 $\mathbf{A}$ が（$n \times n$）の場合、上式の行列式は、λ^n の多項式となる。重根も考慮すると、n 個の根が得られる。この根を固有値と呼び、各固有値に対する基準化した $\mathbf{X}$ は、固有ベクトルと呼ばれ、次式のように表現する。

$$\begin{array}{l} \lambda_1, \lambda_2, \cdots, \lambda_n \\ \downarrow \quad \downarrow, \cdots, \downarrow \\ \mathbf{X}_1, \mathbf{X}_2, \cdots \mathbf{X}_n \end{array} \qquad (4.3\text{-}2d)$$

固有ベクトルを次式のように並べた行列は、固有行列と呼ばれる。

$$\mathbf{\Phi} = \begin{pmatrix} \mathbf{X}_1 & \mathbf{X}_2 & \cdots & \mathbf{X}_n \end{pmatrix} \qquad (4.3\text{-}2e)$$

(2) 係数行列の対角化と対称行列の固有ベクトルの直交性

固有値がすべて異なる場合と係数行列が対称行列の場合、係数行列は、次式のように固有行列により対角化できる。

$$\mathbf{\Phi}^{-1}\mathbf{A}\mathbf{\Phi} = \begin{pmatrix} \lambda_1 & 0 & 0 & 0 \\ 0 & \lambda_2 & 0 & 0 \\ 0 & 0 & \ddots & 0 \\ 0 & 0 & 0 & \lambda_n \end{pmatrix} \qquad (4.3\text{-}3a)$$

または、係数行列は、次式のように表現できる。

$$\mathbf{A} = \mathbf{\Phi} \begin{pmatrix} \lambda_1 & 0 & 0 & 0 \\ 0 & \lambda_2 & 0 & 0 \\ 0 & 0 & \ddots & 0 \\ 0 & 0 & 0 & \lambda_n \end{pmatrix} \mathbf{\Phi}^{-1} \qquad (4.3\text{-}3b)$$

また、係数行列が対称行列の場合には、固有ベクトルは、次式のように直交性の性質がある。

$$\mathbf{X}_i \cdot \mathbf{X}_j = 0, i \neq j \qquad (4.3\text{-}3c)$$

この性質は、以下のように求められる。簡単のため、2 行 2 列で説明するが、係数行列 $\mathbf{A}$ が（$n \times n$）の場合も同様である。

固有値と固有ベクトルを$\lambda_1, \lambda_2, \mathbf{X}_1, \mathbf{X}_2$とすると、固有値問題なので、次式が成立する。

$$\mathbf{A}\mathbf{X}_1 = \lambda_1 \mathbf{X}_1, \quad \mathbf{A}\mathbf{X}_2 = \lambda_2 \mathbf{X}_2 \tag{4.3-4a}$$

この式はベクトルなので、1 つにまとめて行列表示すると、次式が得られる。

$$\begin{aligned} \begin{pmatrix} \mathbf{A}\mathbf{X}_1 & \mathbf{A}\mathbf{X}_2 \end{pmatrix} &= \begin{pmatrix} \lambda_1 \mathbf{X}_1 & \lambda_2 \mathbf{X}_2 \end{pmatrix} = \begin{pmatrix} \mathbf{X}_1 & \mathbf{X}_2 \end{pmatrix} \begin{pmatrix} \lambda_1 & 0 \\ 0 & \lambda_2 \end{pmatrix} \\ \begin{pmatrix} \mathbf{A}\mathbf{X}_1 & \mathbf{A}\mathbf{X}_2 \end{pmatrix} &= \mathbf{A} \begin{pmatrix} \mathbf{X}_1 & \mathbf{X}_2 \end{pmatrix} \end{aligned} \tag{4.3-4b}$$

上式から、次式が得られる。

$$\mathbf{A} \begin{pmatrix} \mathbf{X}_1 & \mathbf{X}_2 \end{pmatrix} = \begin{pmatrix} \mathbf{X}_1 & \mathbf{X}_2 \end{pmatrix} \begin{pmatrix} \lambda_1 & 0 \\ 0 & \lambda_2 \end{pmatrix} \tag{4.3-4c}$$

固有行列$\mathbf{\Phi} = \begin{pmatrix} \mathbf{X}_1 & \mathbf{X}_2 \end{pmatrix}$を使うと、上式から、次式のように係数行列$\mathbf{A}$が対角化できる。

$$\mathbf{\Phi}^{-1} \mathbf{A} \mathbf{\Phi} = \begin{pmatrix} \lambda_1 & 0 \\ 0 & \lambda_2 \end{pmatrix} \tag{4.3-4d}$$

次に、係数行列が対称行列の場合の固有ベクトルの直交性は、式 (4.3-4a) をベクトルの内積で表現すると、次式のように求められる。

$$\begin{aligned} \mathbf{X}_2 \cdot \mathbf{A}\mathbf{X}_1 &= \mathbf{X}_2 \cdot \lambda_1 \mathbf{X}_1 = \lambda_1 \mathbf{X}_2 \cdot \mathbf{X}_1 = \lambda_1 \mathbf{X}_1 \cdot \mathbf{X}_2 \\ \mathbf{X}_1 \cdot \mathbf{A}\mathbf{X}_2 &= \mathbf{X}_1 \cdot \lambda_2 \mathbf{X}_2 = \lambda_2 \mathbf{X}_1 \cdot \mathbf{X}_2 \end{aligned} \tag{4.3-5a}$$

内積の定義から、次式が成り立つ。

$$\begin{aligned} \mathbf{X}_2 \cdot \mathbf{A}\mathbf{X}_1 &= \mathbf{X}_2^T \cdot \mathbf{A}\mathbf{X}_1 \\ \mathbf{X}_1 \cdot \mathbf{A}\mathbf{X}_2 &= \left(\mathbf{A}\mathbf{X}_2\right)^T \cdot \mathbf{X}_1 = \mathbf{X}_2^T \cdot \mathbf{A}^T \mathbf{X}_1 \end{aligned} \tag{4.3-5b}$$

係数行列が対称行列であれば、$\mathbf{A} = \mathbf{A}^T$なので、両式の引き算から、次式が得られる。

$$\mathbf{X}_2 \cdot \mathbf{A}\mathbf{X}_1 - \mathbf{X}_1 \cdot \mathbf{A}\mathbf{X}_2 = (\lambda_1 - \lambda_2) \mathbf{X}_1 \cdot \mathbf{X}_2 = 0 \tag{4.3-5c}$$

$\lambda_1 \neq \lambda_2$のため、次式の固有ベクトルの内積が零という直交性の性質が得られる。

$$\mathbf{X}_1 \cdot \mathbf{X}_2 = 0 \tag{4.3-5d}$$

(3) 一般解と初期条件を満たす解

適当な積分定数を導入すると、それぞれの解は微分方程式を満たすので、次式で表されるそれらの和も微分方程式を満たす。この式が、同次方程式の一般解である。

$$\begin{aligned}\mathbf{X} &= C_1\mathbf{X}_1 e^{\lambda_1 t} + C_2\mathbf{X}_2 e^{\lambda_2 t} + \cdots + C_n\mathbf{X}_n e^{\lambda_n t}\\ &= \begin{pmatrix}\mathbf{X}_1 & \mathbf{X}_2 & \cdots & \mathbf{X}_n\end{pmatrix}\begin{pmatrix} e^{\lambda_1 t} & 0 & 0 & 0\\ 0 & e^{\lambda_2 t} & 0 & 0\\ 0 & 0 & \ddots & 0\\ 0 & 0 & 0 & e^{\lambda_n t}\end{pmatrix}\begin{pmatrix}C_1\\ C_2\\ \vdots\\ C_n\end{pmatrix}\\ &= \mathbf{\Phi} e^{\boldsymbol{\lambda} t}\mathbf{C}\end{aligned} \qquad (4.3\text{-}6)$$

$$e^{\boldsymbol{\lambda} t} = \begin{pmatrix} e^{\lambda_1 t} & 0 & 0 & 0\\ 0 & e^{\lambda_2 t} & 0 & 0\\ 0 & 0 & \ddots & 0\\ 0 & 0 & 0 & e^{\lambda_n t}\end{pmatrix}$$

$\mathbf{\Phi}, e^{\boldsymbol{\lambda} t}, \mathbf{C}$ は、固有行列、指数関数行列、積分定数ベクトルである。

初期条件を $\mathbf{X}_0 = \mathbf{X}(t_0)$ とすると、次式より積分定数ベクトルを決めることができる。

$$\mathbf{X}(t_0) = \mathbf{\Phi} e^{\boldsymbol{\lambda} t_0}\mathbf{C} \to \mathbf{C} = e^{-\boldsymbol{\lambda} t_0}\mathbf{\Phi}^{-1}\mathbf{X}(t_0) \qquad (4.3\text{-}7)$$

したがって、初期条件を満たす解は、次式で与えられる。

$$\begin{aligned}\mathbf{X}(t) &= \mathbf{\Phi} e^{\boldsymbol{\lambda} t} e^{-\boldsymbol{\lambda} t_0}\mathbf{\Phi}^{-1}\mathbf{X}(t_0)\\ &= \mathbf{\Phi} e^{\boldsymbol{\lambda}(t-t_0)}\mathbf{\Phi}^{-1}\mathbf{X}(t_0)\\ &= \mathbf{P}(t,t_0)\mathbf{X}(t_0)\\ &= \mathbf{\Phi}\begin{pmatrix} e^{\lambda_1 (t-t_0)} & 0 & 0 & 0\\ 0 & e^{\lambda_2 (t-t_0)} & 0 & 0\\ 0 & 0 & \ddots & 0\\ 0 & 0 & 0 & e^{\lambda_n (t-t_0)}\end{pmatrix}\mathbf{\Phi}^{-1}\mathbf{X}(t_0)\end{aligned} \qquad (4.3\text{-}8)$$

ここに、$\mathbf{P}(t,t_0) = \mathbf{\Phi} e^{\boldsymbol{\lambda}(t-t_0)}\mathbf{\Phi}^{-1}$ は、伝達行列（Propagator matrix）と呼ばれる。初期条件の時刻 t_0 の変位ベクトルから時刻 t の変位ベクトルへの伝達行列であるため、その意味は明白であろう。

4.4　固有値と固有ベクトルに関する性質の整理と例題

ここでは、数学的証明は成書に譲り、固有値と固有ベクトルに関する整理と例題を示す。

a）固有値がすべて異なる場合と係数行列 **A** が対称行列の場合には、**A** が固有行列により対角化できる。

b）固有値が重根を持つ場合でも、独立な固有ベクトルが存在する場合、対角化できる。

a）の場合の例題：次式の連立 1 階微分方程式の固有値、固有ベクトルと解を求める。

$$\begin{pmatrix} \dot{x} \\ \dot{y} \end{pmatrix} = \begin{pmatrix} -14 & -20 \\ 9 & 13 \end{pmatrix} \begin{pmatrix} x \\ y \end{pmatrix}$$

$$\text{初期条件：} \mathbf{X}_0 = \mathbf{X}_0(0) = \begin{pmatrix} x_0 \\ y_0 \end{pmatrix} \quad (4.4\text{-}1)$$

固有値は、次式より、$\lambda_1 = 1, \lambda_2 = -2$

$$\begin{vmatrix} -14-\lambda & -20 \\ 9 & 13-\lambda \end{vmatrix} = 0 \rightarrow \lambda^2 + \lambda - 2 = (\lambda - 1)(\lambda + 2) = 0 \quad (4.4\text{-}2a)$$

固有値 $\lambda_1 = 1$ と $\lambda_2 = -2$ に対応する固有ベクトルを次式のようにする。

$$\mathbf{X}_1 = \begin{pmatrix} x_1 \\ y_1 \end{pmatrix}, \mathbf{X}_2 = \begin{pmatrix} x_2 \\ y_2 \end{pmatrix} \quad (4.4\text{-}2b)$$

式(4.3-2b)に代入すると、

$$\begin{pmatrix} -14-1 & -20 \\ 9 & 13-1 \end{pmatrix} \begin{pmatrix} x_1 \\ y_1 \end{pmatrix} = \begin{pmatrix} -15 & -20 \\ 9 & 12 \end{pmatrix} \begin{pmatrix} x_1 \\ y_1 \end{pmatrix} = \begin{pmatrix} 0 \\ 0 \end{pmatrix}$$

$$\begin{pmatrix} -14+2 & -20 \\ 9 & 13+2 \end{pmatrix} \begin{pmatrix} x_1 \\ y_1 \end{pmatrix} = \begin{pmatrix} -12 & -20 \\ 9 & 15 \end{pmatrix} \begin{pmatrix} x_2 \\ y_2 \end{pmatrix} = \begin{pmatrix} 0 \\ 0 \end{pmatrix} \quad (4.4\text{-}2c)$$

$x_1 = 1, x_2 = 1$ とすると、$y_1 = -3/4, y_2 = -3/5$ が得られる。これより、固有ベクトルと固有行列は、

$$\mathbf{X}_1 = \begin{pmatrix} 1 \\ -3/4 \end{pmatrix}, \mathbf{X}_2 = \begin{pmatrix} 1 \\ -3/5 \end{pmatrix}$$

$$\mathbf{\Phi} = (\mathbf{X}_1 \ \mathbf{X}_2) = \begin{pmatrix} 1 & 1 \\ -3/4 & -3/5 \end{pmatrix} \quad (4.4\text{-}3)$$

$$\mathbf{\Phi}^{-1} = \frac{20}{3} \begin{pmatrix} -3/5 & -1 \\ 3/4 & 1 \end{pmatrix}$$

初期条件を満たす解は、次式で与えられる。

$$\begin{aligned} \mathbf{X} &= \mathbf{\Phi} \mathrm{e}^{\lambda(t-t_0)} \mathbf{\Phi}^{-1} \mathbf{X}(t_0) \\ &= \frac{20}{3} \begin{pmatrix} 1 & 1 \\ -3/4 & -3/5 \end{pmatrix} \begin{pmatrix} \mathrm{e}^{t} & 0 \\ 0 & \mathrm{e}^{-2t} \end{pmatrix} \begin{pmatrix} -3/5 & -1 \\ 3/4 & 1 \end{pmatrix} \begin{pmatrix} x_0 \\ y_0 \end{pmatrix} \\ &= -\left(4x_0 + \frac{20}{3} y_0\right) \begin{pmatrix} 1 \\ -3/4 \end{pmatrix} \mathrm{e}^{t} + \left(5x_0 + \frac{20}{3} y_0\right) \begin{pmatrix} 1 \\ -3/5 \end{pmatrix} \mathrm{e}^{-2t} \end{aligned} \quad (4.4\text{-}4)$$

対角化に関しては、次式のように対角化できることが確かめられる。

$$\mathbf{\Phi}^{-1} \mathbf{A} \mathbf{\Phi} = \frac{20}{3} \begin{pmatrix} -3/5 & -1 \\ 3/4 & 1 \end{pmatrix} \begin{pmatrix} -14 & -20 \\ 9 & 13 \end{pmatrix} \begin{pmatrix} 1 & 1 \\ -3/4 & -3/5 \end{pmatrix} = \begin{pmatrix} 1 & 0 \\ 0 & -2 \end{pmatrix} \quad (4.4\text{-}5)$$

b）固有値が重根を持つ場合の例題（特別な場合）：次式の連立1階微分方程式の固有値、固有ベクトルと解を求める。

$$\begin{pmatrix} \dot{x} \\ \dot{y} \\ \dot{z} \end{pmatrix} = \begin{pmatrix} -2 & 2 & -3 \\ 2 & 1 & -6 \\ -1 & -2 & 0 \end{pmatrix} \begin{pmatrix} x \\ y \\ z \end{pmatrix}$$

$$\text{初期条件：}\mathbf{X}_0 = \mathbf{X}_0(0) = \begin{pmatrix} 8 \\ 0 \\ 0 \end{pmatrix} \tag{4.4-6}$$

固有値は、次式より、重根を持ち、$\lambda_1 = \lambda_2 = -3, \lambda_3 = 5$

$$\begin{vmatrix} -2-\lambda & 2 & -3 \\ 2 & 1-\lambda & -6 \\ -1 & -2 & -\lambda \end{vmatrix} = 0 \tag{4.4-7a}$$

$$-\lambda^3 - \lambda^2 + 21\lambda + 45 = -(\lambda+3)^2(\lambda-5) = 0$$

固有ベクトルは、次式の異なる3つとなる。ここでは、基準化していないものを示す。

$$\mathbf{X}_1 = \begin{pmatrix} -2 \\ 1 \\ 0 \end{pmatrix}, \mathbf{X}_2 = \begin{pmatrix} 3 \\ 0 \\ 1 \end{pmatrix}, \mathbf{X}_3 = \begin{pmatrix} 1 \\ 2 \\ -1 \end{pmatrix}$$

$$\mathbf{\Phi} = \begin{pmatrix} \mathbf{X}_1 & \mathbf{X}_2 & \mathbf{X}_3 \end{pmatrix} = \begin{pmatrix} -2 & 3 & 1 \\ 1 & 0 & 2 \\ 0 & 1 & -1 \end{pmatrix} \tag{4.4-7b}$$

$$\mathbf{\Phi}^{-1} = \frac{1}{8}\begin{pmatrix} -2 & 4 & 6 \\ 1 & 2 & 5 \\ 1 & 2 & -3 \end{pmatrix}$$

この場合の伝達関数は、次式となる。

$$\begin{aligned} \mathbf{\Phi} \mathrm{e}^{\lambda t} \mathbf{\Phi}^{-1} &= \frac{1}{8}\begin{pmatrix} -2 & 3 & 1 \\ 1 & 0 & 2 \\ 0 & 1 & -1 \end{pmatrix}\begin{pmatrix} \mathrm{e}^{-3t} & 0 & 0 \\ 0 & \mathrm{e}^{-3t} & 0 \\ 0 & 0 & \mathrm{e}^{5t} \end{pmatrix}\begin{pmatrix} -2 & 4 & 6 \\ 1 & 2 & 5 \\ 1 & 2 & -3 \end{pmatrix} \\ &= \frac{1}{8}\mathrm{e}^{-3t}\begin{pmatrix} 7 & -2 & 3 \\ -2 & 4 & 6 \\ 1 & 2 & 5 \end{pmatrix} + \frac{1}{8}\mathrm{e}^{5t}\begin{pmatrix} 1 & 2 & -3 \\ 2 & 4 & -6 \\ -1 & -2 & 3 \end{pmatrix} \end{aligned} \tag{4.4-7c}$$

ここでは、固有行列の逆行列等を計算せずに、指数関数の和で与えられる一般解を用いる。

$$\mathbf{X} = \begin{pmatrix} x \\ y \\ z \end{pmatrix} = C_1 \begin{pmatrix} -2 \\ 1 \\ 0 \end{pmatrix} \mathrm{e}^{-3t} + C_2 \begin{pmatrix} 3 \\ 0 \\ 1 \end{pmatrix} \mathrm{e}^{-3t} + C_3 \begin{pmatrix} 1 \\ 2 \\ -1 \end{pmatrix} \mathrm{e}^{5t} \tag{4.4-8a}$$

初期条件より、積分定数が次式から求められる。

$$C_1\begin{pmatrix}-2\\1\\0\end{pmatrix}+C_2\begin{pmatrix}3\\0\\1\end{pmatrix}+C_3\begin{pmatrix}1\\2\\-1\end{pmatrix}=\begin{pmatrix}8\\0\\0\end{pmatrix}\rightarrow C_1=-2, C_2=C_3=1 \tag{4.4-8b}$$

この積分定数から、初期条件を満たす解は、次式で与えられる。

$$\mathbf{X}=\begin{pmatrix}x\\y\\z\end{pmatrix}=\begin{pmatrix}7\\-2\\1\end{pmatrix}\mathrm{e}^{-3t}+\begin{pmatrix}1\\2\\-1\end{pmatrix}\mathrm{e}^{5t} \tag{4.4-9}$$

この場合にも、次式のように対角化できることが確かめられる。

$$\mathbf{\Phi}^{-1}\mathbf{A}\mathbf{\Phi}=\frac{1}{8}\begin{pmatrix}-2&4&6\\1&2&5\\1&2&-3\end{pmatrix}\begin{pmatrix}-2&2&-3\\2&1&-6\\-1&-2&0\end{pmatrix}\begin{pmatrix}-2&3&1\\1&0&2\\0&1&-1\end{pmatrix}=\begin{pmatrix}-3&0&0\\0&-3&0\\0&0&5\end{pmatrix} \tag{4.4-10}$$

4.5　指数関数行列を使う解

前節では、係数行列が対角化できる場合を扱ったが、係数行列が対角化できない場合を含めたもっと一般的な解を説明する。

(1) 指数関数行列

係数行列 **A** を指数関数の時間係数のように考えて、次式の級数和で定義すると、これは行列である。この行列を指数関数行列と呼ぶものとする。指数関数行列は、無限級数和である(ケーリー・ハミルトンの定理を使うと、次数 $n-1$ の有限級数和となる：5.1 節参照)。

$$\mathbf{B}=\mathrm{e}^{\mathbf{A}t}=\mathbf{I}+\mathbf{A}t+\frac{1}{2!}\mathbf{A}^2t^2+\cdots+\frac{1}{n!}\mathbf{A}^nt^n+\cdots \tag{4.5-1}$$

指数関数行列には、以下のような性質がある。

両辺を時間で微分すると、次式のように可換である。

$$\begin{aligned}\frac{d\mathbf{B}}{dt}=\frac{d\mathrm{e}^{\mathbf{A}t}}{dt}&=\mathbf{A}+\mathbf{A}^2t+\cdots+\frac{1}{(n-1)!}\mathbf{A}^nt^{n-1}+\cdots\\&=\mathbf{A}\left(\mathbf{I}+\mathbf{A}t+\frac{1}{2!}\mathbf{A}^2t^2+\cdots+\frac{1}{n!}\mathbf{A}^nt^n+\cdots\right)\\&=\mathbf{AB}=\mathbf{BA}\end{aligned} \tag{4.5-2a}$$

すなわち、次式のように指数関数の微分と同じような性質を有する。

$$\frac{d\mathrm{e}^{\mathbf{A}t}}{dt}=\mathbf{A}\mathrm{e}^{\mathbf{A}t}=\mathrm{e}^{\mathbf{A}t}\mathbf{A} \tag{4.5-2b}$$

また、無限級数和を使うと、指数関数と同じような次式が成立する。

$$\mathrm{e}^{\mathbf{A}t}\mathrm{e}^{\mathbf{A}t'}=\mathrm{e}^{\mathbf{A}(t+t')} \tag{4.5-2c}$$

さらに、$t=-t'$ とすると、指数関数と同じような次式が成立する。

$$\mathrm{e}^{\mathbf{A}t}\mathrm{e}^{-\mathbf{A}t} = \mathrm{e}^{\mathbf{A}0} = \mathbf{I} \rightarrow \left(\mathrm{e}^{\mathbf{A}t}\right)^{-1} = \mathrm{e}^{-\mathbf{A}t} \tag{4.5-2d}$$

この式は、指数関数行列の逆行列は、時間を次式のように入れ替えればよいことを意味する。

$$\left(\mathrm{e}^{\mathbf{A}(t-t_0)}\right)^{-1} = \mathrm{e}^{-\mathbf{A}(t-t_0)} = \mathrm{e}^{\mathbf{A}(t_0-t)} \tag{4.5-2e}$$

係数行列 $\mathbf{A}$ は、その固有値と固有行列により次式のように対角化できる(4.1 節(1))。

$$\begin{aligned}
&\mathbf{A} = \mathbf{\Phi\lambda\Phi}^{-1}, \mathbf{A}^n = (\mathbf{\Phi\lambda\Phi}^{-1})(\mathbf{\Phi\lambda\Phi}^{-1})\cdots(\mathbf{\Phi\lambda\Phi}^{-1}) = \mathbf{\Phi\lambda}^n\mathbf{\Phi}^{-1} \\
&\boldsymbol{\lambda} = \begin{pmatrix} \lambda_1 & 0 & 0 & 0 \\ 0 & \lambda_2 & 0 & 0 \\ 0 & 0 & \ddots & 0 \\ 0 & 0 & 0 & \lambda_n \end{pmatrix}
\end{aligned} \tag{4.5-2f}$$

したがって、指数関数行列は、次式のようにも表現できる。

$$\begin{aligned}
\mathrm{e}^{\mathbf{A}t} &= \mathbf{I} + \mathbf{\Phi\lambda\Phi}^{-1}t + \frac{1}{2!}\mathbf{\Phi\lambda}^2\mathbf{\Phi}^{-1}t^2 + \cdots + \frac{1}{n!}\mathbf{\Phi\lambda}^n\mathbf{\Phi}^{-1}t^n + \cdots \\
&= \mathbf{\Phi}\left(\mathbf{I} + \boldsymbol{\lambda}t + \frac{1}{2!}(\boldsymbol{\lambda}t)^2 + \cdots + \frac{1}{n!}(\boldsymbol{\lambda}t)^n + \cdots\right)\mathbf{\Phi}^{-1} \\
&= \mathbf{\Phi}\mathrm{e}^{\boldsymbol{\lambda}t}\mathbf{\Phi}^{-1} \\
\mathrm{e}^{\boldsymbol{\lambda}t} &= \mathbf{I} + \boldsymbol{\lambda}t + \frac{1}{2!}(\boldsymbol{\lambda}t)^2 + \cdots + \frac{1}{n!}(\boldsymbol{\lambda}t)^n + \cdots
\end{aligned} \tag{4.5-2g}$$

上式は、無限級数和のように見えるが、固有値と固有行列(有限個数)を使って指数関数行列を表現しているので、有限級数和であることに注意せよ。これは、4.4 節の固有値と固有行列を使った伝達行列と同じ分類である。具体的には、次式の関係にある。

$$\begin{aligned}
&\mathbf{P}(t,t_0) = \mathbf{\Phi}\mathrm{e}^{\boldsymbol{\lambda}(t-t_0)}\mathbf{\Phi}^{-1} = \mathrm{e}^{\mathbf{A}(t-t_0)} \\
&\mathrm{e}^{\boldsymbol{\lambda}(t-t_0)} = \begin{pmatrix} \mathrm{e}^{\lambda_1(t-t_0)} & 0 & 0 & 0 \\ 0 & \mathrm{e}^{\lambda_2(t-t_0)} & 0 & 0 \\ 0 & 0 & \ddots & 0 \\ 0 & 0 & 0 & \mathrm{e}^{\lambda_n(t-t_0)} \end{pmatrix}
\end{aligned} \tag{4.5-2h}$$

4.5　補助記事 1　指数関数行列の例題

ここでは、係数行列が次式の場合、指数関数行列を求めて、有限級数和であることの例題を示す。

$$\mathbf{A} = \begin{pmatrix} -14 & -20 \\ 9 & 13 \end{pmatrix} \tag{A4.5-1-1}$$

この係数行列の累乗は、低次は手計算で以下のように計算できるが、高次になれば計算機を必要とする。

$$\mathbf{A}^2=\begin{pmatrix}16 & 20\\ -9 & -11\end{pmatrix},\mathbf{A}^3=\begin{pmatrix}-44 & -60\\ 27 & 37\end{pmatrix},\mathbf{A}^4=\begin{pmatrix}76 & 100\\ -45 & -59\end{pmatrix} \tag{A4.5-1-2a}$$

4次までの指数関数行列の級数和は、次式のようになる。

$$\begin{aligned}
\mathrm{e}^{\mathbf{A}t} &= \mathbf{I}+\mathbf{A}t+\frac{1}{2!}\mathbf{A}^2t^2+\cdots+\frac{1}{n!}\mathbf{A}^nt^n+\cdots\\
&=\begin{pmatrix}1 & 0\\ 0 & 1\end{pmatrix}+\begin{pmatrix}-14 & -20\\ 9 & 13\end{pmatrix}t+\frac{1}{2}\begin{pmatrix}16 & 20\\ -9 & -11\end{pmatrix}t^2+\frac{1}{6}\begin{pmatrix}-44 & -60\\ 27 & 37\end{pmatrix}t^3+\frac{1}{24}\begin{pmatrix}76 & 100\\ -45 & -59\end{pmatrix}t^4+\cdots\\
&=\begin{pmatrix}1 & 0\\ 0 & 1\end{pmatrix}+\begin{pmatrix}-14 & -20\\ 9 & 13\end{pmatrix}t+\begin{pmatrix}8 & 10\\ -9/2 & -11/2\end{pmatrix}t^2+\begin{pmatrix}-7.3 & -10\\ 4.5 & 6.17\end{pmatrix}t^3+\begin{pmatrix}3.17 & 4.17\\ -1.88 & -2.46\end{pmatrix}t^4+\cdots
\end{aligned} \tag{A4.5-1-2b}$$

固有値と固有行列を使うと、指数関数行列は、次式のように表される。

$$\begin{aligned}
\mathrm{e}^{\mathbf{A}t} &= \mathbf{\Phi}\mathrm{e}^{\boldsymbol{\lambda}t}\mathbf{\Phi}^{-1}\\
&=\frac{20}{3}\begin{pmatrix}1 & 1\\ -\frac{3}{4} & -\frac{3}{5}\end{pmatrix}\begin{pmatrix}\mathrm{e}^t & 0\\ 0 & \mathrm{e}^{-2t}\end{pmatrix}\begin{pmatrix}-\frac{3}{5} & -1\\ \frac{3}{4} & 1\end{pmatrix}\\
&=\begin{pmatrix}-4 & -20/3\\ 3 & 5\end{pmatrix}\mathrm{e}^t+\begin{pmatrix}5 & 20/3\\ -3 & -4\end{pmatrix}\mathrm{e}^{-2t}
\end{aligned} \tag{A4.5-1-3a}$$

上式の指数関数行列は、指数関数 $\mathrm{e}^t,\mathrm{e}^{-2t}$ の和で求められる。指数関数は、無限級数和で表現できるが、$t^2<\infty$ で収束級数である。簡単のため、時間の2乗項までの指数関数を代入すると、上式は、次式のように分解され、式(A4.4-1-2b)と同じになることがわかる。

$$\begin{aligned}
\mathrm{e}^{\mathbf{A}t} &= \begin{pmatrix}-4 & -20/3\\ 3 & 5\end{pmatrix}\mathrm{e}^t+\begin{pmatrix}5 & 20/3\\ -3 & -4\end{pmatrix}\mathrm{e}^{-2t}\\
&=\begin{pmatrix}-4 & -20/3\\ 3 & 5\end{pmatrix}\left(1+t+\frac{t^2}{2!}+\frac{t^3}{3!}+\cdots\right)+\\
&\qquad\begin{pmatrix}5 & 20/3\\ -3 & -4\end{pmatrix}\left(1-2t+\frac{(-2t)^2}{2!}+\frac{(-2t)^3}{3!}+\cdots\right)\\
&=\begin{pmatrix}-4 & -20/3\\ 3 & 5\end{pmatrix}+\begin{pmatrix}-4 & -20/3\\ 3 & 5\end{pmatrix}t+\begin{pmatrix}-2 & -10/3\\ 3/2 & 5/2\end{pmatrix}t^2+\cdots\\
&\qquad\begin{pmatrix}5 & 20/3\\ -3 & -4\end{pmatrix}+\begin{pmatrix}-10 & -40/3\\ 6 & 8\end{pmatrix}t+\begin{pmatrix}10 & 40/3\\ -6 & -8\end{pmatrix}t^2+\cdots\\
&=\begin{pmatrix}1 & 0\\ 0 & 1\end{pmatrix}+\begin{pmatrix}-14 & -20\\ 9 & 13\end{pmatrix}t+\begin{pmatrix}8 & 10\\ -9/2 & -11/2\end{pmatrix}t^2+\cdots
\end{aligned} \tag{A4.5-1-3b}$$

計算機を使えば、指数関数行列の級数和は計算できるので、この場合には、固有値や固有行列を求めずに、係数行列 $\mathbf{A}$ のみから伝達関数が求められる。

(2) 同次方程式の解

次式の初期条件を満たす解は、次式のようになる。この解の特徴は、前節のように係数行列 **A** の固有値と固有ベクトルを求めずに、係数行列のみから計算できる点にある。

$$\dot{\mathbf{X}} = \mathbf{A}\mathbf{X}$$
$$\text{初期条件}: \mathbf{X}_0 = \mathbf{X}(t_0) \qquad (4.5\text{-}3a)$$

$$\mathbf{X} = e^{\mathbf{A}(t-t_0)}\mathbf{X}(t_0) \qquad (4.5\text{-}3b)$$

伝達行列 $\mathbf{P}(t,t_0)$ を使うと、上の解は、次式のように書ける。

$$\mathbf{X}(t) = \mathbf{P}(t,t_0)\mathbf{X}(t_0)$$
$$\mathbf{P}(t,t_0) = e^{\mathbf{A}(t-t_0)} \qquad (4.5\text{-}3c)$$

指数関数行列は、前項 (1) のような通常の指数関数と同じ性質を持つので、この解は、次式のように積分定数ベクトル **C** を掛けた解を仮定して求められる。

$$\mathbf{X} = e^{\mathbf{A}t}\mathbf{C} \qquad (4.5\text{-}4a)$$

初期条件より、$\mathbf{X}(t_0) = e^{\mathbf{A}t_0}\mathbf{C}$ であるので、積分定数ベクトルは、

$$\mathbf{C} = \left(e^{\mathbf{A}t_0}\right)^{-1}\mathbf{X}(t_0) = e^{-\mathbf{A}t_0}\mathbf{X}(t_0) \qquad (4.5\text{-}4b)$$

したがって、初期条件を満たす解は、式(4.5-3b)である。

4.5　補助記事２　指数関数行列と差分方程式の関係

ここでは、次式の連立１階微分方程式の初期値問題を離散化した差分式から、指数関数行列との関係を説明する。

$$\dot{\mathbf{X}}(t) = \mathbf{A}\mathbf{X}(t)$$
$$\text{初期条件}: \mathbf{X}_0 = \mathbf{X}(t_0) \qquad (A4.5\text{-}2\text{-}1)$$

上式を時刻 t の周りにテイラー展開すると、次式が得られる。

$$\mathbf{X}(t+dt) = \mathbf{X}(t) + \frac{d\mathbf{X}(t)}{dt}dt + \frac{1}{2!}\frac{d^2\mathbf{X}(t)}{dt^2}dt^2 + \cdots + \frac{1}{n!}\frac{d^n\mathbf{X}(t)}{dt^n}dt^n + \cdots \qquad (A4.5\text{-}2\text{-}2)$$

連立１階微分方程式を使うと、次式が成り立つ。

$$\frac{d^n\mathbf{X}(t)}{dt^n} = \mathbf{A}^n\mathbf{X}(t) \qquad (A4.5\text{-}2\text{-}3)$$

この関係式をテイラー展開式の右辺に代入すると、次式が成り立つ。

$$\begin{aligned}\mathbf{X}(t+dt) &= \mathbf{X}(t) + \mathbf{A}\mathbf{X}(t)dt + \frac{1}{2!}\mathbf{A}^2\mathbf{X}(t)dt^2 + \cdots + \frac{1}{n!}\mathbf{A}^n\mathbf{X}(t)dt^n + \cdots \\ &= \left(\mathbf{I} + \mathbf{A}dt + \frac{1}{2!}\mathbf{A}^2dt^2 + \cdots + \frac{1}{n!}\mathbf{A}^ndt^n + \cdots\right)\mathbf{X}(t) \\ &= e^{\mathbf{A}dt}\mathbf{X}(t)\end{aligned} \qquad (A4.5\text{-}2\text{-}4)$$

この式は、連立１階微分方程式の初期値問題の差分方程式である。繰り返し用いて、応

答の時刻歴を求めることができる。この場合、指数関数行列 $e^{\mathbf{A}dt}$ が、$\mathbf{X}(t)$ から $\mathbf{X}(t+dt)$ を求めるための伝達関数である。

指数関数行列 $e^{\mathbf{A}dt}$ は、無限級数和のように見えるが、ケーリー・ハミルトンの定理を使えば、有限級数和で与えられる(5.1 節(2))。また、2 階微分方程式を連立 1 階微分方程式で表現するような場合には、行列で与えられる(7.5 補助記事 2)。

(3) 非同次方程式の解

次式の初期条件を満たす解は、次式のようになる。

$$\dot{\mathbf{X}} = \mathbf{A}\mathbf{X} + \mathbf{Q} \tag{4.5-5a}$$

初期条件：$\mathbf{X}_0 = \mathbf{X}(t_0)$

$$\mathbf{X} = e^{\mathbf{A}(t-t_0)}\mathbf{X}(t_0) + \int_{t_0}^{t} e^{\mathbf{A}(t-\tau)}Q(\tau)d\tau \tag{4.5-5b}$$

上式の解の右辺第 1 項は、初期条件を満たす解、右辺第 1 項は、初期条件が零の解である。この解は、次式のように通常の指数関数と同じようにして 2 つの方法で求められる。

a)定数変化法

非同次方程式の解を次式のように積分定数ベクトルが時間関数と仮定する。

$$\mathbf{X} = e^{\mathbf{A}t}\mathbf{C}(t) \tag{4.5-6a}$$

時間微分は、次式のようになる。

$$\dot{\mathbf{X}} = \mathbf{A}\mathbf{X} + e^{\mathbf{A}t}\dot{\mathbf{C}}(t) \tag{4.5-6b}$$

この式より、

$$\mathbf{Q} = e^{\mathbf{A}t}\dot{\mathbf{C}}(t) \to \dot{\mathbf{C}}(t) = e^{-\mathbf{A}t}\mathbf{Q} \tag{4.5-7a}$$

両辺を積分すると、次式が得られる。

$$\int_{t_0}^{t}\dot{\mathbf{C}}(\tau)d\tau = \int_{t_0}^{t} e^{-\mathbf{A}\tau}\mathbf{Q}(\tau)d\tau$$

$$\int_{t_0}^{t}\dot{\mathbf{C}}(\tau)d\tau = \left[\mathbf{C}(\tau)\right]_{t_0}^{t} = \mathbf{C}(t) - \mathbf{C}(t_0) \tag{3.5-7b}$$

$$\mathbf{C}(t) = \mathbf{C}(t_0) + \int_{t_0}^{t} e^{-\mathbf{A}\tau}\mathbf{Q}(\tau)d\tau$$

初期条件を考慮すると、

$$\mathbf{X}(t_0) = e^{\mathbf{A}t_0}\mathbf{C}(t_0) \to \mathbf{C}(t_0) = e^{-\mathbf{A}t_0}\mathbf{X}(t_0) \tag{4.5-7c}$$

この積分定数ベクトルを式(4.5-6a)に代入すると、次式の解が得られる。

$$\begin{aligned}\mathbf{X} &= e^{\mathbf{A}t}\mathbf{C}(t)\\ &= e^{\mathbf{A}(t-t_0)}\mathbf{X}(t_0)+\int_{t_0}^{t}e^{\mathbf{A}(t-\tau)}\mathbf{Q}(\tau)d\tau\end{aligned} \tag{4.5-7d}$$

b)スカラーの１階微分方程式の解と同じ方法

両辺に、左から $e^{-\mathbf{A}t}$ を掛けると、次式が得られる。

$$\begin{gathered}e^{-\mathbf{A}t}\dot{\mathbf{X}}-e^{-\mathbf{A}t}\mathbf{A}\mathbf{X}=e^{-\mathbf{A}t}\mathbf{Q}\\ \downarrow\\ \frac{d}{dt}\left(e^{-\mathbf{A}t}\mathbf{X}\right)=e^{-\mathbf{A}t}\mathbf{Q}\end{gathered} \tag{4.5-8a}$$

上式の両辺を積分すると、次式のように非同次微分方程式の解が得られる。

$$\begin{aligned}\left[e^{-\mathbf{A}t}\mathbf{X}\right]_{t_0}^{t} &= \int_{t_0}^{t}e^{-\mathbf{A}\tau}\mathbf{Q}(\tau)\mathrm{d}\tau\\ \left[e^{-\mathbf{A}t}\mathbf{X}\right]_{t_0}^{t} &= e^{-\mathbf{A}t}\mathbf{X}(t)-e^{-\mathbf{A}t_0}\mathbf{X}(t_0)\end{aligned} \tag{4.5-8b}$$

上式は、次式のようになる。

$$\mathbf{X}=e^{\mathbf{A}(t-t_0)}\mathbf{X}(t_0)+\int_{t_0}^{t}e^{\mathbf{A}(t-\tau)}Q(\tau)d\tau \tag{4.5-8c}$$

4.5　補助記事３　１自由度振動方程式の指数関数行列（伝達行列）

3.1 節で扱った次式の２階微分方程式（$0<h<1$ ：振動する場合）の解を連立１階微分方程式の指数関数行列から求める。

微分方程式：$\ddot{x}+2h\omega_0\dot{x}+\omega_0^2x=q(t)$ (A4.5-3-1a)

初期条件　：$t=t_0,\ x(t_0)=x_0, \dot{x}(t_0)=v_0$ (A4.5-3-1b)

上式の連立１階微分方程式は、次式となる。

$$\begin{gathered}\dot{\mathbf{X}}=\mathbf{A}\mathbf{X}+\mathbf{Q}\\ \text{初期条件：}\mathbf{X}_0=\mathbf{X}(t_0)\end{gathered} \tag{A4.5-3-2a}$$

ここに、

$$\mathbf{A}=\begin{pmatrix}0 & 1\\ -\omega_0^2 & -2h\omega_0\end{pmatrix},\quad \mathbf{X}=\begin{pmatrix}x(t)\\ \dot{x}(t)\end{pmatrix},\quad \mathbf{Q}=\begin{pmatrix}0\\ q(t)\end{pmatrix} \tag{A4.5-3-2b}$$

この解は、式(4.5-8c)で与えられるので、指数関数行列（伝達関数行列）$e^{\mathbf{A}t}$ が必要となる。指数関数行列は、4.5 節のように係数行列 $\mathbf{A}$ の固有値と固有行列から求める方法、5.1 節のケーリー・ハミルトンの定理を使う方法、5.2 節のシルベスター恒等式を使う方法がある。ここでは、固有値と固有行列から求める。

係数行列の固有値は、次式のように求められる。

$$
\begin{vmatrix} 0-\lambda & 1 \\ -\omega_0^2 & -2h\omega_0-\lambda \end{vmatrix} = \lambda^2 + 2h\omega_0\lambda + \omega_0^2 = 0
$$

$$
\begin{aligned}
\lambda_1 &= -h\omega_0 + i\omega_D \\
\lambda_2 &= \ \ h\omega_0 - i\omega_D \\
\omega_D &= \omega_0\sqrt{1-h^2}
\end{aligned}
\qquad \text{(A4.5-3-3a)}
$$

固有値に対応する固有ベクトルと固有行列とその逆行列は、次式で与えられる。

$$
\begin{aligned}
&\mathbf{X}_1 = \begin{pmatrix} 1 \\ \lambda_1 \end{pmatrix}, \quad \mathbf{X}_2 = \begin{pmatrix} 1 \\ \lambda_2 \end{pmatrix}, \quad \lambda_2 - \lambda_1 = -2i\omega_D \\
&\mathbf{\Phi} = \begin{pmatrix} \mathbf{X}_1 & \mathbf{X}_2 \end{pmatrix} = \begin{pmatrix} 1 & 1 \\ \lambda_1 & \lambda_2 \end{pmatrix}, \quad \mathbf{\Phi}^{-1} = \frac{1}{\lambda_2-\lambda_1}\begin{pmatrix} \lambda_2 & -1 \\ -\lambda_1 & 1 \end{pmatrix}
\end{aligned}
\qquad \text{(A4.5-3-3b)}
$$

4.3 節の(3)項と 4.5 節から、指数数関数行列は、固有値と固有行列を使い、次式のように求められる。

$$
\begin{aligned}
\mathrm{e}^{\mathbf{A}t} &= \mathbf{\Phi}\mathrm{e}^{\lambda t}\mathbf{\Phi}^{-1} = \frac{1}{\lambda_2-\lambda_1}\begin{pmatrix} 1 & 1 \\ \lambda_1 & \lambda_2 \end{pmatrix}\begin{pmatrix} \mathrm{e}^{\lambda_1 t} & 0 \\ 0 & \mathrm{e}^{\lambda_2 t} \end{pmatrix}\begin{pmatrix} \lambda_2 & -1 \\ -\lambda_1 & 1 \end{pmatrix} \\
&= \mathrm{e}^{-h\omega_0 t}\begin{pmatrix} \cos\omega_D t + \dfrac{h\omega_0}{\omega_D}\sin\omega_D t & \dfrac{1}{\omega_D}\sin\omega_D t \\ -\dfrac{\omega_0^2}{\omega_D}\sin\omega_D t & \cos\omega_D t - \dfrac{h\omega_0}{\omega_D}\sin\omega_D t \end{pmatrix}
\end{aligned}
\qquad \text{(A4.5-3-4)}
$$

したがって、初期条件を満たす解と外力による解は、次式で与えられ、これは、3.1 節の解と同じである。

初期条件を満たす解：

$$
\begin{aligned}
\begin{pmatrix} x(t) \\ \dot{x}(t) \end{pmatrix} &= \mathbf{X}(t) = \mathrm{e}^{\mathbf{A}(t-t_0)}\mathbf{X}(t_0) = \mathrm{e}^{\mathbf{A}(t-t_0)}\begin{pmatrix} x_0 \\ v_0 \end{pmatrix} \\
&= \mathrm{e}^{-h\omega_0 t}\begin{pmatrix} x_0\cos\omega_D(t-t_0) + \left(\dfrac{h\omega_0 x_0 + v_0}{\omega_D}\right)\sin\omega_D(t-t_0) \\ v_0\cos\omega_D(t-t_0) - \left(\dfrac{\omega_0^2 x_0 + h\omega_0 v_0}{\omega_D}\right)\sin\omega_D(t-t_0) \end{pmatrix}
\end{aligned}
\qquad \text{(A4.5-3-5a)}
$$

外力による解(初期条件零)：

$$
\begin{aligned}
\begin{pmatrix} x(t) \\ \dot{x}(t) \end{pmatrix} &= \mathbf{X}(t) = \int_{t_0}^{t} \mathrm{e}^{\mathbf{A}(t-\tau)}\mathbf{Q}(\tau)d\tau = \int_{t_0}^{t} \mathrm{e}^{\mathbf{A}(t-\tau)}\begin{pmatrix} 0 \\ q(\tau) \end{pmatrix}d\tau \\
&= \begin{pmatrix} \dfrac{1}{\omega_D}\displaystyle\int_{t_0}^{t} q(\tau)\mathrm{e}^{-h\omega_0(t-\tau)}\sin\omega_D(t-\tau)d\tau \\ \dfrac{1}{\omega_D}\displaystyle\int_{t_0}^{t} q(\tau)\mathrm{e}^{-h\omega_0(t-\tau)}\Big(\omega_D\cos\omega_D(t-\tau) - h\omega_0\sin\omega_D(t-\tau)\Big)d\tau \end{pmatrix}
\end{aligned}
\qquad \text{(A4.5-3-5b)}
$$

第5章
係数行列の固有値のみを使う伝達行列の計算

ここでは、定数係数の連立1階微分方程式の解の計算で必要な伝達行列の計算法を整理する。

定数係数の連立1階微分方程式：

$$\dot{\mathbf{X}} = \mathbf{AX} + \mathbf{Q}$$

初期条件：$\mathbf{X}_0 = \mathbf{X}(t_0)$

解は、

$$\mathbf{X} = \mathrm{e}^{\mathbf{A}(t-t_0)}\mathbf{X}(t_0) + \int_{t_0}^{t} \mathrm{e}^{\mathbf{A}(t-\tau)} Q(\tau) d\tau$$

$$\mathbf{P}(t, t_0) = \mathrm{e}^{\mathbf{A}(t-t_0)}$$

$$\mathrm{e}^{\mathbf{A}t} = \mathbf{I} + \mathbf{A}t + \frac{1}{2!}\mathbf{A}^2 t^2 + \cdots + \frac{1}{n!}\mathbf{A}^n t^n +$$

この伝達行列 $\mathbf{P}(t, t_0) = \mathrm{e}^{\mathbf{A}(t-t_0)}$ は、無限級数和である。このため、計算では、有限級数和で計算できる2つの方法（ケーリー・ハミルトンの定理を使う方法とシルベスターの恒等式：両者では、係数行列と固有値を必要とする）を説明する。ただし、係数行列の固有値と固有ベクトルが使える場合の伝達行列は、4.5節で計算できる。

5.1　ケーリー・ハミルトンの定理を使う方法

(1) ケーリー・ハミルトンの定理

証明は成書に譲るが（5.1補助記事1）、この定理は、行列理論の最も重要な定理で、次式のようである。

係数行列 $\mathbf{A}(n \times n)$ とする次式の固有値問題で、

$$(\mathbf{A} - \lambda\mathbf{I})\mathbf{X} = \mathbf{0} \tag{5.1-1a}$$

$\mathbf{X} \neq \mathbf{0}$ の解が存在するためには、以下の行列式が零でなければならない(特性方程式が零)。

$$f(\lambda) = \left|\mathbf{A} - \lambda\mathbf{I}\right| = (-1)^n \left(\lambda^n + a_1\lambda^{n-1} + \cdots + a_{n-1}\lambda + a_n\right) = 0 \tag{5.1-1b}$$

この特性方程式から、固有値が求められる。

ケーリー・ハミルトンの定理(Cayley・Hamilton theorem)は、特性方程式の λ（スカラー)

の代わりに係数行列$\mathbf{A}(n \times n)$を代入すると、次式のように零行列になるというものである。

$$f(\mathbf{A}) = (-1)^n \left(\mathbf{A}^n + a_1\mathbf{A}^{n-1} + \cdots + a_{n-1}\mathbf{A} + a_n\mathbf{I}\right) = \mathbf{0} \tag{5.1-1c}$$

(2) 無限級数和の伝達行列の有限級数和表現

ケーリー・ハミルトンの定理を使うと、係数行列$\mathbf{A}(n \times n)$の任意の多項式をその次数が$(n-1)$以下の多項式に直すことができる。この定理を繰り返し使うと、次式のように無限級数和の伝達行列が、$(n-1)$次の多項式で表せる。この式により、無限級数和の伝達行列は、有限級数和で表現できる。

$$\mathbf{P}(t) = \mathrm{e}^{\mathbf{A}t} = \alpha_0\mathbf{I} + \alpha_1\mathbf{A}t + \alpha_2\mathbf{A}^2t^2 + \cdots + \alpha_{n-1}\mathbf{A}^{n-1}t^{n-1} \tag{5.1-2}$$

上式は、以下のようにして求められる。

ケーリー・ハミルトンの定理より、次式が成り立つ。

$$\begin{aligned} &\mathbf{A}^n + a_1\mathbf{A}^{n-1} + \cdots + a_{n-1}\mathbf{A} + a_n\mathbf{I} = \mathbf{0} \\ &\mathbf{A}^n = -\left(a_1\mathbf{A}^{n-1} + \cdots + a_{n-1}\mathbf{A} + a_n\mathbf{I}\right) \end{aligned} \tag{5.1-3}$$

上式下段の式の両辺に$\mathbf{A}$を掛けると、次式のように$(n-1)$次の多項式で表せる。

$$\begin{aligned} \mathbf{A}^{n+1} &= -\left(a_1\mathbf{A}^n + \cdots + a_{n-1}\mathbf{A}^2 + a_n\mathbf{A}\right) \\ &= -\left(a_1\left(-\left(a_1\mathbf{A}^{n-1} + \cdots + a_{n-1}\mathbf{A} + a_n\mathbf{I}\right)\right) + \cdots + a_n\mathbf{A}\right) \end{aligned} \tag{5.1-4}$$

同じように$\mathbf{A}^{n+2}, \mathbf{A}^{n+3}, \cdots \mathbf{A}^{n+m}$も$(n-1)$次の多項式で表せる。

伝達行列を求めるためには、式（5.1-2）の係数$\alpha_i (i = 0 \sim n-1)$を決める必要がある。これは以下のようにして決めることができる。

式(5.1-2)の係数行列$\mathbf{A}$の代わりに、その固有値$\lambda_i (i = 1 \sim n)$を代入すると、次式の連立1次方程式が得られる。これを解いて、係数$\alpha_i (i = 0 \sim n-1)$が求められる。

$$\begin{pmatrix} \mathrm{e}^{\lambda_1 t} \\ \mathrm{e}^{\lambda_2 t} \\ \vdots \\ \mathrm{e}^{\lambda_n t} \end{pmatrix} = \begin{pmatrix} 1 & (\lambda_1 t) & \cdots & (\lambda_1 t)^{n-1} \\ 1 & (\lambda_2 t) & \cdots & (\lambda_2 t)^{n-1} \\ \vdots & \vdots & \ddots & \vdots \\ 1 & (\lambda_n t) & \cdots & (\lambda_n t)^{n-1} \end{pmatrix} \begin{pmatrix} \alpha_0 \\ \alpha_1 \\ \vdots \\ \alpha_{n-1} \end{pmatrix} \tag{5.1-5a}$$

ケーリー・ハミルトンの定理を使う方法は、伝達行列が有限級数和で計算できるが、係数行列$\mathbf{A}$の固有値を求めなければならない。

重根の固有値の場合には、重根の場合の式（5.1-5a）を時間微分した連立1次方程式から、係数$\alpha_i (i = 0 \sim n-1)$が求められる。例えば、$\lambda_1 = \lambda_2 = \lambda_3, \lambda_4, \cdots \lambda_n$の場合では、次式のようになる((4)参照)。

$$\begin{pmatrix} \mathrm{e}^{\lambda_1 t} \\ \lambda_1 \mathrm{e}^{\lambda_1 t} \\ \lambda_1^2 \mathrm{e}^{\lambda_1 t} \\ \vdots \\ \mathrm{e}^{\lambda_n t} \end{pmatrix} = \begin{pmatrix} 1 & (\lambda_1 t) & \cdots & (\lambda_1 t)^{n-1} \\ 0 & (t) & \cdots & (n-1)\lambda_1^{n-1}t^{n-2} \\ 0 & 0 & \ddots & (n-1)(n-2)\lambda_1^{n-1}t^{n-3} \\ \vdots & \vdots & & \vdots \\ 1 & (\lambda_n t) & \cdots & (\lambda_n t)^{n-1} \end{pmatrix} \begin{pmatrix} \alpha_0 \\ \alpha_1 \\ \alpha_2 \\ \vdots \\ \alpha_{n-1} \end{pmatrix} \tag{5.1-5b}$$

(3) 重根の無い場合の例題

以上の方法を以下の例題で説明する。次式の 2 行 2 列の係数行列を用いる。

$$\mathbf{A} = \begin{pmatrix} -14 & -20 \\ 9 & 13 \end{pmatrix} \tag{5.1-6a}$$

特性方程式は、

$$f(\lambda) = \left|\mathbf{A} - \lambda\mathbf{I}\right| = \begin{vmatrix} -14-\lambda & -20 \\ 9 & 13-\lambda \end{vmatrix} = \lambda^2 + \lambda - 2 = (\lambda-1)(\lambda+2) = 0 \tag{5.1-6b}$$

ここで、横道に入り、ケーリー・ハミルトンの定理を確かめておく。

$$\mathbf{A}^2 = \begin{pmatrix} 16 & 20 \\ -9 & -11 \end{pmatrix} \tag{5.1-7a}$$

$$f(\mathbf{A}) = \mathbf{A}^2 + \mathbf{A} - 2\mathbf{I} = \begin{pmatrix} 16 & 20 \\ -9 & -11 \end{pmatrix} + \begin{pmatrix} -14 & -20 \\ 9 & 13 \end{pmatrix} - 2\begin{pmatrix} 1 & 0 \\ 0 & 1 \end{pmatrix} = \begin{pmatrix} 0 & 0 \\ 0 & 0 \end{pmatrix} = \mathbf{0} \tag{5.1-7b}$$

ケーリー・ハミルトンの定理を使うと、$\mathbf{A}^2, \mathbf{A}^{-1}$ が、簡単に計算できる。

$$\begin{aligned} \mathbf{A}^2 &= 2\mathbf{I} - \mathbf{A} = 2\begin{pmatrix} 1 & 0 \\ 0 & 1 \end{pmatrix} - \begin{pmatrix} -14 & -20 \\ 9 & 13 \end{pmatrix} = \begin{pmatrix} 16 & 20 \\ -9 & -11 \end{pmatrix} \\ \mathbf{A}^{-1} &= \frac{1}{2}(\mathbf{A} + \mathbf{I}) = \frac{1}{2}\begin{pmatrix} -14+1 & -20 \\ 9 & 13+1 \end{pmatrix} = \frac{1}{2}\begin{pmatrix} -13 & -20 \\ 9 & 14 \end{pmatrix} \end{aligned} \tag{5.1-7c}$$

元に戻り、伝達行列を求める。係数行列 **A** は、2 行 2 列 (2×2) なので、伝達行列は (2 − 1 = 1) 次の多項式で、次式のように表せる。

$$\mathrm{e}^{\mathbf{A}t} = \alpha_0\mathbf{I} + \alpha_1\mathbf{A}t \tag{5.1-8a}$$

係数行列 **A** の固有値を代入すると、次式の連立 1 次方程式が得られる。

$$\begin{pmatrix} \mathrm{e}^{t} \\ \mathrm{e}^{-2t} \end{pmatrix} = \begin{pmatrix} 1 & t \\ 1 & -2t \end{pmatrix}\begin{pmatrix} \alpha_0 \\ \alpha_1 \end{pmatrix} \rightarrow \begin{pmatrix} \alpha_0 \\ \alpha_1 \end{pmatrix} = \frac{1}{3}\begin{pmatrix} 2 & 1 \\ t^{-1} & -t^{-1} \end{pmatrix}\begin{pmatrix} \mathrm{e}^{t} \\ \mathrm{e}^{-2t} \end{pmatrix} \tag{5.1-8b}$$

この係数から、伝達行列は、次式のようになる。

$$\mathbf{P}(\mathrm{t}) = \mathrm{e}^{\mathbf{A}t} = \alpha_0\mathbf{I} + \alpha_1\mathbf{A}t = \begin{pmatrix} -4\mathrm{e}^{t} + 5\mathrm{e}^{-2t} & -\dfrac{20}{3}\left(\mathrm{e}^{t} - \mathrm{e}^{-2t}\right) \\ 3\left(\mathrm{e}^{t} - \mathrm{e}^{-2t}\right) & 5\mathrm{e}^{t} - 4\mathrm{e}^{-2t} \end{pmatrix} \tag{5.1-9}$$

この例題は、4.4 節 a) の例題なので、伝達行列は、固有行列から次式のように求めていたので、上式と同じものが得られることを次式のように確かめることができる。

$$
\begin{aligned}
\mathbf{P}(\mathrm{t})=\mathrm{e}^{\mathbf{A}t} &= \mathbf{\Phi}\mathrm{e}^{\lambda(t-t_0)}\mathbf{\Phi}^{-1} \\
&= \frac{20}{3}\begin{pmatrix} 1 & 1 \\ -3/4 & -3/5 \end{pmatrix}\begin{pmatrix} \mathrm{e}^{t} & 0 \\ 0 & \mathrm{e}^{-2t} \end{pmatrix}\begin{pmatrix} -3/5 & -1 \\ 3/4 & 1 \end{pmatrix} \\
&= \begin{pmatrix} -4\mathrm{e}^{t}+5\mathrm{e}^{-2t} & -\dfrac{20}{3}\left(\mathrm{e}^{t}-\mathrm{e}^{-2t}\right) \\ 3\left(\mathrm{e}^{t}-\mathrm{e}^{-2t}\right) & 5\mathrm{e}^{t}-4\mathrm{e}^{-2t} \end{pmatrix}
\end{aligned}
\tag{5.1-10}
$$

（4）重根の有る場合の例題

重根のある場合を次式の係数行列で説明する。

$$
\mathbf{A} = \begin{pmatrix} 0 & 1 & 0 \\ 0 & 0 & 1 \\ -1 & -3 & -3 \end{pmatrix} \tag{5.1-11a}
$$

特性方程式は、次式となり、固有値は、重根$\lambda_1 = \lambda_2 = \lambda_3 = -1$

$$
f(\lambda) = \left|\mathbf{A}-\lambda\mathbf{I}\right| = \begin{vmatrix} -\lambda & 1 & 0 \\ 0 & -\lambda & 1 \\ -1 & -3 & -3-\lambda \end{vmatrix} = (\lambda+1)^3 = 0 \tag{5.1-11b}
$$

係数行列 $\mathbf{A}$ は、3 行 3 列なので、伝達行列は(3 － 1 ＝ 2)次の多項式で次式のように表せる。

$$
\mathrm{e}^{\mathbf{A}t} = \alpha_0\mathbf{I} + \alpha_1\mathbf{A}t + \alpha_2\mathbf{A}^2t^2 \tag{5.1-12a}
$$

係数行列 $\mathbf{A}$ の固有値を代入すると、次式の連立 1 次方程式が得られる。

$$
\begin{pmatrix} \mathrm{e}^{-t} \\ -\mathrm{e}^{-t} \\ \mathrm{e}^{-t} \end{pmatrix} = \begin{pmatrix} 1 & -t & t^2 \\ 0 & -1 & 2t \\ 0 & 0 & 2 \end{pmatrix}\begin{pmatrix} \alpha_0 \\ \alpha_1 \\ \alpha_2 \end{pmatrix} \rightarrow \begin{pmatrix} \alpha_0 \\ \alpha_1 \\ \alpha_2 \end{pmatrix} = \begin{pmatrix} 1 & -t & \dfrac{1}{2}t^2 \\ 0 & -1 & t \\ 0 & 0 & \dfrac{1}{2} \end{pmatrix}\begin{pmatrix} \mathrm{e}^{-t} \\ -\mathrm{e}^{-t} \\ \mathrm{e}^{-t} \end{pmatrix} \tag{5.1-12b}
$$

この係数から、伝達行列は、次式のようになる。

$$
\mathbf{P}(\mathrm{t})=\mathrm{e}^{\mathbf{A}t} = \alpha_0\mathbf{I} + \alpha_1\mathbf{A}t + \alpha_2\mathbf{A}^2t^2 = \begin{pmatrix} 1+t+\dfrac{1}{2}t^2 & t+t^2 & \dfrac{1}{2}t^2 \\ -\dfrac{1}{2}t^2 & 1+t-t^2 & t-\dfrac{1}{2}t^2 \\ -t+\dfrac{1}{2}t^2 & -3t+t^2 & 1-2t+\dfrac{1}{2}t^2 \end{pmatrix}\mathrm{e}^{-t} \tag{5.1-13}
$$

5.1　補助記事１　ケーリー・ハミルトンの定理

この定理の完全ではないが、証明は以下のようになる。

係数行列 $\mathbf{A}(n \times n)$ とする次式の固有値問題で、

$$(\mathbf{A} - \lambda\mathbf{I})\mathbf{X} = \mathbf{0} \tag{A5.1-1-1a}$$

$\mathbf{X} \neq \mathbf{0}$ の解が存在するためには、以下の行列式が零でなければならない（特性方程式が零）。

$$f(\lambda) = \left|\mathbf{A} - \lambda\mathbf{I}\right| = (-1)^n\left(\lambda^n + a_1\lambda^{n-1} + \cdots + a_{n-1}\lambda + a_n\right) = 0 \tag{A5.1-1-1b}$$

ここで、以下の行列関数を定義する。

$$\mathbf{F}(\lambda) = f(\lambda)\left(\mathbf{A} - \lambda\mathbf{I}\right) = (-1)^n\left(\lambda^n + a_1\lambda^{n-1} + \cdots + a_{n-1}\lambda + a_n\right)\left(\mathbf{A} - \lambda\mathbf{I}\right) \tag{A5.1-1-2a}$$

この行列関数は、次式のようになる。

$$\mathbf{F}(\lambda) = (-1)^n\begin{pmatrix} -\lambda^{n+1}\mathbf{I} + \left(\mathbf{A} - a_1\mathbf{I}\right)\lambda^n + \left(a_1\mathbf{A} - a_2\mathbf{I}\right)\lambda^{n-1} + \\ \cdots + \left(a_{n-1}\mathbf{A} - a_n\mathbf{I}\right)\lambda + a_n\mathbf{A} \end{pmatrix} \tag{A5.1-1-2b}$$

上式で λ に $\mathbf{A}$ を代入すると、次式のように右辺は零となる。

$$\mathbf{F}(\mathbf{A}) = (-1)^n\begin{pmatrix} -\mathbf{A}^{n+1} + \left(\mathbf{A}^{n+1} - a_1\mathbf{A}^n\right) + \left(a_1\mathbf{A}^n - a_2\mathbf{A}^{n-1}\right) + \\ \cdots + \left(a_{n-1}\mathbf{A}^2 - a_n\mathbf{A}\right) + a_n\mathbf{A} \end{pmatrix} = \mathbf{0} \tag{A5.1-1-2c}$$

したがって、固有値問題で λ に $\mathbf{A}$ を代入すると、$\mathbf{0X} = \mathbf{0}$ は意味のない解なので、ケーリー・ハミルトンの定理 $f(\mathbf{A}) = \mathbf{0}$ が成立する。

5.2　シルベスターの恒等式を使う方法

(1) シルベスターの恒等式

証明は成書に譲るが、この恒等式は、ケーリー・ハミルトンの定理を使うことが、必ずしも最も便利な方法とは限らないので、もう少し簡単な式で伝達行列を計算するように改良したものである。ケーリー・ハミルトンの定理を使う方法では、式 (5.1-2) と式 (5.1-5) の２つの式が必要となるが、シルベスターの恒等式（Sylvester identity）は、次式の１つの式で計算できる。係数行列 $\mathbf{A}$ の関数 $f(\mathbf{A})$ は、その固有値 $\lambda_i (i = 1 \sim n)$ とすると、次式で展開できる（重根の無い場合）。ただし、重根がありかつ、固有ベクトルが重なる場合には、前節のケーリー・ハミルトンの定理を使う方法しか使えない（5.1 節 (4) 項の例題）。

$$F(\mathbf{A}) = \sum_{k=1}^{n} F(\lambda_k) \frac{\prod_{\substack{i=1 \\ i \neq k}}^{n} \left(\mathbf{A} - \lambda_i \mathbf{I}\right)}{\prod_{\substack{i=1 \\ i \neq k}}^{n} \left(\lambda_k - \lambda_i\right)} \tag{5.2-1a}$$

重根があるが、全て異なる固有ベクトルが存在する場合には、重根の影響を上の式から取り除くために次式のように変形する。

$$F(\mathbf{A}) = \sum_{k=1}^{n} F(\lambda_k) \left(\frac{(\lambda - \lambda_k)}{\prod_{i=1}^{n} \left(\lambda - \lambda_i\right)} \frac{\left(\prod_{i=1}^{n} \left(\mathbf{A} - \lambda_i \mathbf{I}\right)\right)}{\left(\mathbf{A} - \lambda_k \mathbf{I}\right)} \right)_{\lambda=\lambda_k} \tag{5.2-1b}$$

5.1 節で利用した以下の行列の場合の固有値は、$\lambda_1 = 1, \lambda_2 = -2$ である。

$$\mathbf{A} = \begin{pmatrix} -14 & -20 \\ 9 & 13 \end{pmatrix} \tag{5.2-2a}$$

$$\begin{aligned} F(\mathbf{A}) = \mathrm{e}^{\mathbf{A}t} &= \mathrm{e}^{t} \frac{\begin{pmatrix} -14+2 & -20 \\ 9 & 13+2 \end{pmatrix}}{(1+2)} + \mathrm{e}^{-2t} \frac{\begin{pmatrix} -14-1 & -20 \\ 9 & 13-1 \end{pmatrix}}{(-2-1)} \\ &= \mathrm{e}^{t} \begin{pmatrix} -4 & -\frac{20}{3} \\ 3 & 5 \end{pmatrix} + \mathrm{e}^{-2t} \begin{pmatrix} 5 & \frac{20}{3} \\ -3 & -4 \end{pmatrix} \\ &= \begin{pmatrix} -4\mathrm{e}^{t} + 5\mathrm{e}^{-2t} & -\frac{20}{3}\left(\mathrm{e}^{t} - \mathrm{e}^{-2t}\right) \\ 3\left(\mathrm{e}^{t} - \mathrm{e}^{-2t}\right) & 5\mathrm{e}^{t} - 4\mathrm{e}^{-2t} \end{pmatrix} \end{aligned} \tag{5.2-2b}$$

この結果は、ケーリ・ハミルトンの定理を使った方法による 5.1 節(3)項の例題と同じである。

重根のある場合の例として、以下の係数行列の場合を求める。

$$\mathbf{A} = \begin{pmatrix} -2 & 2 & -3 \\ 2 & 1 & -6 \\ -1 & -2 & 0 \end{pmatrix} \tag{5.2-3a}$$

特性方程式は、次式となり、固有値は重根 $\lambda_1 = \lambda_2 = -3, \lambda_3 = 5$

$$f(\lambda) = \left|\mathbf{A} - \lambda \mathbf{I}\right| = (\lambda + 3)^2 (\lambda - 5) = 0 \tag{5.2-3b}$$

したがって、伝達行列は、次式のように得られる。

$$F(\mathbf{A})=\mathrm{e}^{\mathbf{A}t}=\mathrm{e}^{-3t}\frac{\left((\lambda+3)(\mathbf{A}+3\mathbf{I})(\mathbf{A}-5\mathbf{I})\right)}{\left((\lambda+3)(\lambda-5)(\mathbf{A}+3\mathbf{I})\right)_{\lambda=\lambda_1=-3}}+$$
$$\mathrm{e}^{5t}\frac{\left((\lambda-5)(\mathbf{A}+3\mathbf{I})(\mathbf{A}-5\mathbf{I})\right)}{\left((\lambda+3)(\lambda-5)(\mathbf{A}-5\mathbf{I})\right)_{\lambda=\lambda_2=5}}$$
$$=\mathrm{e}^{-3t}\frac{1}{-8}\begin{pmatrix}-7 & 2 & -3\\ 2 & -4 & -6\\ -1 & -2 & -5\end{pmatrix}+\mathrm{e}^{5t}\frac{1}{8}\begin{pmatrix}1 & 2 & -3\\ 2 & 4 & -6\\ -1 & -2 & 3\end{pmatrix} \qquad (5.2\text{-}3c)$$
$$=\frac{1}{8}\mathrm{e}^{-3t}\begin{pmatrix}7 & -2 & 3\\ -2 & 4 & 6\\ 1 & 2 & 5\end{pmatrix}+\frac{1}{8}\mathrm{e}^{5t}\begin{pmatrix}1 & 2 & -3\\ 2 & 4 & -6\\ -1 & -2 & 3\end{pmatrix}$$

この結果は、4.4 節 b)重根がある場合の固有行列と固有値から求めた伝達関数と同じである。

5.2　補助記事１　振動方程式の解

高次の微分を含む微分方程式は、行列を用いて次のような連立１階微分方程式(状態方程式)に書き換えることができる。

$$\dot{\mathbf{X}}=\mathbf{AX}+\mathbf{Q}$$
$$\text{初期条件：}\mathbf{X}_0=\mathbf{X}(t_0)=\begin{pmatrix}x_0\\ v_0\end{pmatrix} \qquad (A5.2\text{-}1\text{-}1)$$

初期条件を満たす解は、次式で与えられる。

(1) $h=1$ の場合：

次式のように２つの固有値は同じである。

$$\lambda_1=\lambda_2=-\omega_0 \qquad (A5.2\text{-}1\text{-}2a)$$

この場合には、シルベスターの恒等式は使えないので、ケーリー・ハミルトンの定理を使う方法で解を求める必要がある。

係数行列は２行２列なので、指数関数行列は２－１＝１次の多項式で次式のように表せる。

$$\mathrm{e}^{\mathbf{A}t}=\alpha_0\mathbf{I}+\alpha_1\mathbf{A}t \qquad (A5.2\text{-}1\text{-}2b)$$

係数行列の固有値を代入すると、次式の連立１次方程式が得られる。

$$\begin{pmatrix}\mathrm{e}^{-\omega_0 t}\\ -\omega_0\mathrm{e}^{-\omega_0 t}\end{pmatrix}=\begin{pmatrix}1 & -\omega_0 t\\ 0 & -\omega_0\end{pmatrix}\begin{pmatrix}\alpha_0\\ \alpha_1\end{pmatrix} \qquad (A5.2\text{-}1\text{-}2c)$$

これより、未知係数が次式のように求められる。

$$\begin{pmatrix}\alpha_0\\ \alpha_1\end{pmatrix}=\begin{pmatrix}1 & \omega_0 t\\ 0 & 1\end{pmatrix}\begin{pmatrix}\mathrm{e}^{-\omega_0 t}\\ \mathrm{e}^{-\omega_0 t}\end{pmatrix} \tag{A5.2-1-2d}$$

指数関数行列は、次式で与えられる。

$$\mathrm{e}^{\mathbf{A}t}=\begin{pmatrix}1+\omega_0 t & t\\ -\omega_0^2 t & 1-\omega_0 t\end{pmatrix}\mathrm{e}^{-\omega_0 t} \tag{A5.2-1-3a}$$

初期条件を満たす解は、次式で与えられる。

$$\mathrm{e}^{\mathbf{A}t}\mathbf{X}(0)=\begin{pmatrix}x(t)\\ \dot{x}(t)\end{pmatrix}=\begin{pmatrix}\mathrm{e}^{-\omega_0 t}\left(x_0+(\omega_0 x_0+v_0)t\right)\\ \mathrm{e}^{-\omega_0 t}\left(v_0-\omega_0(\omega_0 x_0+v_0)t\right)\end{pmatrix} \tag{A5.2-1-3b}$$

また、外力は、次式で与えられる。

$$\mathbf{Q}=\begin{pmatrix}0\\ q(t)\end{pmatrix} \tag{A5.2-1-3c}$$

そこで、上式で $x_0=0, v_0=q(t)$ と置くと、被積分が次式で与えられる。

$$\mathrm{e}^{\mathbf{A}(t-\tau)}\mathbf{Q}(\tau)=\begin{pmatrix}q(\tau)(t-\tau)\mathrm{e}^{-\omega_0(t-\tau)}\\ q(\tau)\left(1-\omega_0(t-\tau)\right)\mathrm{e}^{-\omega_0(t-\tau)}\end{pmatrix} \tag{A5.2-1-3d}$$

結局、初期条件を満たす解は、次式で与えられる。

$$\begin{aligned}\mathbf{X}=\begin{pmatrix}x(t)\\ \dot{x}(t)\end{pmatrix}&=\mathrm{e}^{\mathbf{A}t}\mathbf{X}(0)+\int_0^t \mathrm{e}^{\mathbf{A}(t-\tau)}\mathbf{Q}(\tau)d\tau\\ &=\begin{pmatrix}\mathrm{e}^{-\omega_0 t}\left(x_0+(\omega_0 x_0+v_0)t\right)+\int_0^t q(\tau)(t-\tau)\mathrm{e}^{-\omega_0(t-\tau)}d\tau\\ \mathrm{e}^{-\omega_0 t}\left(v_0-\omega_0(\omega_0 x_0+v_0)t\right)+\int_0^t q(\tau)\left(1-\omega_0(t-\tau)\right)\mathrm{e}^{-\omega_0(t-\tau)}d\tau\end{pmatrix}\end{aligned} \tag{A5.2-1-4}$$

上式は初期時刻を零とした解であるが、初期時刻を t_0 とする場合の解は、上式の $t\to t-t_0$ とし、積分範囲を $0\sim t\to t_0\sim t$ に変更すればよい。この式は、3 章 3.1 節(3)と 3.2 節(2)の時間領域と振動数領域の解と同じである。

5.3　振動数領域の解

振動数領域の解を示す。時間変数を入れた微分方程式と初期条件は、次式である。

連立１階微分方程式：$\dot{\mathbf{x}}(t) = \mathbf{A}\mathbf{x}(t) + \mathbf{q}(t)$　(5.3-1a)

初期条件　：$\mathbf{x}_0 = \mathbf{x}(t_0)$　(5.3-1b)

微分方程式の両辺に $e^{-i\omega t}$ を掛けて、時間で積分する。

$$\int_{t_0}^{\infty} \dot{\mathbf{x}}(t)e^{-i\omega t}dt = \mathbf{A}\int_{t_0}^{\infty} \mathbf{x}(t)e^{-i\omega t}dt + \int_{t_0}^{\infty} \mathbf{q}(t)e^{-i\omega t}dt \tag{5.3-2a}$$

部分積分を使うと、

$$\int_{t_0}^{\infty} \dot{\mathbf{x}}(t)e^{-i\omega t}dt = -\mathbf{x}(t_0)e^{-i\omega t_0} + i\omega\mathbf{X}(\omega) \tag{5.3-2b}$$

上式を導くに当たり、$\mathbf{x}(t=\infty)$ は零であることを仮定した。物理現象では、この仮定は成立するが、例えば、無減衰振動のように永遠に振動し続けるような特殊な場合には、以下のようなラプラス変換のアイデア（2.2 節参照）を用いて時間が無限大の場合に零となるような関数をつくり複素振動数を導入し一般化フーリエ変換を使う（5.3 補助記事 1)。以後は簡単のため、$\mathbf{x}(t=\infty)$ は零であることを仮定した定式化のみを示す。

式(5.3-2)より、次式が得られる。

$$\left(i\omega\mathbf{I} - \mathbf{A}\right)\mathbf{X}(\omega) = \mathbf{x}(t_0)e^{-i\omega t_0} + \mathbf{Q}(\omega) \tag{5.3-3a}$$

または、

$$\mathbf{X}(\omega) = \left(i\omega\mathbf{I} - \mathbf{A}\right)^{-1}\mathbf{x}(t_0)e^{-i\omega t_0} + \left(i\omega\mathbf{I} - \mathbf{A}\right)^{-1}\mathbf{Q}(\omega) \tag{5.3-3b}$$

ここに、

$$\mathbf{Q}(\omega) = \int_{t_0}^{\infty} \mathbf{q}(t)e^{-i\omega t}dt \tag{5.3-3c}$$

この式のフーリエ変換から、時間領域の解は、

$$\begin{aligned}\mathbf{x}(t) &= \frac{1}{2\pi}\int_{-\infty}^{\infty} \mathbf{X}(\omega)e^{i\omega t}d\omega \\ &= \left(\frac{1}{2\pi}\int_{-\infty}^{\infty}\left(i\omega\mathbf{I} - \mathbf{A}\right)^{-1}e^{i\omega(t-t_0)}d\omega\right)\mathbf{x}(t_0) + \frac{1}{2\pi}\int_{-\infty}^{\infty}\left(i\omega\mathbf{I} - \mathbf{A}\right)^{-1}\mathbf{Q}(\omega)e^{i\omega t}d\omega \\ &= e^{\mathbf{A}(t-t_0)}\mathbf{x}(t_0) + \int_{t_0}^{t} e^{\mathbf{A}(t-\tau)}\mathbf{q}(\tau)d\tau\end{aligned} \tag{5.3-4}$$

上式は、時間領域の解（5 章まとめ）と一致している。なお、上式を導くに当たり、以下の式を用いた。

$t_0 > t$ で零、$t_0 \le t$ で $e^{\mathbf{A}(t-t_0)}$ となる関数のフーリエ積分は、4.5 節（1）項の指数関数行列の性質を使うと、次式のように表される。

$$\int_{t_0}^{\infty} \mathrm{e}^{\mathbf{A}(t-t_0)}\mathrm{e}^{-i\omega t}dt = \mathrm{e}^{-\mathbf{A}t_0}\int_{t_0}^{\infty}\mathrm{e}^{-(i\omega\mathbf{I}-\mathbf{A})t}dt$$
$$= \mathrm{e}^{-\mathbf{A}t_0}\left[-(i\omega\mathbf{I}-\mathbf{A})^{-1}\mathrm{e}^{-(i\omega\mathbf{I}-\mathbf{A})t}\right]_{t_0}^{\infty}$$
$$= (i\omega\mathbf{I}-\mathbf{A})^{-1}\mathrm{e}^{-i\omega\mathbf{I}t_0} \qquad (5.3\text{-}5a)$$
$$= (i\omega\mathbf{I}-\mathbf{A})^{-1}\mathbf{I}\mathrm{e}^{-i\omega t_0}$$
$$= (i\omega\mathbf{I}-\mathbf{A})^{-1}\mathrm{e}^{-i\omega t_0}$$

上式右辺の 3 行から 4 行において、指数関数行列（伝達関数）の定義式から求められる次式の関係を用いている。

$$\mathrm{e}^{\lambda\mathbf{I}} = \mathbf{I}+\lambda\mathbf{I}+\frac{1}{2!}(\lambda\mathbf{I})^2+\cdots+\frac{1}{n!}(\lambda\mathbf{I})^n+\cdots$$
$$= \mathbf{I}\left(1+\lambda+\frac{1}{2!}\lambda^2+\cdots+\frac{1}{n!}\lambda^n+\cdots\right) \qquad (5.3\text{-}5b)$$
$$= \mathbf{I}\mathrm{e}^{\lambda}$$

ここに、$\mathbf{I}^n = \mathbf{I}$ を用いた。したがって、その逆フーリエ変換は、

$$\frac{1}{2\pi}\int_{-\infty}^{\infty}(i\omega\mathbf{I}-\mathbf{A})^{-1}\mathrm{e}^{i\omega(t-t_0)}d\omega = \begin{cases}\mathrm{e}^{\mathbf{A}(t-t_0)} & t \geq t_0 \\ \mathbf{0} & t < t_0\end{cases} \qquad (5.3\text{-}5c)$$

5.3　補助記事 1　$\mathbf{x}(t=\infty)$ で零でないような場合の解（ラプラス変換のアイデアを使う方法 : 一般化フーリエ変換）

ここでは、諄いが、以下の新しい関数を導入した方法と一般化フーリエ変換を使う方法の 2 つの解を示す。

(1)新しい関数を導入する方法

次式のように変数ベクトル $\mathbf{x}(t)$ を減衰するように変換する。したがって、$\mathbf{y}(t=\infty)=\mathbf{0}$ になる。

$$\mathbf{y}(t) = \begin{cases}\mathrm{e}^{-\alpha\mathbf{I}(t-t_0)}\mathbf{x}(t) & t \geq t_0, \alpha > 0 \\ 0 & t < t_0\end{cases}$$

$$\mathbf{z}(t) = \begin{cases}\mathrm{e}^{-\alpha\mathbf{I}(t-t_0)}\mathbf{q}(t) & t \geq t_0, \alpha > 0 \\ 0 & t < t_0\end{cases} \qquad (A5.3\text{-}1\text{-}1a)$$

$$\mathbf{Y}(\omega)=\int_{t_0}^{\infty}\mathbf{y}(t)\mathrm{e}^{-i\omega t}dt=\int_{t_0}^{\infty}\mathbf{x}(t)\mathrm{e}^{-i(\omega-i\alpha)t}dt=\mathbf{X}(\omega-i\alpha)$$
$$\mathbf{x}(t)=\mathrm{e}^{\alpha\mathbf{I}(t-t_0)}\mathbf{y}(t)=\mathrm{e}^{\alpha\mathbf{I}(t-t_0)}\left(\frac{1}{2\pi}\int_{-\infty}^{\infty}\mathbf{X}(\omega-i\alpha)\mathrm{e}^{i\omega t}d\omega\right)\tag{A5.3-1-1b}$$

ここに、

$$\mathbf{X}(\omega)=\int_{t_0}^{\infty}\mathbf{x}(t)\mathrm{e}^{-i\omega t}dt\tag{A5.3-1-1c}$$

新しい変数ベクトル $\mathbf{y}(t)$ の微分方程式は、次式のようになる。

$$\dot{\mathbf{y}}(t)=(\mathbf{A}-\alpha\mathbf{I})\mathbf{y}(t)+\mathbf{z}(t)$$
$$\text{初期条件：}\ \mathbf{y}_0=\mathbf{y}(t_0)=(\mathbf{x}_0=\mathbf{x}(t_0))\tag{A5.3-1-2}$$

元の連立１階微分方程式と比べると、$\mathbf{x}(t)\to\mathbf{y}(t),\mathbf{A}\to\mathbf{A}-\alpha\mathbf{I},\mathbf{x}_0\to\mathbf{y}_0,\mathbf{q}(t)\to\mathbf{z}(t)$ となるので、次式が得られる。

$$\left(i\omega\mathbf{I}-(\mathbf{A}-\alpha\mathbf{I})\right)\mathbf{Y}(\omega)=\mathbf{y}(t_0)\mathrm{e}^{-i\omega t_0}+\mathbf{Z}(\omega)\tag{A5.3-1-3}$$

そのフーリエ変換から、次式が得られる。

$$\mathbf{y}(t)=\frac{1}{2\pi}\int_{-\infty}^{\infty}\mathbf{Y}(\omega)\mathrm{e}^{i\omega t}d\omega$$
$$=\mathrm{e}^{(\mathbf{A}-\alpha\mathbf{I})(t-t_0)}\mathbf{y}(t_0)+\int_{t_0}^{t}\mathrm{e}^{(\mathbf{A}-\alpha\mathbf{I})(t-\tau)}\mathbf{z}(\tau)d\tau\tag{A5.3-1-4}$$

変数ベクトル $\mathbf{x}(t)$ と外力ベクトル $\mathbf{q}(t)$ に変換すると、次式が得られる。

$$\mathbf{x}(t)=\mathrm{e}^{\alpha\mathbf{I}(t-t_0)}\mathbf{y}(t)$$
$$=\mathrm{e}^{\alpha\mathbf{I}(t-t_0)}\left(\mathrm{e}^{(\mathbf{A}-\alpha\mathbf{I})(t-t_0)}\mathbf{y}(t_0)+\int_{t_0}^{t}\mathrm{e}^{(\mathbf{A}-\alpha\mathbf{I})(t-\tau)}\mathbf{z}(\tau)d\tau\right)\tag{A5.3-1-5}$$
$$=\mathrm{e}^{\mathbf{A}(t-t_0)}\mathbf{x}(t_0)+\int_{t_0}^{t}\mathrm{e}^{\mathbf{A}(t-\tau)}\mathbf{q}(\tau)d\tau$$

この式は、$\mathbf{x}(t=\infty)$ で零でないような場合の解法により求めたが、$\mathbf{x}(t=\infty)$ は零であるとして求めた 5.3 節の解と同じである。このことは、1 階微分方程式の 2.2 節(3)項と(4)項で示したように、$\mathbf{x}(t=\infty)$ が零や有限値かの条件によらず、時間領域の解は、同じになること同じである。

(2)一般化フーリエ変換の方法

時間変数を入れた微分方程式と初期条件は、次式である。

$$\text{連立１階微分方程式：}\ \dot{\mathbf{x}}(t)=\mathbf{A}\mathbf{x}(t)+\mathbf{q}(t)\tag{A5.3-1-6a}$$
$$\text{初期条件：}\ \mathbf{x}_0=\mathbf{x}(t_0)\tag{A5.3-1-6b}$$

一般化フーリエ変換は、次式のように定義される。

$$
\begin{aligned}
&\mathbf{X}(\omega^*) = \int_0^\infty \mathbf{x}(t)\mathrm{e}^{-i\omega^* t}dt, \qquad &&\mathbf{Q}(\omega^*) = \int_0^\infty \mathbf{q}(t)\mathrm{e}^{-i\omega^* t}dt \\
&\mathbf{x}(t) = \frac{1}{2\pi}\int_{-\infty}^{\infty} \mathbf{X}(\omega^*)\mathrm{e}^{i\omega^* t}d\omega^*, \qquad &&\mathbf{q}(t) = \frac{1}{2\pi}\int_{-\infty}^{\infty} \mathbf{Q}(\omega^*)\mathrm{e}^{i\omega^* t}d\omega^* \\
&\omega^* = \omega - i\alpha,\ \alpha > 0, \qquad &&d\omega^* = d\omega
\end{aligned}
\tag{A5.3-1-7}
$$

微分方程式の両辺に $\mathrm{e}^{-i\omega^* t}$ を掛けて、時間で積分する。

$$
\int_{t_0}^{\infty} \dot{\mathbf{x}}(t)\mathrm{e}^{-i\omega^* t}dt = \mathbf{A}\int_{t_0}^{\infty} \mathbf{x}(t)\mathrm{e}^{-i\omega^* t}dt + \int_{t_0}^{\infty} \mathbf{q}(t)\mathrm{e}^{-i\omega^* t}dt
\tag{A5.3-1-8a}
$$

部分積分を使うと、$\lim_{t\to\infty} \mathbf{x}\mathrm{e}^{-i\omega^* t} = \lim_{t\to\infty} \mathbf{x}\mathrm{e}^{-i\omega t}\mathrm{e}^{-\alpha t} = \mathbf{0}$ となるので、次式が得られる。

$$
\int_{t_0}^{\infty} \dot{\mathbf{x}}(t)\mathrm{e}^{-i\omega^* t}dt = -\mathbf{x}(t_0)\mathrm{e}^{-i\omega^* t_0} + i\omega^*\mathbf{X}(\omega^*)
\tag{A5.3-1-8b}
$$

上式を考慮すると、式(A5.3-1-8a)は、次式のようになる。

$$
\mathbf{X}(\omega^*) = \left(i\omega^*\mathbf{I} - \mathbf{A}\right)^{-1}\mathbf{x}(t_0)\mathrm{e}^{-i\omega^* t_0} + \left(i\omega^*\mathbf{I} - \mathbf{A}\right)^{-1}\mathbf{Q}(\omega^*)
\tag{A5.3-1-9}
$$

この式のフーリエ変換から、時間領域の解は、

$$
\begin{aligned}
\mathbf{x}(t) &= \frac{1}{2\pi}\int_{-\infty}^{\infty} \mathbf{X}(\omega^*)\mathrm{e}^{i\omega^* t}d\omega^* \\
&= \left(\frac{1}{2\pi}\int_{-\infty}^{\infty} \left(i\omega\mathbf{I} - \mathbf{A}\right)^{-1}\mathrm{e}^{i\omega^*(t-t_0)}d\omega^*\right)\mathbf{x}(t_0) + \frac{1}{2\pi}\int_{-\infty}^{\infty} \left(i\omega^*\mathbf{I} - \mathbf{A}\right)^{-1}\mathbf{Q}(\omega^*)\mathrm{e}^{i\omega^* t}d\omega^* \\
&= \mathrm{e}^{\mathbf{A}(t-t_0)}\mathbf{x}(t_0) + \int_{t_0}^{t} \mathrm{e}^{\mathbf{A}(t-\tau)}\mathbf{q}(\tau)d\tau
\end{aligned}
\tag{A5.3-1-10}
$$

上式右辺 2 段から 3 段の式は、5.3 節の関係式を使った。

一般化フーリエ変換を使うと、5.3 節の通常のフーリエ変換と同じように、$\mathbf{x}(t=\infty)$ で零ベクトルになるかを気にせずに、振動数領域の解析解から時間領域の解析解を得ることができる。

ただし、数値的にフーリエ変換をする場合には、振動数領域の解は、(1)のように新しい関数を導入して、$\mathbf{x}(t=\infty)$ が零や有限値かの条件で異なるので、区別して扱う方が良い。

第6章 定数係数の高階微分方程式

これまでは、2階以下の定数係数の微分方程式について、時間領域と振動数領域の解について説明した。これらの理論は、2階以上の定数係数の微分方程式の解に対しても同様に当てはまるので、ここでは定数係数の高階微分方程式の解としてまとめておく。

6.1　時間領域の解

定数係数 $a_k(k=0\sim n)$ の高階微分方程式と初期条件は、次式とする。

$$a_n x^{(n)} + a_{n-1}x^{(n-1)} + \cdots + a_1 x^{(1)} + a_0 x = q(t) \tag{6.1-1a}$$

$$t=t_0,\ x(t_0)=x_0, x^{(1)}(t_0)=x_0^{(1)},\cdots,x^{(n-1)}(t_0)=x_0^{(n-1)} \tag{6.1-1b}$$

ここに、$x^{(n)} = d^n x(t)/dt^n$ は、変数 t の関数 $x(t)$ の n 階微分を意味する。

この解も1階微分方程式と同じように、$q(t)=0$ とした場合の解 x_h と $q(t)\neq 0$ の場合の特解 x_p の和として、以下のように与えられる。

$$x = x_h + x_p \tag{6.1-2}$$

(1) 同次方程式の解

$x = C\mathrm{e}^{\lambda t}$ と仮定し、微分方程式に代入し、次式の特性方程式の n 個の根 $\lambda_1 \sim \lambda_n$ を求める。

$$a_n\lambda^n + a_{n-1}\lambda^{n-1} + \cdots + a_1\lambda + a_0 = 0 \tag{6.1-3}$$

一般解は、

$$x_h = C_1\mathrm{e}^{\lambda_1 t} + C_2\mathrm{e}^{\lambda_2 t} + \cdots + C_n\mathrm{e}^{\lambda_n t} \tag{6.1-4a}$$

もし、$\lambda_1=\lambda_2=\lambda_3=\cdots=\lambda_k$ となり、特性方程式が k 重根を持つ場合には、一般解は、

$$x_h = (C_1 + \mathrm{C}_2 t + C_3 t^2 + \cdots + C_k t^{k-1})\mathrm{e}^{\lambda_1 t} + C_{k+1}\mathrm{e}^{\lambda_{k+1}t} + \cdots + C_n\mathrm{e}^{\lambda_n t} \tag{6.1-4b}$$

理由は、3.1節(1)項による。

例えば、$\lambda_1=\lambda_2$ となり、特性方程式が2重根を持つ場合には、一般解は、

$$x_h = (C_1 + \mathrm{C}_2 t)\mathrm{e}^{\lambda_1 t} + C_3\mathrm{e}^{\lambda_3 t} + \cdots + C_n\mathrm{e}^{\lambda_n t} \tag{6.1-4c}$$

$\lambda_1=\lambda_2=\lambda_3$ のように、特性方程式が3重根を持つ場合には、一般解は、

$$x_h = (C_1 + C_2 t + C_3 t^2)e^{\lambda_1 t} + C_4 e^{\lambda_4 t} + \cdots + C_n e^{\lambda_n t} \quad (6.1\text{-}4d)$$

特性方程式が重根を持つ場合には、重根に対しては積分定数を含む多項式を係数とする指数関数の和が同次方程式の一般解となる。

(2) 非同次方程式の特解

特解の求め方も、2 階微分方程式と同じように、定数変化法が一般的な方法であるが、特解 x_p は $q(t)$ の関数形を参照して決めることができる場合が多いので、n 階微分方程式での具体的な式については省略する。

6.2　振動数領域の解

これまでの 2 階以下の微分方程式で説明したように、一般には、$x(t=\infty)=0$ の仮定が成立しない。このような場合、直接的なフーリエ変換ではなく、ラプラス変換のアイデアを使う。

2 階以下の微分方程式では、新しい関数 $y(t)$ に関する微分方程式との対応関係から解を求めた。ここでは、ラプラス変換の形式に基づく次式の一般化フーリエ変換によって解を求める方法を説明する。

$$\begin{aligned}
&X(\omega^*) = \int_0^\infty x(t)e^{-i\omega^* t}dt, && Q(\omega^*) = \int_0^\infty q(t)e^{-i\omega^* t}dt \\
&x(t) = \frac{1}{2\pi}\int_{-\infty}^{\infty} X(\omega^*)e^{i\omega^* t}d\omega^*, && q(t) = \frac{1}{2\pi}\int_{-\infty}^{\infty} Q(\omega^*)e^{i\omega^* t}d\omega^* \\
&\omega^* = \omega - i\alpha,\ \alpha > 0, && d\omega^* = d\omega
\end{aligned} \quad (6.2\text{-}1)$$

微分方程式(6.1-1)の両辺に $e^{-i\omega^* t}$ をかけて $t_0 \le t \le \infty$ で積分すると、次式が得られる。

$$\begin{aligned}
&a_n\int_{t_0}^{\infty} x^{(n)}e^{-i\omega^* t}dt + a_{n-1}\int_{t_0}^{\infty} x^{(n-1)}e^{-i\omega^* t}dt + \\
&\cdots + a_1\int_{t_0}^{\infty} x^{(1)}e^{-i\omega^* t}dt + a_0\int_{t_0}^{\infty} xe^{-i\omega^* t}dt = \int_{t_0}^{\infty} q(t)e^{-i\omega^* t}dt
\end{aligned} \quad (6.2\text{-}2)$$

また、部分積分を使うと次式が得られる。

$$\int_{t_0}^{\infty} x^{(1)}e^{-i\omega^* t}dt = \left[xe^{-i\omega^* t}\right]_{t_0}^{\infty} + i\omega^*\int_{t_0}^{\infty} xe^{-i\omega^* t}dt \quad (6.2\text{-}3a)$$

上式において、$t \to \infty$ では次式が成り立つ。

$$\lim_{t\to\infty} xe^{-i\omega^* t} = \lim_{t\to\infty} xe^{-i\omega t}e^{-\alpha t} = 0 \quad (6.2\text{-}3b)$$

したがって、1 階微分のフーリエ変換は、次式となる。

$$\int_{t_0}^{\infty} x^{(1)} \mathrm{e}^{-i\omega^* t} dt = -x_0 \mathrm{e}^{-i\omega^* t_0} + i\omega^* X(\omega^*) \tag{6.2-3c}$$

また、2 階微分のフーリエ変換は、上式を 2 重に用いると次式のようになる。

$$\begin{aligned} \int_{t_0}^{\infty} x^{(2)} \mathrm{e}^{-i\omega^* t} dt &= -x_0^{(1)} \mathrm{e}^{-i\omega^* t_0} + i\omega^* \left(-x_0 \mathrm{e}^{-i\omega^* t_0} + i\omega^* X(\omega^*) \right) \\ &= -\left(i\omega^* x_0 + x_0^{(1)} \right) \mathrm{e}^{-i\omega^* t_0} + \left(i\omega^* \right)^2 X(\omega^*) \end{aligned} \tag{6.2-4}$$

以下同様に、高次微分のフーリエ変換を求めることができる。これらより、式（6.2-2）は、次式のように得られる。

$$H(\omega^*) X(\omega^*) - H_0(\omega^*) = Q(\omega^*) \tag{6.2-5a}$$

ここに、

$$\begin{aligned} H(\omega^*) &= a_n (i\omega^*)^n + a_{n-1} (i\omega^*)^{n-1} + \cdots + a_1 (i\omega^*) + a_0 \\ H_0(\omega^*) &= \begin{pmatrix} a_n x_0 (i\omega^*)^{n-1} + \left(a_{n-1} x_0 + a_n x_0^{(1)} \right) (i\omega^*)^{n-2} + \cdots \\ + \left(a_1 x_0 + a_2 x_0^{(1)} + \cdots + a_n x_0^{(n-1)} \right) \end{pmatrix} \mathrm{e}^{-i\omega^* t_0} \end{aligned} \tag{6.2-5b}$$

したがって、微分方程式(6.2-1)の振動数領域の解は、次式で求められる。

$$X(\omega^*) = \frac{H_0(\omega^*) + Q(\omega^*)}{H(\omega^*)} \tag{6.2-6}$$

時間領域の解は、フーリエ変換から、次式のように求められる。

$$x(t) = \frac{1}{2\pi} \int_{-\infty}^{\infty} X(\omega^*) \mathrm{e}^{i\omega^* t} d\omega^* = \frac{1}{2\pi} \int_{-\infty}^{\infty} \frac{H_0(\omega^*) + Q(\omega^*)}{H(\omega^*)} \mathrm{e}^{i\omega^* t} d\omega^* \tag{6.2-7a}$$

上式の一般化フーリエ変換は、離散高速フーリエ変換(FFT)で数値計算をする時には、解を次式のように表現して使う。

$$\begin{aligned} x(t) &= \mathrm{e}^{\alpha t} \left(\frac{1}{2\pi} \int_{-\infty}^{\infty} X(\omega - i\alpha) \mathrm{e}^{i\omega t} d\omega \right) \\ &= \mathrm{e}^{\alpha t} \left(\frac{1}{2\pi} \int_{-\infty}^{\infty} \frac{H_0(\omega - i\alpha) + Q(\omega - i\alpha)}{H(\omega - i\alpha)} \mathrm{e}^{i\omega t} d\omega \right) \end{aligned} \tag{6.2-7b}$$

6.2　補助記事 1　一般化フーリエ変化による 2 階微分方程式(振動方程式)の解

3 章で説明したが、以下のような 2 階微分方程式（1 質点振動方程式）では、$h<0$ では、振動が時間とともに大きくなるので、ラプラス変換の考え方を利用したフーリエ変換が必要となる。ここでは、3 章で説明した新しい関数の 2 階微分方程式への変換から解を求める方法ではなく、例題によって具体的に、上に説明した複素振動数の調和波形 $\mathrm{e}^{-i\omega^* t}, \omega^* = \omega - i\alpha$ を用いる一般化フーリエ変換の方法を説明する。

$$\text{微分方程式：} \ddot{x} + 2h\omega_0 \dot{x} + \omega_0^2 x = q(t) \tag{A6.2-1-1a}$$

$$\text{初期条件　：} t = t_0, x(t_0) = x_0, \dot{x}(t_0) = v_0 \tag{A6.2-1-1b}$$

振動数伝達関数は、$a_2=1,\ a_1=2h\omega_0,\ a_0=\omega_0^2$ より、

$$\begin{aligned} H(\omega^*) &= -\omega^{*2} + i2h\omega_0\omega^* + \omega_0^2 \\ H_0(\omega^*) &= \left((2h\omega_0 + i\omega^*)x_0 + v_0\right)\mathrm{e}^{-i\omega^* t_0} \end{aligned} \tag{A6.2-1-2a}$$

したがって、

$$\begin{aligned} X(\omega^*) &= \frac{H_0(\omega^*) + Q(\omega^*)}{H(\omega^*)} \\ &= \frac{\left((2h\omega_0 + i\omega^*)x_0 + v_0\right)\mathrm{e}^{-i\omega^* t_0} + Q(\omega^*)}{-\omega^{*2} + i2h\omega_0\omega^* + \omega_0^2} \end{aligned} \tag{A6.2-1-2b}$$

上式を一般化フーリエ逆変換し、次式から時間領域の解が得られる。

$$\begin{aligned} x(t) &= \frac{1}{2\pi}\int_{-\infty}^{\infty} X(\omega^*)\mathrm{e}^{i\omega^* t} d\omega^* \\ &= \frac{1}{2\pi}\int_{-\infty}^{\infty} \frac{\left((2h\omega_0 + i\omega^*)x_0 + v_0\right)\mathrm{e}^{-i\omega^* t_0} + Q(\omega^*)}{-\omega^{*2} + i2h\omega_0\omega^* + \omega_0^2}\mathrm{e}^{i\omega^* t} d\omega^* \end{aligned} \tag{A6.2-1-2c}$$

離散高速フーリエ変換を使う場合には、上式を次式のようにして使うのが良い。

$$\begin{aligned} x(t) &= \mathrm{e}^{\alpha t}\left(\frac{1}{2\pi}\int_{-\infty}^{\infty} X(\omega - i\alpha)\mathrm{e}^{i\omega t} d\omega\right) \\ &= \mathrm{e}^{\alpha t}\left(\frac{1}{2\pi}\int_{-\infty}^{\infty} \frac{\left((2h\omega_0 + i(\omega - i\alpha)x_0 + v_0\right)\mathrm{e}^{-i\omega t_0} + Q(\omega - i\alpha)}{-(\omega - i\alpha)^2 + i2h\omega_0(\omega - i\alpha) + \omega_0^2}\mathrm{e}^{i\omega t} d\omega\right) \end{aligned} \tag{A6.2-1-3}$$

6.2　補助記事 2　2 階微分方程式(片持ち梁のたわみ曲線)

これまでは、時間領域の時間関数を取り扱ってきたが、空間領域の空間変数の関数 $y(x)$ に対してもラプラス変換のアイデアを使った一般化フーリエ変換を使うことができる。この問題は、解が無限大にはならないので、通常のフーリエ変換で解析できるが、この節の例題として、ラプラス変換の考え方を利用した一般化フーリエ変換で解析する。

図 A6.2-2-1 のような一様な等分布荷重を受ける梁のたわみ $y(x)$ の微分方程式は、次式のようになる。記号の簡単化のため、$y'(x), y''(x), y'''(x)$ は、1 階、2 階、3 階微分を意味する。

ただ、この問題は微分方程式の特殊なもので、通常の積分から簡単に解が得られるので、一般化フーリエ変換を使う方が難しくなる。しかし、一般化フーリエ変換とラプラス変換の関係を理解する問題として位置付けている（ラプラス変換を使う方が良いかもしれない：2.2 補助記事 1 $i\omega^* = s$ ）。

微分方程式：$y''(x) = \dfrac{q}{2EI}(x-l)^2, \quad 0 \le x \le \infty$　(A6.2-2-1a)

境界条件　：$x = 0, \quad y(0) = y'(0) = 0$　(A6.2-2-1b)

この問題は、積分と境界条件から簡単に次式のように解が求められる。

$$y(x) = \frac{ql^4}{24EI}\left(\frac{x}{l}\right)^2\left(\left(\frac{x}{l}\right)^2 - 4\left(\frac{x}{l}\right) + 6\right) \quad \text{(A6.2-2-1c)}$$

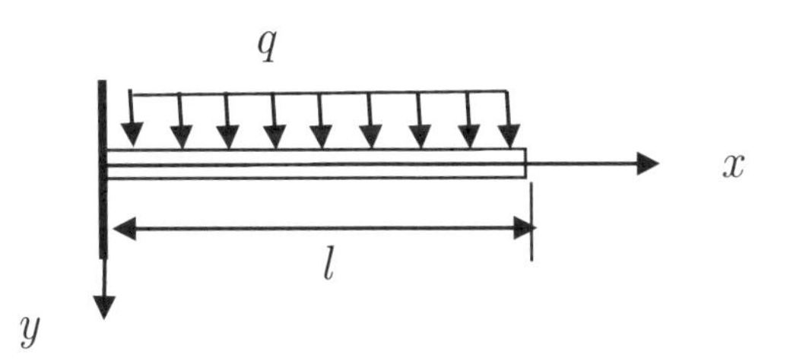

図 A6.2-2-1　一様な等分布荷重を受ける片持ち梁

ここでは、ラプラス変換のアイデアを使ったフーリエ変換から、このたわみ曲線を求める。この場合、

$$Q(\omega^*) = \int_0^\infty q\mathrm{e}^{-i\omega^* x}dx$$
$$= \frac{q}{2EI}\int_0^\infty (x-l)^2\mathrm{e}^{-i\omega^* x}dx \qquad \text{(A6.2-2-2a)}$$
$$= \frac{q}{2EI}\left(\frac{2}{(i\omega^*)^3} - \frac{2l}{(i\omega^*)^2} + \frac{l^2}{(i\omega^*)}\right)$$

ここに、次式を用いた。

$$\int_0^\infty x^n\mathrm{e}^{-ax}dx = \frac{n!}{a^{n+1}} \qquad \text{(A6.2-2-2b)}$$

上式で $a = i\omega^*$ とすれば、後の式(A6.2-2-4)となる。伝達関数は、

$$H(\omega^*) = (i\omega^*)^2$$
$$H_0(\omega^*) = (i\omega^*)y(0) + \frac{dy(0)}{dx} = 0 \qquad \text{(A6.2-2-2c)}$$

したがって、

$$Y(\omega^*) = \frac{H_0(\omega^*) + Q(\omega^*)}{H(\omega^*)} = \frac{q}{2EI}\left(\frac{2}{(i\omega^*)^5} - \frac{2l}{(i\omega^*)^4} + \frac{l^2}{(i\omega^*)^3}\right) \qquad \text{(A6.2-2-3)}$$

ここで、以下の関係を利用する。

$$\int_0^\infty x^n\mathrm{e}^{-i\omega^* x}dx = \frac{n!}{(i\omega^*)^{n+1}}$$
$$x^n = \frac{1}{2\pi}\int_{-\infty}^\infty \frac{n!}{(i\omega^*)^{n+1}}\mathrm{e}^{i\omega^* x}d\omega^* \qquad \text{(A6.2-2-4)}$$

$Y(\omega^*)$ のフーリエ変換から、たわみ曲線 $y(x)$ は次式のように求められる。

$$y(x) = \frac{1}{2\pi}\int_{-\infty}^\infty Y(\omega^*)\mathrm{e}^{i\omega^* x}d\omega^*$$
$$= \frac{q}{2EI}\frac{1}{2\pi}\int_{-\infty}^\infty\left(\frac{2}{(i\omega^*)^5} - \frac{2l}{(i\omega^*)^4} + \frac{l^2}{(i\omega^*)^3}\right)\mathrm{e}^{i\omega^* x}d\omega^*$$
$$= \frac{q}{2EI}\left(\frac{2}{24}x^4 - \frac{2l}{6}x^3 + \frac{l^2}{2}x^2\right) \qquad \text{(A6.2-2-5)}$$
$$= \frac{ql^4}{24EI}\left(\frac{x}{l}\right)^2\left(\left(\frac{x}{l}\right)^2 - 4\left(\frac{x}{l}\right) + 6\right)$$

6.2　補助記事３　４階微分方程式(両端固定梁のたわみ曲線)

図 A6.2-3-1 のような一様な等分布荷重を受ける両端固定梁のたわみ $y(x)$ の微分方程式は次式のようになる。記号の簡単化のため、$y'(x), y''(x), y'''(x)$ は、1 階、2 階、3 階微分を意味する。

$$\text{微分方程式：} \frac{d^4y}{dx^4} = \frac{q}{EI}, \quad 0 \le x \le \infty \tag{A6.2-3-1a}$$

$$\text{境界条件　：} y(0) = y'(0) = y(l) = y'(l) = 0 \tag{A6.2-3-1b}$$

この問題でも、積分と境界条件から簡単に次式のように解が求められる。

$$y(x) = \frac{ql^4}{24EI}\left(\frac{x}{l}\right)^2\left(\left(\frac{x}{l}\right) - 1\right)^2 \tag{A6.2-3-1c}$$

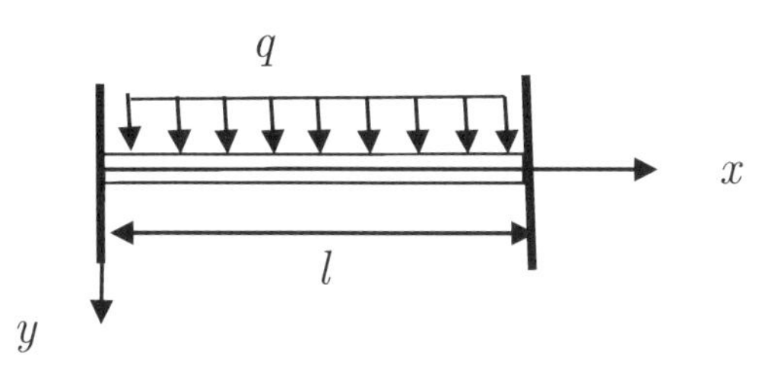

図 A6.2-3-1　一様な等分布荷重を受ける両端固定梁

この場合も、ラプラス変換のアイデアを使った一般化フーリエ変換から、たわみ曲線を求める。

$$Q(\omega^*) = \frac{q}{EI}\int_0^\infty e^{-i\omega^* x}dx = \frac{q}{EI(i\omega^*)} \tag{A6.2-3-2a}$$

伝達関数は、

$$\begin{aligned} &H(\omega^*) = (i\omega^*)^4 \\ &H_0(\omega^*) = (i\omega^*)^3 y(0) + (i\omega^*)^2 y'(0) + (i\omega^*) y''(0) + y'''(0) \end{aligned} \tag{A6.2-3-2b}$$

したがって、

$$\begin{aligned} Y(\omega^*) = \frac{H_0(\omega^*) + Q(\omega^*)}{H(\omega^*)} &= \frac{q}{EI}\frac{1}{(i\omega^*)^5} + y'''(0)\frac{1}{(i\omega^*)^4} + \\ & y''(0)\frac{1}{(i\omega^*)^3} + y'(0)\frac{1}{(i\omega^*)^2} + y(0)\frac{1}{(i\omega^*)} \end{aligned} \tag{A6.2-3-3a}$$

$x = 0$ の境界条件 $y(0) = y'(0)$ を考慮すると、上式は、次式となる。

$$Y(\omega^*) = \frac{q}{EI}\frac{1}{(i\omega^*)^5} + y'''(0)\frac{1}{(i\omega^*)^4} + y''(0)\frac{1}{(i\omega^*)^3} \tag{A6.2-3-3b}$$

$Y(\omega^*)$ のフーリエ変換から、$y(x)$ は以下のように求められる。

$$y(x) = \frac{1}{2\pi}\int_{-\infty}^{\infty} Y(\omega^*)\mathrm{e}^{i\omega^* x} d\omega^* = \frac{q}{2\pi EI}\int_{-\infty}^{\infty}\frac{1}{(i\omega^*)^5}\mathrm{e}^{i\omega^* x} d\omega^* + \frac{y'''(0)}{2\pi}\int_{-\infty}^{\infty}\frac{1}{(i\omega^*)^4}\mathrm{e}^{i\omega^* x} d\omega^* + \frac{y''(0)}{2\pi}\int_{-\infty}^{\infty}\frac{1}{(i\omega^*)^3}\mathrm{e}^{i\omega^* x} d\omega^* = \frac{q}{EI}\frac{x^4}{4!} + y'''(0)\frac{x^3}{3!} + y''(0)\frac{x^2}{2!} \qquad \text{(A6.2-3-4)}$$

したがって、

$$y(x) = \frac{q}{EI}\frac{x^4}{4!} + y'''(0)\frac{x^3}{3!} + y''(0)\frac{x^2}{2!}$$
$$y'(x) = \frac{q}{EI}\frac{x^3}{3!} + y'''(0)\frac{x^2}{2!} + y''(0)x \qquad \text{(A6.2-3-5a)}$$

$x = l$ の境界条件 $y(l) = y'(l)$ を考慮すると、上式の未知数が、次式で与えられる。

$$y'''(0) = -\frac{1}{2}\frac{ql}{EI}, \quad y''(0) = \frac{1}{12}\frac{ql^2}{EI} \qquad \text{(A6.2-3-5b)}$$

これらの未知数を代入すると、両端固定梁のたわみ曲線は、次式のように求められる。

$$y(x) = \frac{ql^4}{24EI}\left(\frac{x}{l}\right)^2\left(\left(\frac{x}{l}\right)-1\right)^2 \qquad \text{(A6.2-3-6)}$$

第7章
微分方程式の数値計算法

6章までは、1階、2階と連立1階微分方程式の時間領域と振動数領域の解法を説明してきた。振動数領域の解法では、逆フーリエ変換により時間領域の解析解が得にくい場合には、離散高速フーリエ変換を使うことができる。この離散高速フーリエ変換については簡単に例題を含めて2.2補助記事4で説明した(例えば、原田・本橋(2021))。

この章では、時間領域の数値解析法を説明する。線形系の微分方程式の解析解は、6章までに説明したように完成されている。線形系の微分方程式の解の挙動と現象を比べると、定数係数が応答の関数となるような非線形系の微分方程式とするのが現象をよりよく説明できる場合が多いので、非線形系の微分方程式を解く必要がある。この時には、ここで説明する数値解析法が有用である。

7.1　1階微分方程式の数値解析法(ルンゲ・クッタ法)

微分方程式の初期値問題の計算に最も広く使われるルンゲ・クッタ(Runge・Kutta)法を簡単に説明する。詳細は省略するが、この方法は、テイラー展開の4次の項まで合うように作成されたものである(7.4補助記事2)。

1階微分方程式として、次式で説明する。

$$\dot{v} = f(t, v), \quad v(t_0) = v_0 \tag{7.1-1a}$$

$f(t,v) = -av(t) + q(t)$ の場合、$\dot{v} + av = q(t)$ の定数係数の微分方程式となる。この計算は、時刻 $t + dt$ の解を時刻 t の解から微小時間 dt ごとに順次に前進させて、次式で求める。絶対安定性を持たないので、微小時間 dt は十分に小さくする必要があるが、4次の精度で、広く用いられる。

$$v(t + dt) = v(t) + \frac{1}{6}\left(a_1 + 2a_2 + 2a_3 + a_4\right)$$

ここに、

$$a_1 = dtf\left(t, v(t)\right) \tag{7.1-1b}$$

$$a_2 = dtf\left(t + \frac{1}{2}dt, v(t) + \frac{1}{2}a_1\right)$$

$$a_3 = dtf\left(t + \frac{1}{2}dt, v(t) + \frac{1}{2}a_2\right)$$

$$a_4 = dtf\left(t + dt, v(t) + a_3\right)$$

ルンゲ・クッタ法は、時間関数の外力項が離散的に与えられる場合、上式の公式からわかるように、$t+dt$ の他に $t+dt/2$ での外力の値が必要とされる。したがって、外力の離散化は $dt/2$ で与えなければならず、離散化数は 2 倍に増加する。

$f(t,v)=-av+q(t)$ の場合、時間 t と変数 $v(t)$ となるので、係数 $a_i(i=1\sim4)$ の計算では、上式の関数 $f(t,v)$ における時間 t と $v(t)$ を計算する。

$f(t,v)=-av(t)+q_0$ の場合、$f(t,v)=f(v(t))$ で $v(t)$ の関数のみの計算となる。この場合、係数 $a_i(i=1\sim4)$ の計算では、次式のように $v(t)$ の関数のみの計算でよい。

$f(t,v)=-av(t)+q_0$ の場合の 4 次のルンゲ・クッタ法の公式：

$$
\begin{aligned}
a_1 &= dt\left(-av(t)+q_0\right)\\
a_2 &= dt\left(-av(t)+q_0+\frac{1}{2}a_1\right)\\
a_3 &= dt\left(-av(t)+q_0+\frac{1}{2}a_2\right)\\
a_4 &= dt\left(-av(t)+q_0+a_3\right)
\end{aligned}
\tag{7.1-2}
$$

図 7.1-1 は、次式の 1 階微分方程式の理論解と 4 次精度のルンゲ・クッタ法による数値解の比較を示す。両者は完全に近い一致をしている。

$$\dot{v}(t)=-av(t)+q_0 \tag{7.1-3a}$$

ここに、外力を一定とした時の理論解は、次式で与えられる。

$$v(t)=v_0\mathrm{e}^{-at}+\frac{q_0}{a}\left(1-\mathrm{e}^{-at}\right) \tag{7.1-3b}$$

この比較では、$a=v_0=1, q_0=2$ として、時間刻みは、$dt=0.2\mathrm{s}$ とした。$dt=0.1\mathrm{s}$ でも両者はほぼ完全に一致する。

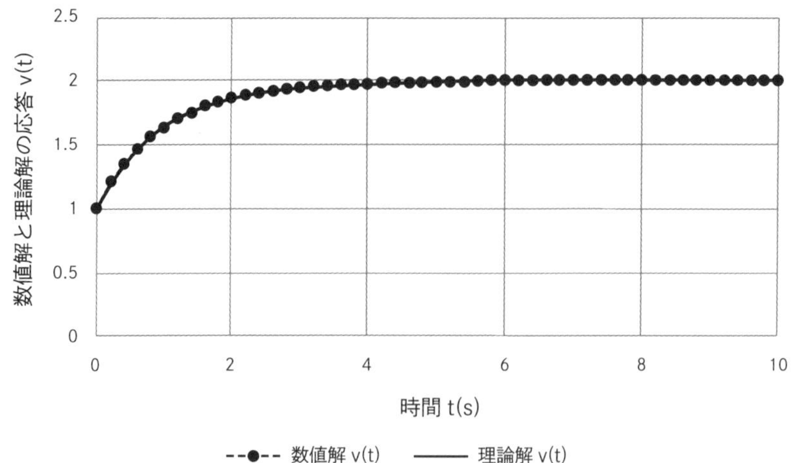

図 7.1-1　1 階微分方程式の理論解と 4 次精度のルンゲ・クッタ法による数値解の比較（$a=v_0=1, q_0=2, dt=0.2\mathrm{s}$）

7.2　2 階微分方程式の数値解析法(ルンゲ・クッタ法)

ルンゲ・クッタ法は、離散化して解くため、7.1 節で述べたように 2 倍の離散化点を必要とする欠点があるので、外力項の離散化点数だけを使う方法が多用される（7.3 節 Nigam・Jennings 法、7.4 節 Newmark の β 法を用いた Clough の増分法、7.4 節連立 1 階微分方程式の直接積分法)。

ここでは、7.1 節からの一貫性のためにルンゲ・クッタ法を説明するが、この場合、2 階微分方程式に適用するには、連立 1 階微分方程式に変換すればよい(5.2 補助記事 1)。

$$\dot{\mathbf{X}}(t) = \mathbf{A}\mathbf{X}(t) + \mathbf{Q}(t)$$
$$\text{初期条件}:\mathbf{X}_0 = \mathbf{X}(t_0) = \begin{pmatrix} x_0 \\ v_0 \end{pmatrix} \tag{7.2-1a}$$

4 次精度のルンゲ・クッタ法は、次式のようにベクトルと行列で表わされる。

$$\mathbf{X}(t+dt) = \mathbf{X}(t) + \frac{1}{6}\left(\mathbf{a}_1 + 2\mathbf{a}_2 + 2\mathbf{a}_3 + \mathbf{a}_4\right)$$

ここに、

$$\mathbf{a}_1 = dt\left(\mathbf{A}\mathbf{X}(t) + \mathbf{Q}(t)\right) \tag{7.2-1b}$$
$$\mathbf{a}_2 = dt\left(\mathbf{A}\left(\mathbf{X}(t) + \frac{1}{2}\mathbf{a}_1\right) + \mathbf{Q}(t + \frac{1}{2}dt)\right)$$
$$\mathbf{a}_3 = dt\left(\mathbf{A}\left(\mathbf{X}(t) + \frac{1}{2}\mathbf{a}_2\right) + \mathbf{Q}(t + \frac{1}{2}dt)\right)$$
$$\mathbf{a}_4 = dt\left(\mathbf{A}\left(\mathbf{X}(t) + \mathbf{a}_3\right) + \mathbf{Q}(t + dt)\right)$$

ここでは、次式の振動方程式(2 階微分方程式)を対象とすると、連立 1 階微分方程式のベクトルや行列は、以下のようになる。

$$\ddot{x} + 2h\omega_0\dot{x} + \omega_0^2 x = q(t) \tag{7.2-2a}$$

状態ベクトル $\mathbf{x}(t)$ は次式で与える。

$$\mathbf{X}(t) = \begin{pmatrix} x(t) \\ \dot{x}(t) \end{pmatrix} \tag{7.2-2b}$$

状態ベクトルの 1 階微分は、次式になる。

$$\dot{\mathbf{X}}(t) = \begin{pmatrix} \dot{x}(t) \\ \ddot{x}(t) \end{pmatrix} = \begin{pmatrix} 0 & 1 \\ -\omega_0^2 & -2h\omega_0 \end{pmatrix}\begin{pmatrix} x(t) \\ \dot{x}(t) \end{pmatrix} + \begin{pmatrix} 0 \\ q(t) \end{pmatrix}$$
$$= \begin{pmatrix} 0 & 1 \\ -\omega_0^2 & -2h\omega_0 \end{pmatrix}\mathbf{x}(t) + \begin{pmatrix} 0 \\ q(t) \end{pmatrix} \tag{7.2-2c}$$

ここに、

$$\mathbf{A} = \begin{pmatrix} 0 & 1 \\ -\omega_0^2 & -2h\omega_0 \end{pmatrix}, \quad \mathbf{q}(t) = \begin{pmatrix} 0 \\ q(t) \end{pmatrix} \tag{7.2-2d}$$

7.3　2 階微分方程式の数値解析法（Nigam・Jennings 法）

2 階微分方程式のほぼ厳密で計算時間も速い Nigam and Jennings（1964）の方法は、実務で多用されるので、ここに整理する。

図 7.3-1 のように時刻 t_n と t_{n+1} の dt 区間の地震動加速度は直線的に変わると仮定する。時刻 $t(t_n \le t \le t_{n+1})$ の 2 階微分方程式（地震動加速度を受ける 1 質点系運動方程式で説明するので、$0 < h < 1$ とする）は、次式のように書ける。ここに、外力は $q(t) = -\ddot{z}(t)$ とする。

$$\ddot{x} + 2h\omega_0\dot{x} + \omega_0^2 x = -\ddot{z}_n - \frac{d\ddot{z}}{dt}(t - t_n), \quad d\ddot{z} = \ddot{z}_{n+1} - \ddot{z}_n \tag{7.3-1}$$

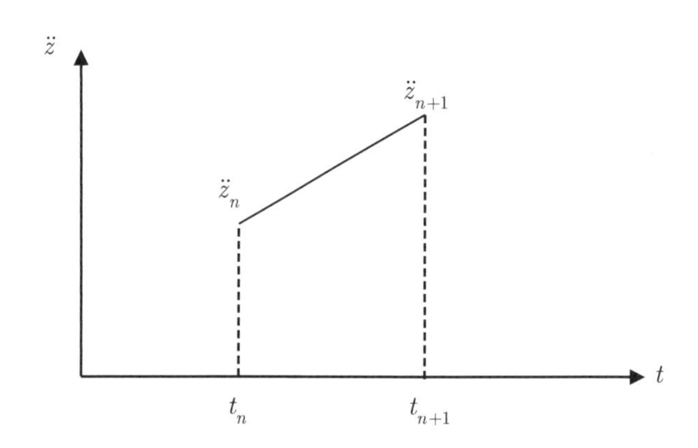

図 7.3-1　入力加速度の直線的補間

この区間の初期条件 $x = x_n, \dot{x} = \dot{x}_n$ を満たす上式の解は、次式で与えられる。

$$\begin{aligned} x = {} & \mathrm{e}^{-h\omega_0(t-t_n)}\left(A\cos\omega_D(t-t_n) + B\sin\omega_D(t-t_n)\right) - \\ & \left(\frac{\ddot{z}_n}{\omega_0^2} - 2h\frac{d\ddot{z}}{\omega_0^3 dt} + \frac{d\ddot{z}}{\omega_0^2 dt}(t-t_n)\right) \end{aligned} \tag{7.3-2a}$$

ここに、$\omega_D = \omega_0\sqrt{1-h^2}$ である。また、

$$\begin{aligned} A &= z_n + \frac{\ddot{z}_n}{\omega_0^2} - 2h\frac{d\ddot{z}}{\omega_0^3 dt} \\ B &= \frac{1}{\omega_D}\left(h\omega_0 z_n + \dot{z}_n + h\frac{\ddot{z}_n}{\omega_0} - \frac{2h^2-1}{\omega_0^2}\frac{d\ddot{z}}{dt}\right) \end{aligned} \tag{7.3-2b}$$

上式は、3.1節(3)で示した解もこの方法で求めたもので、外力$q(t)$を畳み込み積分を行えば上式の解が得られる。しかし、この積分はかなり厄介なものとなるので、この方法を使わない方がよい(計算が好きな人は挑戦してみよ)。

そこで、簡単な方法としては、この場合の外力は時間に関する直線(1次式)なので2階微分は零となるため、特解は1次式となる（$x_p = a + b(t - t_n)$）。これから1次式の係数を求めると、式(7.3-2a)右辺第2項が簡単に求められる。右辺第1項は自由振動(同次式)の解である。この特解は初期条件が零でない（$x_p(t_n) = a, \dot{x}_p(t_n) = b$）ので、一般解が初期条件を満たすように自由振動の解の定数A, Bを決めなければならない。その結果が式(7.3-2b)である。

この解より、次式の漸化式が求められ、繰り返し計算により順次応答変位と速度が求まり、これらを運動方程式に代入し応答加速度が求められる。

$$\begin{pmatrix} x_{n+1} \\ \dot{x}_{n+1} \end{pmatrix} = \begin{pmatrix} A_{11} & A_{12} \\ A_{21} & A_{22} \end{pmatrix} \begin{pmatrix} x_n \\ \dot{x}_n \end{pmatrix} + \begin{pmatrix} B_{11} & B_{12} \\ B_{21} & B_{22} \end{pmatrix} \begin{pmatrix} \ddot{z}_n \\ \ddot{z}_{n+1} \end{pmatrix} \tag{7.3-3a}$$

ここに、各係数は、ω_0とh、dtのみの関数で次式のように与えられる。

$$A_{11} = \mathrm{e}^{-h\omega_0 dt}\left(\frac{h}{\sqrt{1-h^2}}\sin\omega_D dt + \cos\omega_D dt\right)$$

$$A_{12} = \frac{\mathrm{e}^{-h\omega_0 dt}}{\omega_D}\sin\omega_D dt$$

$$A_{21} = -\frac{\omega_0 \mathrm{e}^{-h\omega_0 dt}}{\sqrt{1-h^2}}\sin\omega_D dt$$

$$A_{22} = -\mathrm{e}^{-h\omega_0 dt}\left(\frac{h}{\sqrt{1-h^2}}\sin\omega_D dt - \cos\omega_D dt\right) \tag{7.3-3b}$$

$$B_{11} = \mathrm{e}^{-h\omega_0 dt}\left(\left(\frac{2h^2-1}{\omega_0^2 dt} + \frac{h}{\omega_0}\right)\frac{\sin\omega_D dt}{\omega_D} + \left(\frac{2h}{\omega_0^3 dt} + \frac{1}{\omega_0^2}\right)\cos\omega_D dt\right) - \frac{2h}{\omega_0^3 dt}$$

$$B_{12} = \mathrm{e}^{-h\omega_0 dt}\left(\left(\frac{1-2h^2}{\omega_0^2 dt}\right)\frac{\sin\omega_D dt}{\omega_D} - \left(\frac{2h}{\omega_0^3 dt}\right)\cos\omega_D dt\right) - \frac{1}{\omega_0^2} + \frac{2h}{\omega_0^3 dt}$$

$$B_{21} = \mathrm{e}^{-h\omega_0 dt}\left(\left(\frac{h}{\omega_0 \omega_D dt} + \frac{1}{\omega_D}\right)\sin\omega_D dt + \frac{1}{\omega_0^2 dt}\cos\omega_D dt\right) + \frac{1}{\omega_0^2 dt}$$

$$B_{22} = \mathrm{e}^{-h\omega_0 dt}\left(\left(\frac{h}{\omega_0 \omega_D dt}\right)\sin\omega_D dt + \left(\frac{1}{\omega_0^2 dt}\right)\cos\omega_D dt\right) - \frac{1}{\omega_0^2 dt}$$

7.4　2 階微分方程式の数値解析法 (Newmark の β 法を用いた Clough の増分法)

この方法は、1 章の典型的な 1 質点系の運動方程式と 4 章 (2) の多質点系の運動方程式 (2 階微分方程式) で示した、次式の 2 階微分方程式の数値解析法で多用される。この方法は、ばね係数や剛性係数が応答変位の関数(時間関数)となるような非線形の運動方程式に対しも利用される。

$$\begin{aligned} m\ddot{x} + c\dot{x} + k(t)x &= f(t) \\ \mathbf{m}\ddot{\mathbf{x}} + \mathbf{c}\dot{\mathbf{x}} + \mathbf{k}(t)\mathbf{x} &= \mathbf{f}(t) \end{aligned} \tag{7.4-1}$$

ここに、ばね係数や剛性係数が応答変位の関数(時間関数)としているが、一定値の線形系に対しても同じ定式化になる。

ここでは、多質点系の運動方程式で説明するが、ベクトルや行列をスカラーにすれば、1 質点系の運動方程式に適用できる。外力ベクトル $\mathbf{f}(t)$ は、1 点入力地震動の場合、$\mathbf{f}(t) = -\mathbf{m1}\ddot{z}$ となる。多点入力地震動の場合、$\mathbf{f}(t) = \mathbf{k}_{bb}\mathbf{z}$ や $\mathbf{f}(t) = -\mathbf{mk}^{-1}\mathbf{k}_{bb}\ddot{\mathbf{z}}$ のようになる (原田・本橋(2020))。

時刻 t_n と t_{n+1} の dt 区間で剛性行列は一定とし、応答と外力を $\mathbf{y}_n, \mathbf{f}_n$ 、 $\mathbf{y}_{n+1}, \mathbf{f}_{n+1}$ のように表す。時刻 t_{n+1} と t_n の運動方程式の引き算より、次式の増分表示の運動方程式が得られる。

$$\mathbf{m}\mathbf{d}\ddot{\mathbf{x}} + \mathbf{c}\mathbf{d}\dot{\mathbf{x}} + \mathbf{k}(t)\mathbf{dx} = \mathbf{df} \tag{7.4-2a}$$

ここに、

$$\begin{aligned} \mathbf{dx} &= \mathbf{x}_{n+1} - \mathbf{x}_n,\ \mathbf{d}\dot{\mathbf{x}} = \dot{\mathbf{x}}_{n+1} - \dot{\mathbf{x}}_n \\ \mathbf{d}\ddot{\mathbf{x}} &= \ddot{\mathbf{x}}_{n+1} - \ddot{\mathbf{x}}_n,\ \mathbf{df} = \mathbf{f}_{n+1} - \mathbf{f}_n \end{aligned} \tag{7.4-2b}$$

Newmark の β 法を増分表示すると(7.4 補助記事 1 参照)、

$$\begin{aligned} \mathbf{dx} &= \dot{\mathbf{x}}_n dt + \frac{1}{2}\ddot{\mathbf{x}}_n dt^2 + \beta \mathbf{d}\ddot{\mathbf{x}} dt^2 \\ \mathbf{d}\dot{\mathbf{x}} &= \ddot{\mathbf{x}}_n dt + \frac{1}{2}\mathbf{d}\ddot{\mathbf{x}} dt \\ \mathbf{d}\ddot{\mathbf{x}} &= -\mathbf{m}^{-1}\left(\mathbf{c}\mathbf{d}\dot{\mathbf{x}} + \mathbf{k}(t)\mathbf{dx} - \mathbf{df}\right) \end{aligned} \tag{7.4-3}$$

ここに、$\beta = 1/4$ (平均加速度法で無条件に数値安定性) が多用される。線形加速度法は $\beta = 1/6$ 、段階加速度法は $\beta = 1/8$ 、衝撃加速度法は $\beta = 0$ に対応する。

上式は、応答増分量 ($\mathbf{dx}, \mathbf{d}\dot{\mathbf{x}}, \mathbf{d}\ddot{\mathbf{x}}$) を未知数とする線形 3 元連立方程式で、これを解いて応答増分量が決まる。具体的には、上式上段と中段の 2 つの式から $\mathbf{d}\dot{\mathbf{x}}, \mathbf{d}\ddot{\mathbf{x}}$ を $\mathbf{dx}$ で表すと、次式が得られる。

$$\begin{aligned} \mathbf{d}\dot{\mathbf{x}} &= \frac{1}{2\beta dt}\mathbf{dx} - \frac{1}{2\beta}\dot{\mathbf{x}}_n - \left(\frac{1}{4\beta} - 1\right)\ddot{\mathbf{x}}_n dt \\ \mathbf{d}\ddot{\mathbf{x}} &= \frac{1}{\beta dt^2}\mathbf{dx} - \frac{1}{\beta dt}\dot{\mathbf{x}}_n - \frac{1}{2\beta}\ddot{\mathbf{x}}_n \end{aligned} \tag{7.4-4a}$$

これを式 (7.4-3) 下段の式に代入し、次式の応答増分変位 $\mathbf{dx}$ のみの連立 1 元方程式が得られる。

$$\mathbf{Kdx} = \mathbf{dF} \rightarrow \mathbf{dx} = \mathbf{K}^{-1}\mathbf{dF} \tag{7.4-4b}$$

ここに、

$$\begin{aligned} \mathbf{K} &= \mathbf{k}(t) + \frac{1}{2\beta dt}\mathbf{c} + \frac{1}{\beta dt^2}\mathbf{m} \\ \mathbf{dF} &= \mathbf{df} + \mathbf{m}\left(\frac{1}{\beta dt}\dot{\mathbf{x}}_n + \frac{1}{2\beta}\ddot{\mathbf{x}}_n\right) + \mathbf{c}\left(\frac{1}{2\beta}\dot{\mathbf{x}}_n + \left(\frac{1}{4\beta} - 1\right)\ddot{\mathbf{x}}_n dt\right) \end{aligned} \tag{7.4-4c}$$

式 (7.4-4b) の連立 1 次方程式を解いて、$\mathbf{dx}$ を求め、これを式 (7.4-4a) に代入し、$\mathbf{d\dot{x}}, \mathbf{d\ddot{x}}$ を求める。式(7.4-2b)から時刻 t_{n+1} の応答変位 $\mathbf{x}_{n+1}$、応答速度 $\dot{\mathbf{x}}_{n+1}$、応答加速度 $\ddot{\mathbf{x}}_{n+1}$ が順次求められる（増分表示の Clough の方法）。この方法は、非線形系の時間依存の剛性行列 $\mathbf{k}(t)$ を一定値とすれば、線形系の応答計算にも使える。

大抵の地震動加速度記録は 1/100 秒で離散化されている。線形系の応答計算はこれと同じ離散化でよい。しかし、非線形系の応答計算では、1/1000 秒程度として計算をするため、これに応じて、地震動加速度の方は線形補完により離散化時間間隔を補正する必要がある。

7.4　補助記事 1 （テイラー展開と Newmark の β 法）

Newmark の β 法とテイラー展開の関係を示す。テイラー展開を使うと、

$$\begin{aligned} \mathbf{x}(t_n + dt) &= \mathbf{x}(t_n) + \dot{\mathbf{x}}(t_n)dt + \frac{1}{2!}\ddot{\mathbf{x}}(t_n)dt^2 + \frac{1}{3!}\dddot{\mathbf{x}}(t_n)dt^3 + \cdots \\ \dot{\mathbf{x}}(t_n + dt) &= \dot{\mathbf{x}}(t_n) + \ddot{\mathbf{x}}(t_n)dt + \frac{1}{2!}\dddot{\mathbf{x}}(t_n)dt^2 + \frac{1}{3!}\ddddot{\mathbf{x}}(t_n)dt^3 + \cdots \end{aligned} \tag{A7.4-1-1}$$

微小時間内の応答加速度の変化は無限に考えられるが、その間の変化が直線的か、一定とする仮定は妥当であろう。直線的変化の場合、加速度の 1 階微分と 2 階微分は、

$$\dddot{\mathbf{x}}(t_n) = \frac{\ddot{\mathbf{x}}(t_n + dt) - \ddot{\mathbf{x}}(t_n)}{dt}, \quad \ddddot{\mathbf{x}}(t_n) = \mathbf{0} \tag{A7.4-1-2a}$$

一定の場合には、両端時刻の平均値として(台形式)、加速度とその 1 階微分は、次式で与えられる。

$$\ddot{\mathbf{x}}(t_n) = \frac{\ddot{\mathbf{x}}(t_n + dt) + \ddot{\mathbf{x}}(t_n)}{2}, \quad \dddot{\mathbf{x}}(t_n) = \mathbf{0} \tag{A7.4-1-2b}$$

したがって、テイラー展開における加速度の高次項は零となる。これらをテイラー展開式に代入し、増分式で記述する。

直線の場合：

$$\begin{aligned}\mathbf{dx} &= \dot{\mathbf{x}}_n dt + \frac{1}{2}\ddot{\mathbf{x}}_n dt^2 + \frac{1}{6}\mathbf{d}\ddot{\mathbf{x}} dt^2 \\ \mathbf{d}\dot{\mathbf{x}} &= \ddot{\mathbf{x}}_n dt + \frac{1}{2}\mathbf{d}\ddot{\mathbf{x}} dt\end{aligned} \tag{A7.4-1-3a}$$

一定の場合：

$$\begin{aligned}\mathbf{dx} &= \dot{\mathbf{x}}_n dt + \frac{1}{2}\ddot{\mathbf{x}}_n dt^2 + \frac{1}{4}\mathbf{d}\ddot{\mathbf{x}} dt^2 \\ \mathbf{d}\dot{\mathbf{x}} &= \ddot{\mathbf{x}}_n dt + \frac{1}{2}\mathbf{d}\ddot{\mathbf{x}} dt\end{aligned} \tag{A7.4-1-3b}$$

微小時間での応答加速度が直線的変化と一定の 2 つの仮定では、速度増分は両仮定で同じであることがわかる。しかし、変位増分の右辺第 3 項の係数が 1/6 と 1/4 と違っている。

このことから、式（7.4-3）の Newmark のβ 法は、1/6 と 1/4 の係数をβ で表す方法であるといえる。

その他、微小時間内の応答加速度の変化の仮定として、衝撃加速度法（各時刻の力積が働くもの）や段階加速度法（各時刻の加速度が微小時間の半分までは一定とするもの）等が考えられている。これらの場合、β は零と 1/8 となる。

もともと、Newmark のβ 法は、それまでに微小時間内の応答加速度の変化を、直線的、一定、衝撃的、段階的変化とそれぞれ仮定して求められた計算法を整理すると、変位増分の右辺第 3 項の係数だけが変わっているので、その係数をβ として整理したものである。

7.4　補助記事 2　4 次精度のルンゲ・クッタ法と Newmark のβ 法の微分演算子と伝達演算子の関係による整理

次式の微分演算子 D と伝達演算子 Z を用いて、4 次精度のルンゲ・クッタ法と Newmark のβ 法の整理をする。

$$\begin{aligned}D\mathbf{X}(t) &= \frac{d}{dt}\mathbf{X}(t) \\ Z\mathbf{X}(t) &= \mathbf{X}(t+dt)\end{aligned} \tag{A7.4-2-1}$$

テイラー展開を使うと、次式が得られる。

$$\mathbf{X}(t+dt) = \mathbf{X}(t) + \frac{d\mathbf{X}(t)}{dt}dt + \frac{1}{2!}\frac{d^2\mathbf{X}(t)}{dt^2}dt^2 + \cdots + \frac{1}{n!}\frac{d^n\mathbf{X}(t)}{dt^n}dt^n + \cdots \tag{A7.4-2-2a}$$

微分演算子 D を使うと、上式は次式のように表される。

$$\mathbf{X}(t+dt)=\left(1+Ddt+\frac{1}{2!}D^2dt^2+\cdots+\frac{1}{n!}D^ndt^n+\cdots\right)\mathbf{X}(t)=\mathrm{e}^{Ddt}\mathbf{X}(t)$$

（A7.4-2-2b）

したがって、微分演算子 D と伝達演算子 Z には、次式の関係が成立する。

$$Z=\mathrm{e}^{Ddt}$$ （A7.4-2-2c）

(1)4 次精度のルンゲ・クッタ法

この方法は、次式の連立 1 階微分方程式の数値計算法である。

$$\dot{\mathbf{X}}(t)=\mathbf{f}(\mathbf{X}(t),\mathbf{Q}(t))$$

$$\text{初期条件}：\mathbf{X}_0=\mathbf{X}(t_0)=\begin{pmatrix}x_0\\v_0\end{pmatrix}$$ （A7.4-2-3a）

4 次精度のルンゲ・クッタ法の計算は、次式で与えられる。

$$\mathbf{X}(t+dt)=\mathbf{X}(t)+\frac{1}{6}\left(\mathbf{a}_1+2\mathbf{a}_2+2\mathbf{a}_3+\mathbf{a}_4\right)$$

ここに

$$\begin{aligned}
\mathbf{a}_1&=dt\left(\mathbf{f}(\mathbf{X}(t),\mathbf{Q}(t))\right)\\
\mathbf{a}_2&=dt\left(\mathbf{f}\left(\mathbf{X}(t)+\frac{1}{2}\mathbf{a}_1,\mathbf{Q}(t+\frac{1}{2}dt)\right)\right)\\
\mathbf{a}_3&=dt\left(\mathbf{f}\left(\mathbf{X}(t)+\frac{1}{2}\mathbf{a}_2,\mathbf{Q}(t+\frac{1}{2}dt)\right)\right)\\
\mathbf{a}_4&=dt\left(\mathbf{f}\left(\mathbf{X}(t)+\mathbf{a}_3,\mathbf{Q}(t+dt)\right)\right)
\end{aligned}$$ （A7.4-2-3b）

この計算式右辺は、時刻 t の応答 $\mathbf{X}(t)$ と外力項である。ただし、外力項は既知として与えられるので、微分演算子とは無関係な項目となり、その計算時刻は、時刻 $t, t+(1/2)dt, t+dt$ の 3 つの時刻を必要とする。そこで、既知の外力項は零として、連立 1 階微分方程式と 4 次精度のルンゲ・クッタ法の計算式を微分演算子 D で書き直すと、次式のようになる。

$$\begin{aligned}
D\mathbf{X}(t)&=\mathbf{f}(\mathbf{X}(t))\\
\mathbf{a}_1&=dt\left(\mathbf{f}(\mathbf{X}(t)\right)=(dtD)\mathbf{X}(t)\\
\mathbf{a}_2&=dt\left(\mathbf{f}\left(\mathbf{X}(t)+\frac{1}{2}\mathbf{a}_1\right)\right)=(dtD)\left(1+\frac{1}{2}(dtD)\right)\mathbf{X}(t)\\
\mathbf{a}_3&=dt\left(\mathbf{f}\left(\mathbf{X}(t)+\frac{1}{2}\mathbf{a}_2\right)\right)=(dtD)\left(1+\frac{1}{2}dtD+\frac{1}{4}(dtD)^2\right)\mathbf{X}(t)\\
\mathbf{a}_4&=dt\left(\mathbf{f}\left(\mathbf{X}(t)+\mathbf{a}_3\right)\right)=(dtD)\left(1+dtD+\frac{1}{2}(dtD)^2+\frac{1}{4}(dtD)^3\right)\mathbf{X}(t)
\end{aligned}$$ （A7.4-2-4a）

上式より、次式が得られる。

$$\mathbf{X}(t+dt)=\mathbf{X}(t)+\frac{1}{6}\left(\mathbf{a}_1+2\mathbf{a}_2+2\mathbf{a}_3+\mathbf{a}_4\right)=\mathbf{X}(t)+$$

$$\frac{1}{6}\left(\begin{array}{l}(dtD)+2(dtD)\left(1+\frac{1}{2}(dtD)\right)+2(dtD)\left(1+\frac{1}{2}(dtD)+\frac{1}{4}(dtD)^2\right)+\\ \left(1+(dtD)+\frac{1}{2}(dtD)^2+\frac{1}{4}(dtD)^3\right)\end{array}\right)\mathbf{X}(t)$$

$$=\left(1+(dtD)+\frac{1}{2!}(dtD)^2+\frac{1}{3!}(dtD)^3+\frac{1}{4!}(dtD)^4\right)\mathbf{X}(t) \quad \text{(A7.4-2-4b)}$$

上式より、4 次精度のルンゲ・クッタ法の伝達演算子 $Z=\mathrm{e}^{Ddt}$ は、次式で与えられる。

$$Z=\mathrm{e}^{Ddt}=1+(dtD)+\frac{1}{2!}(dtD)^2+\frac{1}{3!}(dtD)^3+\frac{1}{4!}(dtD)^4 \quad \text{(A7.5-2-4c)}$$

式(A7.4-2-2)のように伝達演算子 $Z=\mathrm{e}^{Ddt}$ は、微分演算子 D の無限級数和で与えられる指数関数である。しかし、4 次精度のルンゲ・クッタ法の数値計算法では、最初から 5 項目までの級数和で打ち切っている。

(2)Newmark の β 法

7.4 補助記事 1 より、応答加速度が離散化時間の間で直線(線形加速度法)と一定とする場合の時刻 $t+dt$ の応答変位は、次式で与えられた。

直線の場合($\dddot{\mathbf{x}}(t_n)=D^4\mathbf{x}(t_n)=\mathbf{0}$ を仮定)：

$$\mathbf{x}(t+dt)=\mathbf{x}(t)+\dot{\mathbf{x}}(t)dt+\frac{1}{2}\ddot{\mathbf{x}}(t)dt^2+\frac{1}{6}\left(\ddot{\mathbf{x}}(t+dt)-\ddot{\mathbf{x}}(t)\right)dt^2 \quad \text{(A7.4-2-5a)}$$

一定の場合($\dddot{\mathbf{x}}(t_n)=D^3\mathbf{x}(t_n)=\mathbf{0}$ を仮定)：

$$\mathbf{x}(t+dt)=\mathbf{x}(t)+\dot{\mathbf{x}}(t)dt+\frac{1}{2}\ddot{\mathbf{x}}(t)dt^2+\frac{1}{4}\left(\ddot{\mathbf{x}}(t+dt)-\ddot{\mathbf{x}}(t)\right)dt^2 \quad \text{(A7.4-2-5b)}$$

上式を微分演算子 D で書き直すと、次式のようになる。

直線の場合($(dtD)^4=0$)：

$$\mathbf{x}(t+dt)=\frac{\left(1+(dtD)+\frac{1}{3}(dtD)^2\right)}{\left(1-\frac{1}{6}(dtD)^2\right)}\mathbf{x}(t) \quad \text{(A7.4-2-6a)}$$

ここに、

$$\left(1-\frac{1}{6}(dtD)^2\right)^{-1}\simeq\left(1+\frac{1}{6}(dtD)^2+\left(\frac{1}{6}(dtD)^2\right)^2+\cdots\right) \quad \text{(A7.4-2-6b)}$$

伝達演算子 $Z=\mathrm{e}^{Ddt}$ は、次式で与えられる。

$$Z = e^{Ddt} = \frac{\left(1 + (dtD) + \frac{1}{3}(dtD)^2\right)}{\left(1 - \frac{1}{6}(dtD)^2\right)} \qquad \text{(A7.4-2-6c)}$$
$$\simeq 1 + (dtD) + \frac{1}{2}(dtD)^2 + \frac{1}{6}(dtD)^3$$

一定の場合($(dtD)^3 = 0$)：

$$\mathbf{x}(t+dt) = \frac{\left(1 + (dtD) + \frac{1}{4}(dtD)^2\right)}{\left(1 - \frac{1}{4}(dtD)^2\right)}\mathbf{x}(t) = \frac{\left(1 + \frac{1}{2}(dtD)\right)}{\left(1 - \frac{1}{2}(dtD)\right)}\mathbf{x}(t) \qquad \text{(A7.4-2-6d)}$$
$$\simeq \left(1 + (dtD) + \frac{1}{4}(dtD)^2\right)\mathbf{x}(t)$$

伝達演算子 $Z = e^{Ddt}$ は、次式で与えられる。

$$Z = e^{Ddt} = \frac{\left(1 + (dtD) + \frac{1}{4}(dtD)^2\right)}{\left(1 - \frac{1}{4}(dtD)^2\right)} = \frac{\left(1 + \frac{1}{2}(dtD)\right)}{\left(1 - \frac{1}{2}(dtD)\right)} \qquad \text{(A7.4-2-6e)}$$
$$\simeq 1 + (dtD) + \frac{1}{4}(dtD)^2$$

以上は、Newmark の β 法の伝達演算子 $Z = e^{Ddt}$ の評価である。

(3) Newmark の β 法の差分法への適用

伝達演算子と微分演算子を使うと、次式の振動方程式の差分方程式が求め易くなる。

$$mD^2x(t) + cDx(t) + k(t)x(t) = f(t)$$
$$\mathbf{m}D^2\mathbf{x}(t) + \mathbf{c}D\mathbf{x}(t) + \mathbf{k}(t)\mathbf{x}(t) = \mathbf{f}(t) \qquad \text{(A7.4-2-7a)}$$

上式を次式の連立 1 階微分方程式に変換する。

$$D\mathbf{y}(t) = \mathbf{A}\mathbf{y}(t) + \mathbf{Q}(t)$$

ここに、

$$\mathbf{A} = \begin{pmatrix} \mathbf{0} & \mathbf{I} \\ -\mathbf{m}^{-1}\mathbf{k}(t) & -\mathbf{m}^{-1}\mathbf{c} \end{pmatrix}, \mathbf{Q}(t) = \begin{pmatrix} \mathbf{0} \\ \mathbf{f}(t) \end{pmatrix} \qquad \text{(A7.4-2-7b)}$$
$$\mathbf{y}(t) = \begin{pmatrix} \mathbf{x}(t) \\ D\mathbf{x}(t) \end{pmatrix}$$

Newmark の β 法の直線近似よりも一定近似の伝達演算子と微分演算子の関係は簡単なので、これを使用する。式(A7.4-2-6e)から、次式が得られる。

$$Ddt = \frac{2(1-Z^{-1})}{(1+Z^{-1})} \to D = \left(\frac{2}{dt}\right)\frac{(1-Z^{-1})}{(1+Z^{-1})} \qquad \text{(A7.4-2-8)}$$

この微分演算子を振動方程式に代入し、両辺に$(dt/2)(1+Z^{-1})$をかけて、伝達演算子の分母を無くすると、次式が得られる。

$$\left(1-Z^{-1}\right)\mathbf{y}(t) = \mathbf{A}\frac{dt}{2}\left(1+Z^{-1}\right)\mathbf{y}(t) + \frac{dt}{2}\left(1+Z^{-1}\right)\mathbf{Q}(t) \qquad \text{(A7.4-2-9a)}$$

ここに、剛性行列の非線形性は時刻tの剛性行列で評価する。

伝達演算子の定義から、次式が成り立つ。

$$Z^{-1}\mathbf{y}(t) = \mathbf{y}(t-dt) \qquad \text{(A7.4-2-9b)}$$

これを考慮すると、次式の差分方程式が求められる。

$$\left(\mathbf{I}-\frac{dt}{2}\mathbf{A}\right)\mathbf{y}(t) = \left(\mathbf{I}+\frac{dt}{2}\mathbf{A}\right)\mathbf{y}(t-dt) + \frac{dt}{2}\left(\mathbf{Q}(t)+\mathbf{Q}(t-dt)\right) \qquad \text{(A7.4-2-10a)}$$

または、

$$\begin{pmatrix} \mathbf{I} & -\frac{dt}{2}\mathbf{I} \\ \frac{dt}{2}\mathbf{m}^{-1}\mathbf{k}(t) & \mathbf{I}+\frac{dt}{2}\mathbf{m}^{-1}\mathbf{c} \end{pmatrix}\begin{pmatrix} \mathbf{x}(t) \\ \dot{\mathbf{x}}(t) \end{pmatrix} = \begin{pmatrix} \mathbf{I} & \frac{dt}{2}\mathbf{I} \\ -\frac{dt}{2}\mathbf{m}^{-1}\mathbf{k}(t) & \mathbf{I}-\frac{dt}{2}\mathbf{m}^{-1}\mathbf{c} \end{pmatrix}\begin{pmatrix} \mathbf{x}(t-dt) \\ \dot{\mathbf{x}}(t-dt) \end{pmatrix} + \frac{dt}{2}\left(\begin{pmatrix} \mathbf{0} \\ \mathbf{f}(t) \end{pmatrix} + \begin{pmatrix} \mathbf{0} \\ \mathbf{f}(t-dt) \end{pmatrix}\right)$$

(A7.4-2-10b)

この差分方程式の右辺は、時刻$t-dt$の応答なので、初期値を入れて左辺の時刻tの応答が求められる。これを順次繰り返して、応答変位と速度が求められる。応答加速度は、運動方程式から次式で求められる。

$$\ddot{\mathbf{x}}(t) = -\mathbf{m}^{-1}\left(\mathbf{c}\dot{\mathbf{x}}(t)+\mathbf{k}(t)\mathbf{x}(t)-\mathbf{f}(t)\right) \qquad \text{(A7.4-2-10c)}$$

1自由度振動系では、次式の差分方程式となる。

$$\begin{pmatrix} 1 & -\frac{dt}{2} \\ \frac{dt}{2}\frac{k(t)}{m} & 1+\frac{dt}{2}\frac{c}{m} \end{pmatrix}\begin{pmatrix} x(t) \\ \dot{x}(t) \end{pmatrix} = \begin{pmatrix} 1 & \frac{dt}{2} \\ -\frac{dt}{2}\frac{k(t)}{m} & 1-\frac{dt}{2}\frac{c}{m} \end{pmatrix}\begin{pmatrix} x(t-dt) \\ \dot{x}(t-dt) \end{pmatrix} + \frac{dt}{2}\left(\begin{pmatrix} 0 \\ f(t) \end{pmatrix} + \begin{pmatrix} 0 \\ f(t-dt) \end{pmatrix}\right) \qquad \text{(A7.4-2-11a)}$$

加速度は、次式から求められる。

$$\ddot{x}(t) = -\left(\frac{c}{m}\dot{x}(t)+\frac{k(t)}{m}x(t)-\frac{f(t)}{m}\right) \qquad \text{(A7.4-2-11b)}$$

7.4　補助記事３　一定外力を受ける振動方程式の差分法解と理論解

次式の一定外力を受ける差分法の解と理論解の比較を示す。

$$\ddot{x} + 2h\omega_0\dot{x} + \omega_0^2 x = q_0, \quad 0 < h < 1 \qquad \text{(A7.4-3-1)}$$

初期条件：$x(0) = \dot{x}(0) = 0$

この微分方程式の差分方程式は、7.4 補助記事２から、次式のようになる。

$$\begin{pmatrix} 1 & -\dfrac{dt}{2} \\ \dfrac{dt}{2}\omega_0^2 & 1+\dfrac{dt}{2}2h\omega_0 \end{pmatrix}\begin{pmatrix} x(t) \\ \dot{x}(t) \end{pmatrix} = \begin{pmatrix} 1 & \dfrac{dt}{2} \\ -\dfrac{dt}{2}\omega_0^2 & 1-\dfrac{dt}{2}2h\omega_0 \end{pmatrix}\begin{pmatrix} x(t-dt) \\ \dot{x}(t-dt) \end{pmatrix} + \frac{dt}{2}\begin{pmatrix} 0 \\ q_0+q_0 \end{pmatrix}$$

(A7.4-3-2a)

上式から、次式を得る。

$$\begin{aligned}
\dot{x}(t) &= \frac{B}{A}\dot{x}(t-dt) - \frac{2}{A}\omega_0^2 x(t-dt) + \frac{1}{A}2q_0 \\
x(t) &= x(t-dt) + \frac{dt}{2}\left(\dot{x}(t) + \dot{x}(t-dt)\right) \\
\ddot{x}(t) &= q_0 - \left(2h\omega_0\dot{x}(t) + \omega_0^2 x(t)\right) \\
A &= \frac{2}{dt} + 2h\omega_0 + \frac{dt}{2}\omega_0^2 \\
B &= \frac{2}{dt} - 2h\omega_0 - \frac{dt}{2}\omega_0^2
\end{aligned} \qquad \text{(A7.4-3-2b)}$$

計算例として、次のパラメータを用いた１質点系の差分方程式による応答を求めて、理論式(7.5 補助記事１)と比較する。

$\omega_0 = 2\pi f_0 = 2\pi\mathrm{rad/s}$（固有周期１秒）

$h = 0.05, \quad q_0 = \omega_0^2(\mathrm{N/kg}), \quad dt = 0.01\mathrm{s}$

この場合、

$$\frac{B}{A} = \left(\frac{\dfrac{2}{dt} - 2h\omega_0 - \dfrac{dt}{2}\omega_0^2}{\dfrac{2}{dt} + 2h\omega_0 + \dfrac{dt}{2}\omega_0^2}\right) = \left(\frac{199.17431}{200.825692}\right) = 0.991777$$

$$\frac{1}{A} = \frac{1}{200.825692} = 0.0049794$$

図 A7.4-3-1 は、一定外力を受ける振動方程式の差分法による解と理論解の比較を示す。この図は、0.1 秒ごとにプロットしている。この図から、Newmark の β 法の一定近似の伝達演算子で差分方程式を作った差分解と理論解の応答変位・速度・加速度は、ほぼ完全に一致しているといえる。

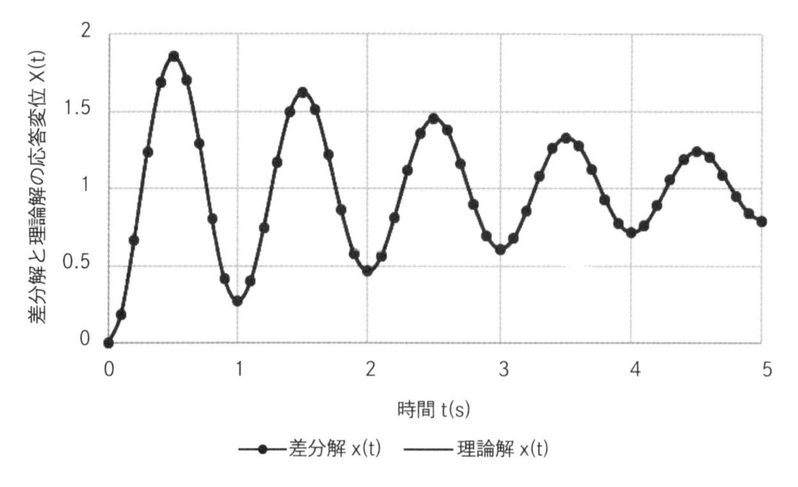

(a) 応答変位の差分解と理論解の比較

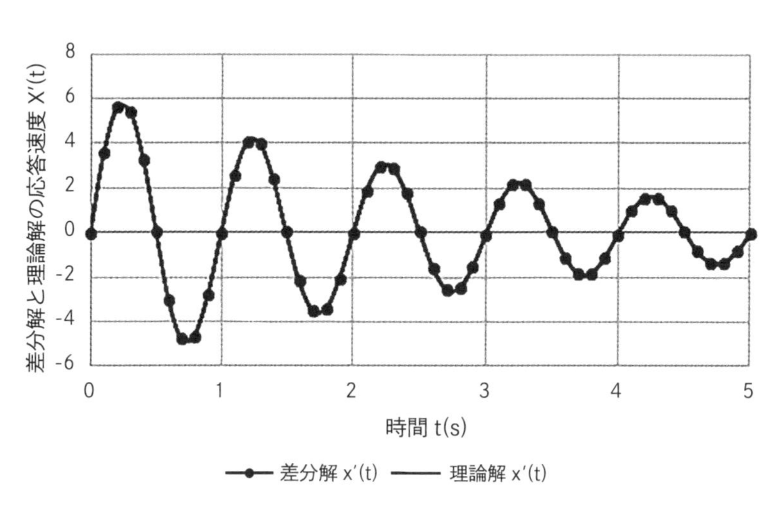

(b) 応答速度の差分解と理論解の比較

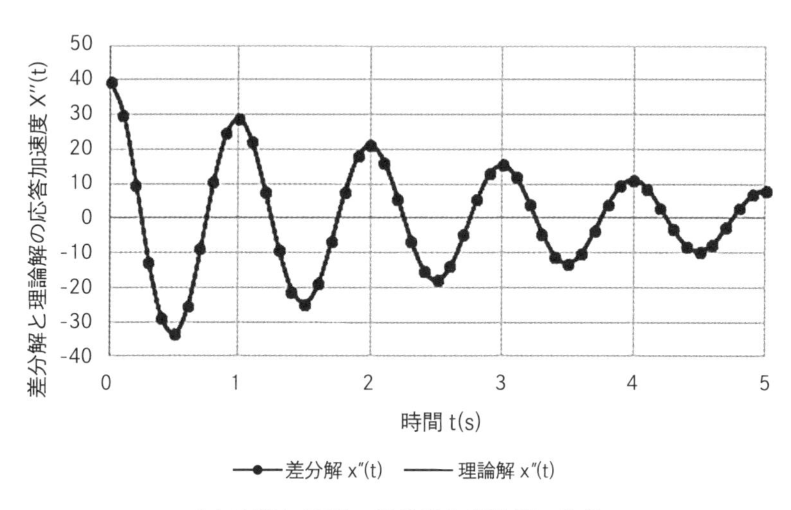

(c) 応答加速度の差分解と理論解の比較

図 A7.4-3-1　一定外力を受ける振動方程式の差分法による解と理論解の比較

7.5　連立1階微分方程式の数値解析法(直接積分法)

7.2節では、ルンゲ・クッタ法による方法を説明したが、この方法は離散化点数が2倍になる。ここでは、外力の離散化点数だけでよい直接積分法を説明する。次式の連立1階微分方程式とその解を用いる(2階微分方程式の振動問題$0<h<1$を例に説明する：5.2補助記事1)。

$$\dot{\mathbf{X}}(t) = \mathbf{A}\mathbf{X}(t) + \mathbf{Q}(t)$$

$$\text{初期条件}: \mathbf{X}_0 = \mathbf{X}(t_0) = \begin{pmatrix} x_0 \\ v_0 \end{pmatrix} \tag{7.5-1a}$$

ここに、

$$\mathbf{A} = \begin{pmatrix} 0 & 1 \\ -\omega_0^2 & -2h\omega_0 \end{pmatrix}, \quad \mathbf{Q}(t) = \begin{pmatrix} 0 \\ q(t) \end{pmatrix}$$

$$\mathrm{e}^{\mathbf{A}t} = \mathrm{e}^{-h\omega_0 t} \begin{pmatrix} \cos\omega_D t + \left(\dfrac{\omega_0 h}{\omega_D}\right)\sin\omega_D t & \left(\dfrac{1}{\omega_D}\right)\sin\omega_D t \\ -\left(\dfrac{\omega_0^2}{\omega_D}\right)\sin\omega_D t & \cos\omega_D t - \left(\dfrac{h\omega_0}{\omega_D}\right)\sin\omega_D t \end{pmatrix} \tag{7.5-1b}$$

$$\mathbf{X}(t) = \mathrm{e}^{\mathbf{A}(t-t_0)}\mathbf{X}(t_0) + \mathrm{e}^{\mathbf{A}t}\int_{t_0}^{t} \mathrm{e}^{-\mathbf{A}\tau}\mathbf{Q}(\tau)d\tau$$

離散化した時刻を、次式のように表現する。

$$t_{n+1} = t, \quad t_n = t_0, \quad dt = t_{n+1} - t_n \tag{7.5-2a}$$

このように離散化すると、微小時間$t_{n+1} \sim t_n$の解は、次式のように表される。

$$\mathbf{X}_{n+1}(t) = \mathrm{e}^{\mathbf{A}dt}\mathbf{X}_n + \mathrm{e}^{\mathbf{A}t_{n+1}}\int_{t_n}^{t_{n+1}} \mathrm{e}^{-\mathbf{A}\tau}\mathbf{Q}(\tau)d\tau$$

$$\mathbf{X}_{n+1} = \mathbf{X}(t_{n+1}), \mathbf{X}_n = \mathbf{X}(t_n) \tag{7.5-2b}$$

上式右辺第2項の積分をするために、外力を離散化し、デルタ関数を用いると外力項が次式のように表される(2.1補助記事2)。

$$\mathbf{Q}(\tau) = \mathbf{Q}_n\delta(\tau - t_n) = \begin{pmatrix} 0 \\ q_n \end{pmatrix}\delta(\tau - t_n)dt, \quad t_n \le \tau \le t_{n+1} \tag{7.5-3}$$

上式を式(7.5-2b)に代入すると、次式のようになる。

$$\mathbf{X}_{n+1} = \mathrm{e}^{\mathbf{A}dt}\left(\mathbf{X}_n + \mathbf{Q}_n dt\right) \tag{7.5-4a}$$

上式から、時刻t_{n+1}の応答ベクトルは、右辺の時刻t_nの各値から求められる。順次、繰り返して応答ベクトルの時刻歴が求められる。上式は次式のようにして求めた。

$$
\begin{aligned}
\mathbf{X}_{n+1} &= \mathrm{e}^{\mathbf{A}dt}\mathbf{X}_n + \mathrm{e}^{\mathbf{A}t_{n+1}}\int_{t_n}^{t_{n+1}} \mathrm{e}^{-\mathbf{A}\tau}\mathbf{Q}_n\delta(\tau - t_n)dtd\tau \\
&= \mathrm{e}^{\mathbf{A}dt}\mathbf{X}_n + \mathrm{e}^{\mathbf{A}t_{n+1}}\left(\int_{t_n}^{t_{n+1}} \mathrm{e}^{-\mathbf{A}\tau}\delta(\tau - t_n)d\tau\right)\mathbf{Q}_n dt \\
&= \mathrm{e}^{\mathbf{A}dt}\mathbf{X}_n + \mathrm{e}^{\mathbf{A}t_{n+1}}\mathrm{e}^{-\mathbf{A}t_n}\mathbf{Q}_n dt \\
&= \mathrm{e}^{\mathbf{A}dt}\left(\mathbf{X}_n + \mathbf{Q}_n dt\right)
\end{aligned}
\tag{7.5-4b}
$$

7.5　補助記事 1　一定外力を受ける 1 自由度系の振動

ここでは、次式の 1 質点系の 2 階微分方程式で表される振動問題の一定外力による応答を 2 つの方法で求める。

$$
\begin{aligned}
&\ddot{x} + 2h\omega_0\dot{x} + \omega_0^2 x = q_0, \quad 0 < h < 1 \\
&\text{初期条件：}\ x(0) = \dot{x}(0) = 0
\end{aligned}
\tag{A7.5-1-1}
$$

(1) 時間領域の解

3.1 節の解により、自由振動解は、次式で与えられる。

$$
\begin{aligned}
x_h &= \mathrm{e}^{-h\omega_0 t}(A\cos\omega_D t + B\sin\omega_D t) \\
\omega_D &= \omega_0\sqrt{1 - h^2}
\end{aligned}
\tag{A7.5-1-2a}
$$

特解は、直ちに、次式であることがわかる。

$$
x_p = \frac{q_0}{\omega_0^2}
\tag{A7.5-1-2b}
$$

一般解は、次式で与えられる。

$$
x = x_h + x_p = \mathrm{e}^{-h\omega_0 t}(A\cos\omega_D t + B\sin\omega_D t) + \frac{q_0}{\omega_0^2}
\tag{A7.5-1-2c}
$$

初期条件を満たすように積分定数を決めると、次式が得られる。

$$
A = -\frac{q_0}{\omega_0^2}, \quad B = -\frac{hq_0}{\omega_0\omega_D}
\tag{A7.5-1-2d}
$$

初期条件を満たす一定外力を受ける 2 階微分方程式の振動解は、次式で与えられる。

$$
\begin{aligned}
x &= -\left(\frac{q_0}{\omega_0^2}\right)\mathrm{e}^{-h\omega_0 t}\left(\cos\omega_D t + \left(\frac{h\omega_0}{\omega_D}\right)\sin\omega_D t\right) + \frac{q_0}{\omega_0^2} \\
\dot{x} &= \left(\frac{q_0}{\omega_0^2}\right)\left(\frac{\omega_0^2}{\omega_D}\right)\mathrm{e}^{-h\omega_0 t}\sin\omega_D t \\
\ddot{x} &= q_0 - \left(2h\omega_0\dot{x} + \omega_0^2 x\right) = q_0\mathrm{e}^{-h\omega_0 t}\left(\cos\omega_D t - \left(\frac{h\omega_0}{\omega_D}\right)\sin\omega_D t\right)
\end{aligned}
\tag{A7.5-1-3}
$$

(2) 連立 1 階微分方程式の解

この場合、次式となる。

$$\dot{\mathbf{X}}(t) = \mathbf{A}\mathbf{X}(t) + \mathbf{Q}(t)$$

$$\text{初期条件}：\mathbf{X}_0 = \mathbf{X}(0) = \begin{pmatrix} 0 \\ 0 \end{pmatrix} \quad \text{(A7.5-1-4a)}$$

ここに、

$$\mathbf{A} = \begin{pmatrix} 0 & 1 \\ -\omega_0^2 & -2h\omega_0 \end{pmatrix}, \quad \mathbf{Q}(t) = \mathbf{Q}_0 = \begin{pmatrix} 0 \\ q_0 \end{pmatrix}$$

$$\mathrm{e}^{\mathbf{A}t} = \mathrm{e}^{-h\omega_0 t} \begin{pmatrix} \cos\omega_D t + \left(\dfrac{\omega_0 h}{\omega_D}\right)\sin\omega_D t & \left(\dfrac{1}{\omega_D}\right)\sin\omega_D t \\ -\left(\dfrac{\omega_0^2}{\omega_D}\right)\sin\omega_D t & \cos\omega_D t - \left(\dfrac{h\omega_0}{\omega_D}\right)\sin\omega_D t \end{pmatrix} \quad \text{(A7.5-1-4b)}$$

$$\mathbf{X}(t) = \begin{pmatrix} x(t) \\ \dot{x}(t) \end{pmatrix} = \mathrm{e}^{\mathbf{A}t}\mathbf{X}(0) + \int_0^t \mathrm{e}^{\mathbf{A}(t-\tau)}\mathbf{Q}(\tau)d\tau$$

この場合、上式右辺第 1 項は零となり、第 2 項の畳み込み積分は、次式で与えられる。

$$\int_0^t \mathrm{e}^{\mathbf{A}(t-\tau)}\mathbf{Q}(\tau)d\tau = -\mathbf{A}^{-1}\left[\mathrm{e}^{\mathbf{A}(t-\tau)}\right]_0^t \mathbf{Q}_0 = \mathbf{A}^{-1}\left(\mathrm{e}^{\mathbf{A}t} - \mathbf{I}\right)\mathbf{Q}_0$$

$$\mathbf{A}^{-1} = \begin{pmatrix} -\dfrac{2h}{\omega_0} & -\dfrac{1}{\omega_0^2} \\ 1 & 0 \end{pmatrix} \quad \text{(A7.5-1-5a)}$$

これらの式より、初期条件を満たす一定外力の振動問題の解は、次式の行列計算で与えられる。

$$\begin{pmatrix} x(t) \\ \dot{x}(t) \end{pmatrix} = \begin{pmatrix} -\dfrac{2h}{\omega_0} & -\dfrac{1}{\omega_0^2} \\ 1 & 0 \end{pmatrix} \begin{pmatrix} q_0 \mathrm{e}^{-h\omega_0 t}\left(\dfrac{1}{\omega_D}\right)\sin\omega_D t \\ q_0 \mathrm{e}^{-h\omega_0 t}\left(\cos\omega_D t - \left(\dfrac{h\omega_0}{\omega_D}\right)\sin\omega_D t\right) - q_0 \end{pmatrix} \quad \text{(A7.5-1-5b)}$$

上式を整理すると、(1)の時間領域の解と同じ次式が得られる。

$$\begin{pmatrix} x(t) \\ \dot{x}(t) \end{pmatrix} = \begin{pmatrix} -\left(\dfrac{q_0}{\omega_0^2}\right)\mathrm{e}^{-h\omega_0 t}\left(\cos\omega_D t + \left(\dfrac{h\omega_0}{\omega_D}\right)\sin\omega_D t\right) + \dfrac{q_0}{\omega_0^2} \\ \left(\dfrac{q_0}{\omega_0^2}\right)\left(\dfrac{\omega_0^2}{\omega_D}\right)\mathrm{e}^{-h\omega_0 t}\sin\omega_D t \end{pmatrix} \quad \text{(A7.5-1-6)}$$

7.5　補助記事 2　一定外力を受ける 1 質点系の振動の数値計算例

次式の連立 1 階微分方程式の解の数値計算法による一定外力による応答の数値計算例を示し、7.5 補助記事 1 の理論解と比較する。

$$\mathbf{X}_{n+1} = \mathrm{e}^{\mathbf{A}dt}\left(\mathbf{X}_n + \mathbf{Q}_n dt\right)$$
$$\mathrm{e}^{\mathbf{A}dt} = \mathrm{e}^{-h\omega_0 dt}\begin{pmatrix} \cos\omega_D dt + \left(\dfrac{\omega_0 h}{\omega_D}\right)\sin\omega_D dt & \left(\dfrac{1}{\omega_D}\right)\sin\omega_D dt \\ -\left(\dfrac{\omega_0^2}{\omega_D}\right)\sin\omega_D dt & \cos\omega_D dt - \left(\dfrac{h\omega_0}{\omega_D}\right)\sin\omega_D dt \end{pmatrix} \quad \text{(A7.5-2-1)}$$

1 質点系のパラメータは、次式のものを用いる。

$$\omega_0 = 2\pi f_0 = 2\pi\mathrm{rad/s}\ (\text{固有周期 1 秒}) \qquad h = 0.05,\quad q_0 = \omega_0^2(\mathrm{N/kg}),\quad dt = 0.1, 0.01\mathrm{s} \quad \text{(A7.5-2-2)}$$

これらの値より、伝達関数は、次式のようになる。

$$\mathrm{e}^{\mathbf{A}dt} = \mathrm{e}^{\mathbf{A}(0.1)} = \begin{pmatrix} 0.812929 & 0.090671 \\ -3.57955 & 0.755958 \end{pmatrix}$$
$$\mathrm{e}^{\mathbf{A}dt} = \mathrm{e}^{\mathbf{A}(0.01)} = \begin{pmatrix} 0.998031 & 0.009962 \\ -0.39329 & 0.991771 \end{pmatrix} \quad \text{(A7.5-2-3a)}$$

また、一定外力のため、外力項は、次式となる。

$$\mathbf{Q}_n dt = \mathbf{Q}_0 dt = \begin{pmatrix} 0 \\ q_0 dt \end{pmatrix} = \begin{pmatrix} 0 \\ 3.9478,\ 0.39478 \end{pmatrix} \quad \text{(A7.5-2-3b)}$$

ただし、初期外力は零である。

以後は、$dt = 0.1\mathrm{s}$ の場合の計算手順を示す。

$$\mathbf{X}_{n+1} = \begin{pmatrix} x_{n+1} \\ \dot{x}_{n+1} \end{pmatrix} = \mathrm{e}^{\mathbf{A}dt}\left(\mathbf{X}_n + \mathbf{Q}_n dt\right) = \begin{pmatrix} 0.812929 & 0.090671 \\ -3.57955 & 0.755958 \end{pmatrix}\left(\begin{pmatrix} x_n \\ \dot{x}_n \end{pmatrix} + \begin{pmatrix} 0 \\ 3.9478 \end{pmatrix}\right) \quad \text{(A7.5-2-3c)}$$

上式の漸化式より、最初の解では、初期加速度は一定外力となる。

$$\ddot{x}_0 = q_0 - 2h\omega_0\dot{x}_0 - \omega_0^2 x_0 = q_0 = 39.4784 \quad \text{(A7.5-2-4a)}$$

また、変位と速度は、次式のようになる。

$$\begin{pmatrix} x_1 \\ \dot{x}_1 \end{pmatrix} = \begin{pmatrix} 0.812929 & 0.090671 \\ -3.57955 & 0.755958 \end{pmatrix}\left(\begin{pmatrix} 0 \\ 0 \end{pmatrix} + \begin{pmatrix} 0 \\ 3.9478 \end{pmatrix}\right) = \begin{pmatrix} 0.3579 \\ 2.9844 \end{pmatrix} \quad \text{(A7.5-2-4b)}$$

応答加速度は、

$$\ddot{x}_1 = q_0(=\omega_0^2) - 2h\omega_0\dot{x}_1 - \omega_0^2 x_1 = 39.1536 \quad \text{(A7.5-2-4c)}$$

このように計算ステップを繰り返し、5 秒間の応答変位・速度・加速度の数値解と理論解を比較する。

図 A7.5-2-1 は、$dt = 0.1$s の場合の数値解と理論解の比較である。粗い離散化 $dt = 0.1$s（固有周期の 1/10）のため、応答変位で両者には、多少の違いがみられる。応答速度と応答加速度では、両者の違いは、応答変位の違いよりも大きい。

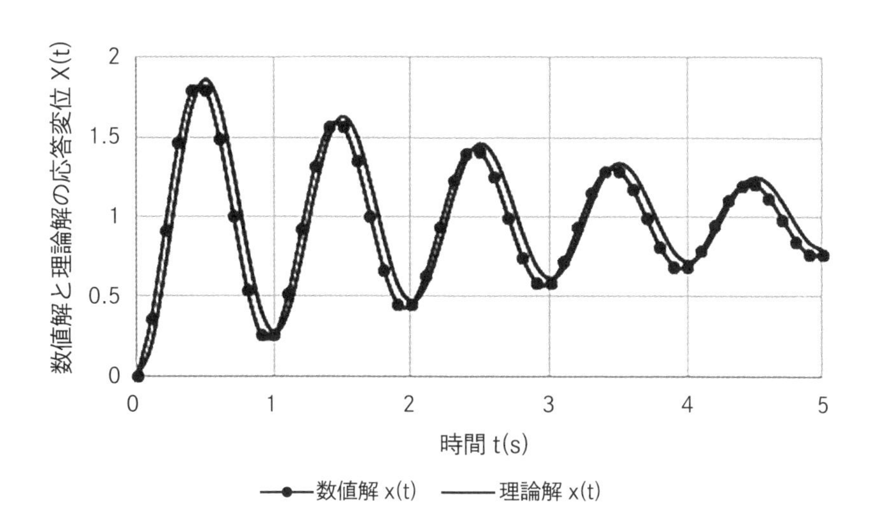

(a) 応答変位の数値解と理論解の比較

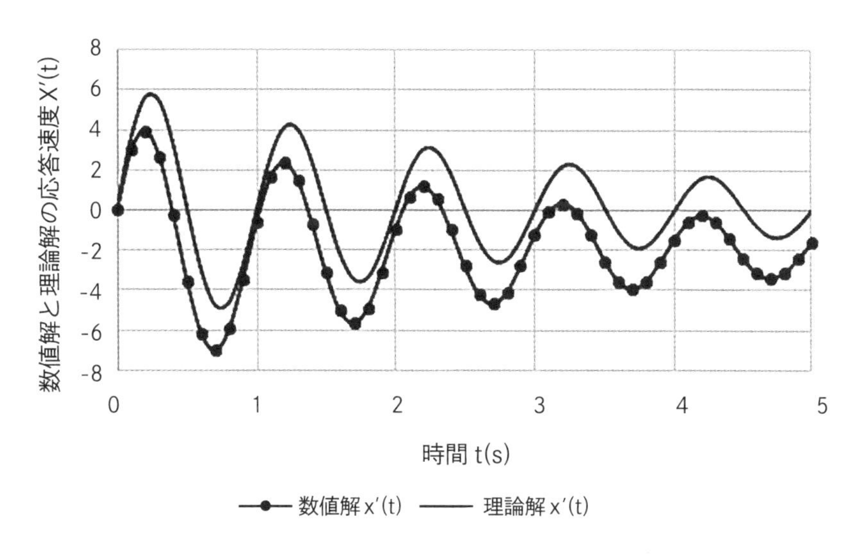

(b) 応答速度の数値解と理論解の比較

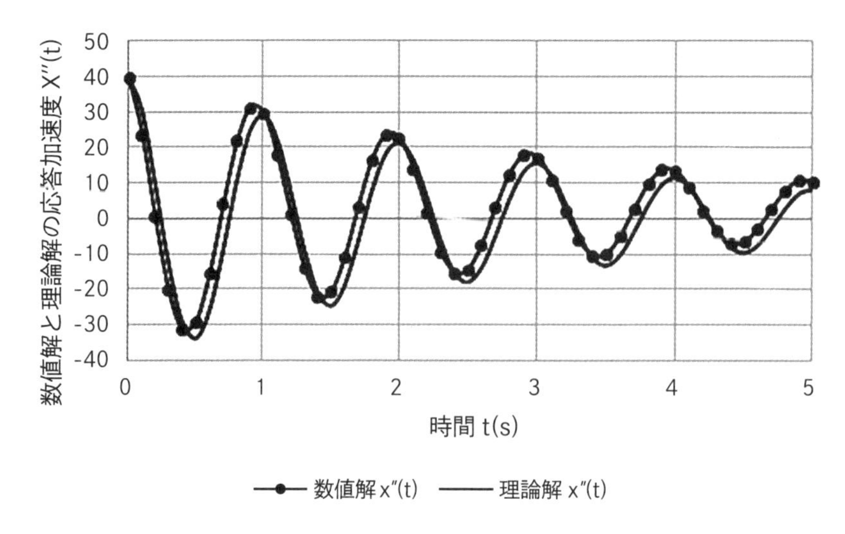

(c) 応答加速度の数値解と理論解の比較

図 A7.5-2-1　$dt = 0.1$s の場合の数値解と理論解の比較

図 A7.5-2-2 は、$dt = 0.01$s の場合の数値解と理論解の比較である。図では、0.1 秒毎の値をプロットしている。微小な離散化 $dt = 0.01$s（固有周期の 1/100）のため、応答変位・速度・加速度における数値解と理論解は、ほとんど一致していることがわかる。

図 A7.5-2-1 と図 A7.5-2-2 から、数値解は直接積分であるため、離散化時間 dt を固有種期の 1/100 秒のように微小でなければ、精度が悪いことがわかる。

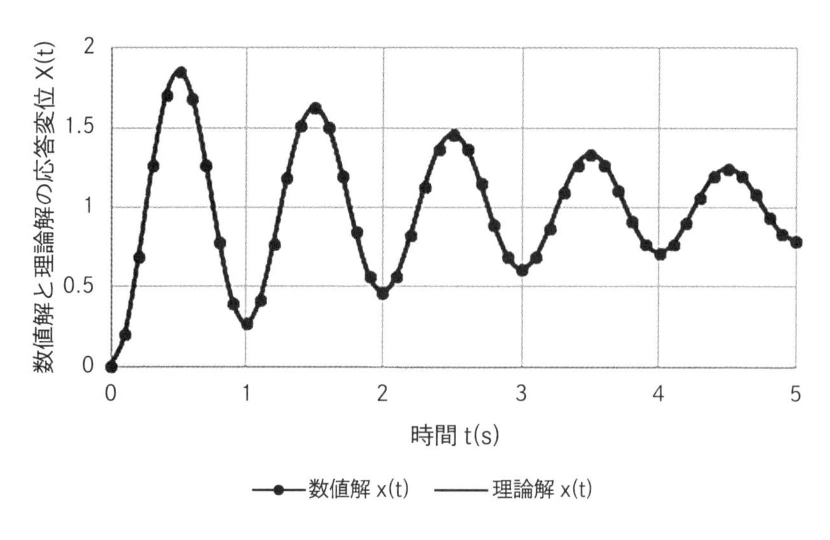

(a) 応答変位の数値解と理論解の比較

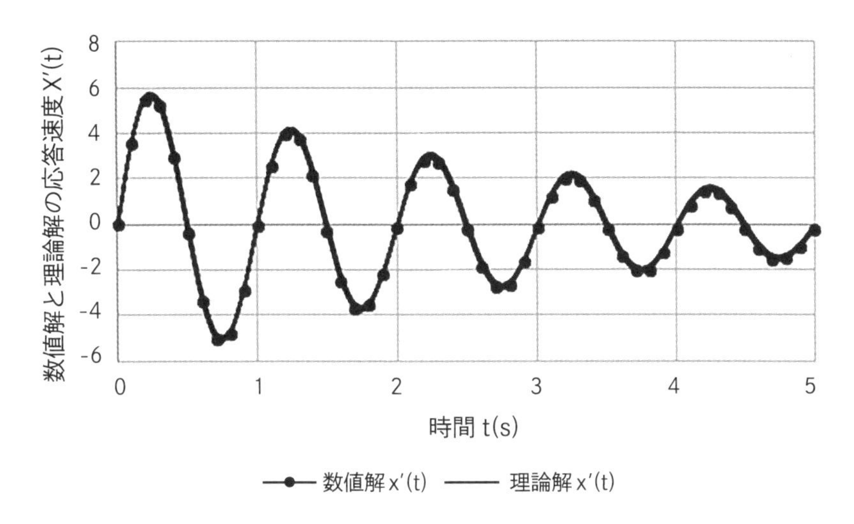

(b) 応答速度の数値解と理論解の比較

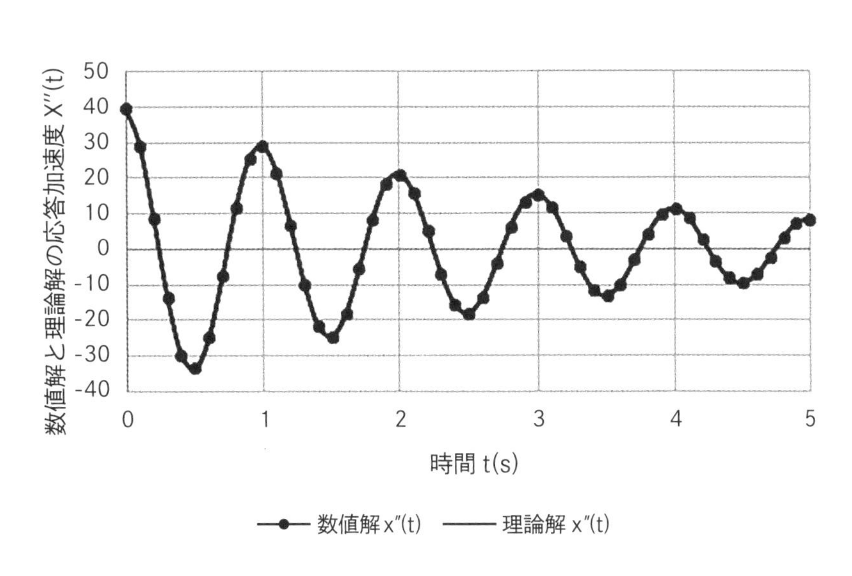

(c) 応答加速度の数値解と理論解の比較

図 A7.5-2-2　dt = 0.01s の場合の数値解と理論解の比較

第 8 章 構造物の免震と制震

動的外力(風や地震動等)による構造物応答の応答を小さくするために、ダンパー等の制震部材を適切に配置する制震方法を、受動的制震(受け身的 :passive control)という。一方、能動的制震(積極的：active control)は、応答を小さくするように構造物に制震用外力を作用させる、または、ダンパー特性を応答に応じて調整して制震する場合を、能動的制震(積極的: active control)という。

制御理論では、古典的な状態フィードバック制御の考え方に始まり、この状態フィードバック制御を合理的に定式化した最適レギュレータ法に展開している。しかし、状態フィードバック制御における状態量の全てを観測できない場合に適用できる全状態オブザーバーを用いるフィードバック制御法や、制御するために使うモデルと実際の特性の違いやモデルの不確定性を考慮したロバスト制御として、H_∞ 制御法（振動数領域の制御）やモデル規範適応システムの考え方等が開発されている。

ここでは、構造物の振動と地震応答を対象として、状態フィードバック制御法に限定して、受動的免震と制震の考え方と、その合理的選定をする、または能動的制震ための最適レギュレータ法（レギュレータは回路や調整器のような意味合いが強いので、構造物の振動や地震応答の制震力を強調して、最適制震法と呼ぶものとする)の概要の説明をする。

8.1　受動的免震・制震の考え方

(1) 外力を受ける 1 質点系の免震・制震

この場合、制震外力を $f_c(t)$ とすると、運動方程式は、次式で与えられる。

$$\begin{aligned} &m\ddot{x} + c\dot{x} + kx = f(t) + f_c(t) \\ &f_c(t) = f_c(x(t), \dot{x}(t)) \end{aligned} \tag{8.1-1}$$

ここに、制震外力は応答変位と応答速度に比例する場合、次式で与えられる。

$$f_c(t) = -k_c x(t) - c_c \dot{x}(t) \tag{8.1-2a}$$

運動方程式は、減衰係数とばね係数が新たに追加された次式となる。

$$m\ddot{x} + (c + c_c)\dot{x} + (k + k_c)x = f(t) \tag{8.1-2b}$$

この場合、ばね係数 k_c を変えて、固有振動数を調整する時には（地震動との共振を避けるため、固有振動数を小さくする場合が多い)、免震(isolation of seismic force, base isolation)と呼ぶ。減衰係数c_c（manufactured viscous damper）を加えて減衰を大きくする場合、制震（passive control of seismic force）と呼ぶ。現実的な積層ゴム支承装置等は、固有振動数を小さくし、高減衰特性を有するので、免震と制震の両方の機能を有する。このような場合も制震を強調して、制震装置と呼ぶものとする。

受動的制震の考え方は、減衰と固有振動数を変化させて、応答を小さくする方法なので、最適なダンパーやばね係数の配置と大きさを探す問題となる。しかし、応答は振動系の特性が元の構造物特性から変わった別の構造物特性を持った構造物の応答計算をするので、応答計算方法に関しては、7章までの方法から応答が計算できる。最適なダンパーやばね係数の配置と大きさを探す問題は、数学的に定式化できるが、構造技術者は、構造物のどこにダンパーやばねを配置すると応答が抑えられるかは大体見当がつくので、モンテカルロ法的に計算を繰り返して、最適なダンパーやばね係数の配置と大きさを探すことができる。このため、受動的制震問題を深くは説明しない。

連立1階微分方程式表示（状態方程式表示）をすれば、次式のようになる。

$$\dot{\mathbf{X}}(t) = \mathbf{A}\mathbf{X}(t) + \mathbf{Q}(t) + \mathbf{B}\mathbf{f}_c(t) \tag{8.1-3a}$$

ここに、

$$\mathbf{A} = \begin{pmatrix} 0 & 1 \\ -k/m & -c/m \end{pmatrix}, \quad \mathbf{X}(t) = \begin{pmatrix} x(t) \\ \dot{x}(t) \end{pmatrix}$$

$$\mathbf{Q}(t) = \begin{pmatrix} 0 \\ f(t)/m \end{pmatrix}, \quad \mathbf{B} = \begin{pmatrix} 0 & 0 \\ 0 & 1/m \end{pmatrix}, \quad \mathbf{f}_c(t) = \begin{pmatrix} 0 \\ f_c(t) \end{pmatrix} \tag{8.1-3b}$$

(2) 外力を受ける多質点系の制震

この場合、制震外力を$\mathbf{f}_c(t)$とすると、運動方程式は、次式で与えられる。

$$\mathbf{m}\ddot{\mathbf{x}} + \mathbf{c}\dot{\mathbf{x}} + \mathbf{k}\mathbf{x} = \mathbf{f}(t) + \mathbf{D}\mathbf{f}_c(t)$$
$$\mathbf{f}_c(t) = \mathbf{f}_c(\mathbf{x}(t), \dot{\mathbf{x}}(t))$$

ここに、

$$\mathbf{x} = \begin{pmatrix} x_1(t) \\ x_2(t) \\ \vdots \\ x_n(t) \end{pmatrix}, \quad \mathbf{f}(t) = \begin{pmatrix} f_1(t) \\ f_2(t) \\ \vdots \\ f_n(t) \end{pmatrix}, \quad \mathbf{f}_c(t) = \begin{pmatrix} f_{c1}(t) \\ f_{c2}(t) \\ \vdots \\ f_{cm}(t) \end{pmatrix} \tag{8.1-4a}$$

$$\mathbf{D} = \begin{pmatrix} D_{11} & D_{12} & \cdots & D_{1m} \\ D_{21} & D_{21} & \cdots & D_{2m} \\ \vdots & \vdots & \ddots & \vdots \\ D_{n1} & D_{n2} & \cdots & D_{nm} \end{pmatrix}$$

多質点型の場合、制震外力ベクトルが各質点に独立に作用する場合も考えられるが、j質点の制震外力が、i質点の制震外力に影響する場合も考えられるので、この影響を制震外力分布行列 $\mathbf{D}$ で表現している。制震外力は、応答変位と速度の関数で与えられることが多い。

$$f_{ci}(t) = f_{ci1}(\mathbf{x}(t)) + f_{ci2}(\dot{\mathbf{x}}(t)), \quad i = 1 \sim m \tag{8.1-4b}$$

連立1階微分方程式表示をすれば、次式のようになる。

$$\dot{\mathbf{X}}(t) = \mathbf{AX}(t) + \mathbf{Q}(t) + \mathbf{Bf}_c(t) \tag{8.1-5a}$$

ここに、

$$\mathbf{A} = \begin{pmatrix} \mathbf{0} & \mathbf{I} \\ -\mathbf{m}^{-1}\mathbf{k} & -\mathbf{m}^{-1}\mathbf{c} \end{pmatrix}, \quad \mathbf{X}(t) = \begin{pmatrix} \mathbf{x}(t) \\ \dot{\mathbf{x}}(t) \end{pmatrix}$$

$$\mathbf{Q}(t) = \begin{pmatrix} \mathbf{0} \\ \mathbf{m}^{-1}\mathbf{f}(t) \end{pmatrix}, \quad \mathbf{B} = \begin{pmatrix} \mathbf{0} & \mathbf{0} \\ \mathbf{0} & \mathbf{m}^{-1}\mathbf{D} \end{pmatrix}, \quad \mathbf{f}_c(t) = \begin{pmatrix} 0 \\ \mathbf{f}_c(t) \end{pmatrix} \tag{8.1-5b}$$

(3) 受動的制震系の数値計算

式(8.1-5a)の連立1階微分方程式は、7章の数値計算法で解を求めることができる。ここでは、7.5節の直接積分法による解法を以下に整理する。

外力ベクトルと制震外力を微小時間間隔 dt で離散化する。これらの外力をデルタ関数とすると、7.5節の直接積分法と同様に、時刻 $t_n + dt, t_n$ の応答 $\mathbf{X}_{n+1}, \mathbf{X}_n$ は、次式で与えられる。

$$\mathbf{X}_{n+1} = \mathrm{e}^{\mathbf{A}dt}\mathbf{X}_n + \mathrm{e}^{\mathbf{A}dt}dt\mathbf{Q}_n + \mathrm{e}^{\mathbf{A}dt}\mathbf{B}dt\mathbf{f}_{cn}$$

または、

$$\mathbf{X}_{n+1} = \mathrm{e}^{\mathbf{A}dt}\left(\mathbf{X}_n + dt\left(\mathbf{Q}_n + \mathbf{Bf}_{cn}\right)\right) \tag{8.1-6a}$$

8.2節以降の計算では、上式を次式のように表現している。

$$\mathbf{X}_{n+1} = \mathbf{EX}_n + \mathbf{FQ}_n + \mathbf{Gf}_{cn}$$

ここに、

$$\mathbf{E} = \mathrm{e}^{\mathbf{A}dt}$$
$$\mathbf{F} = \mathrm{e}^{\mathbf{A}dt}dt \tag{8.1-6b}$$
$$\mathbf{G} = \mathrm{e}^{\mathbf{A}dt}\mathbf{B}dt$$

ここに、制震外力は、式(8.1-4b)のように応答変位と速度の関数とすると、線形系の応答計算になる。

しかし、積層ゴム支承やダンパーは、非線形特性を持つので、$\mathbf{f}_c(t)$ は、次式のような応答相対変位と速度の非線形関数で表現される。

$$\mathbf{f}_c(t) = \mathbf{f}_c(\mathbf{x}(t), \dot{\mathbf{x}}(t)) \tag{8.1-7a}$$

免震装置では、ばね係数を小さくし、固有振動数を小さくすることを考慮すると、1質点系では、次式のような近似モデルができよう。

$$f_c(t) = k_c x(t) - c_c \left(|\dot{x}(t)| \right)^\alpha, c_c = \begin{cases} c_c & \dot{x}(t) \ge 0 \\ -c_c & \dot{x}(t) < 0 \end{cases} \tag{8.1-7b}$$

ここに、速度に比例する場合、制震力は、次式である。

$$f_c(t) = k_c x(t) - c_c \dot{x}(t) \tag{8.1-7c}$$

受動的免震・制震装置を付けた構造物の地震応答計算では、上式の免震・制震の効果を外力として、式 (8.1-6) を用いることができる。その理由は、元の構造物 (**m**, **c**, **k**) は線形系なので、**E**, **F**, **G** は定数である。右辺の外力項が非線形として与えられるからである。あるいは、以下のように 7.4 節の Newmark のβ 法で計算する。以下の定式化は 1 質点系で示すが、外力項のみが非線形性であることがわかるであろう。

式(8.1-1)の運動方程式より、時刻 t_{n+1} の運動方程式は、次式となる。

$$\ddot{x}_{n+1} + 2h\omega_0 \dot{x}_{n+1} + \omega_0^2 x_{n+1} = f_{n+1} / m + \omega_c^2 x_{n+1} - 2h_c \omega_0 \left(|\dot{x}_{n+1}| \right)^\alpha$$

ここに、

$$h_c = \begin{cases} h_c & \dot{x}_{n+1} \ge 0 \\ -h_c & \dot{x}_{n+1} < 0 \end{cases}, \quad \omega_0 = \sqrt{\frac{k}{m}}, \quad \omega_c = \sqrt{\frac{k_c}{m}}, \quad h = \frac{c}{2\omega_0}, \quad h_c = \frac{c_c}{2\omega_0} \tag{8.1-8}$$

上式右辺の免震・制震外力は、時刻 t_{n+1} の応答変位と速度であるため、これを時刻 t_n の外力にするために、次式のような応答加速度が微小時間 $dt = t_{n+1} - t_n$ で一定と仮定する。この場合、速度は時間に比例し、次式で与えられる。

$$\dot{x}(t) = \dot{x}_n + \ddot{x}_n (t - t_n) \tag{8.1-9a}$$

したがって、時刻 t_{n+1} の応答変位と速度は、次式のように時刻 t_n の応答で与えられる。

$$\begin{aligned} \dot{x}_{n+1} &= \dot{x}_n + \int_{t_n}^{t_{n+1}} \ddot{x}_n dt = \dot{x}_n + \ddot{x}_n dt \\ x_{n+1} &= x_n + \int_{t_n}^{t_{n+1}} \left(\dot{x}_n + \ddot{x}_n (t - t_n) \right) dt = x_n + \dot{x}_n dt + \frac{1}{2} \ddot{x}_n dt^2 \end{aligned} \tag{8.1-9b}$$

上式から、時刻 t_{n+1} の運動方程式は、次式で与えられる。

$$\begin{aligned} &\ddot{x}_{n+1} + 2h\omega_0 \dot{x}_{n+1} + \omega_0^2 x_{n+1} = f_{n+1} / m + f_{cn} \\ &f_{cn} = \omega_c^2 \left(x_n + \dot{x}_n dt + \frac{1}{2} \ddot{x}_n dt^2 \right) - 2h_c \omega_0 \left(|\dot{x}_n + \ddot{x}_n dt| \right)^\alpha \\ &h_c = \begin{cases} h_c & \dot{x}_n \ge 0 \\ -h_c & \dot{x}_n < 0 \end{cases} \end{aligned} \tag{8.1-10}$$

上式の運動方程式は、次式のように Newmark のβ 法（$\beta = 1/4$：平均加速度法）で求められる(7.4 節)。

$$
\begin{aligned}
x_{n+1} &= x_n + \dot{x}_n dt + \frac{1}{4}\ddot{x}_n dt^2 + \frac{1}{4}\ddot{x}_{n+1} dt^2 \\
\dot{x}_{n+1} &= \dot{x}_n + \frac{1}{2}\ddot{x}_n dt + \frac{1}{2}\ddot{x}_{n+1} dt \\
\ddot{x}_{n+1} &= -\left(\omega_0^2 x_{n+1} + 2h\omega_0 \dot{x}_{n+1}\right) + f_{n+1}/m + f_{cn}
\end{aligned}
\tag{8.1-11}
$$

この 3 元連立方程式を整理すると、次式のようになる。

$$
\begin{pmatrix} x_{n+1} \\ \dot{x}_{n+1} \\ \ddot{x}_{n+1} \end{pmatrix} = \mathbf{E}\begin{pmatrix} x_n \\ \dot{x}_n \\ \ddot{x}_n \end{pmatrix} + \mathbf{F}\left(f_{n+1}/m + f_{cn}\right)
\tag{8.1-12a}
$$

ここに、

$$
\begin{aligned}
\mathbf{E} &= \frac{1}{D}\begin{pmatrix} 1 + h\omega_0 dt & dt + \frac{1}{2}h\omega_0 dt^2 & \frac{1}{4}dt^2 \\ -\frac{1}{2}\omega_0^2 dt & 1 - \frac{1}{4}\omega_0^2 dt^2 & \frac{1}{2}dt \\ -\omega_0^2 & -2h\omega_0 - \omega_0^2 dt & -h\omega_0 dt - \frac{1}{4}\omega_0^2 dt^2 \end{pmatrix} \\
\mathbf{F} &= \frac{1}{D}\begin{pmatrix} dt^2/4 \\ dt/2 \\ 1 \end{pmatrix}, \quad D = 1 + h\omega_0 dt + \frac{1}{4}\omega_0^2 dt^2
\end{aligned}
\tag{8.1-12b}
$$

地震動加速度 $\ddot{z}$ が作用する場合、$f_{n+1}/m = -\ddot{z}_{n+1}$ となる。

8.1　補助記事 1　地震動加速度を受ける 1 質点系の受動的免震・制震の計算例

地震動加速度を受ける 1 質点系の免震の計算例として、単位質量 $m = 1\mathrm{kgfs}^2/\mathrm{m}$ の次式の振動方程式を用いる。固有振動数のみを小さくする免震の例である。次に、制震用ダンパーを付与して減衰定数を大きくする制震の計算例を示す。この受動的免震・制震の計算結果を比較し、受動的免震・制震の特性を示す。

入力地震動加速度は、道路橋示方書のレベル 2Type2 の 1 の波形を使う。この入力波形では、元の 1 質点系モデルは非線形性を考慮しなければならないが、線形系として扱い、免震（この場合、固有振動数を小さくする）により、応答が小さくなることを示す。初期条件は静止とするため、$x_0 = \dot{x}_0 = 0$ とする。初期加速度 $\ddot{x}_0 = -\ddot{z}_0$ となる。

$$
\begin{aligned}
\ddot{x}_{n+1} + 2h\omega_0 \dot{x}_{n+1} + \omega_0^2 x_{n+1} &= -\ddot{z}_{n+1} + 2h_c\omega_c \dot{x}_{n+1} + \omega_c^2 x_{n+1} \\
\ddot{x}_{n+1} + 2\tilde{h}_c \tilde{\omega}_c \dot{x}_{n+1} + \tilde{\omega}_c^2 x_{n+1} &= -\ddot{z}_{n+1}
\end{aligned}
\tag{A8.1-1-1a}
$$

ここに、$\tilde{h}_c, \tilde{\omega}_c$ は等価減衰定数と等価固有振動数を表す。次式は、等価減衰定数と等価固有振動数を与えて、免震・制震装置に付与する減衰定数と固有振動数 h_c, ω_c を決めるために使う。

$$\tilde{h}_c\tilde{\omega}_c = h\omega_0 - h_c\omega_c \rightarrow h_c = \frac{1}{\sqrt{1-\left(\tilde{\omega}_c/\omega_0\right)^2}}\left(h - \tilde{h}_c\left(\tilde{\omega}_c/\omega_0\right)\right)$$
$$\tilde{\omega}_c^2 = \omega_0^2 - \omega_c^2 \qquad \rightarrow \omega_c = \omega_0\sqrt{1-\left(\tilde{\omega}_c/\omega_0\right)^2} \tag{A8.1-1-1b}$$

ここに、離散化は $dt = 0.02\mathrm{s}$ とし、次式の減衰定数と固有振動数を用いる。

$$h = 0.05, \quad h_c = 0.03873, -0.07746$$
$$\omega_0 = 2\pi f_0 = 2\pi(2) = 4\pi \tag{A8.1-1-1c}$$
$$\omega_c = 2\pi f_c = 4\pi(0.96824) = 3.87298\pi$$

この場合、次式の等価減衰定数と固有振動数となる。

$$\tilde{h}_c = 0.05, 0.5 \quad \tilde{\omega}_c = \frac{1}{4}\omega_0 = 2\pi(0.5) \tag{A8.1-1-1d}$$

元の 1 質点系の固有周期は 0.5 秒である。免震装置を付けた時の固有周期は 2 秒となる。免震装置のみを付与した場合の免震系は、固有周期 2 秒と減衰定数 5%に対応するものとする。これに制震ダンパーを付与した免震・制震系は、固有周期 2 秒と減衰定数 50%に対応する。

図 A8.1-1-1 は、入力地震動加速度波形を示す。

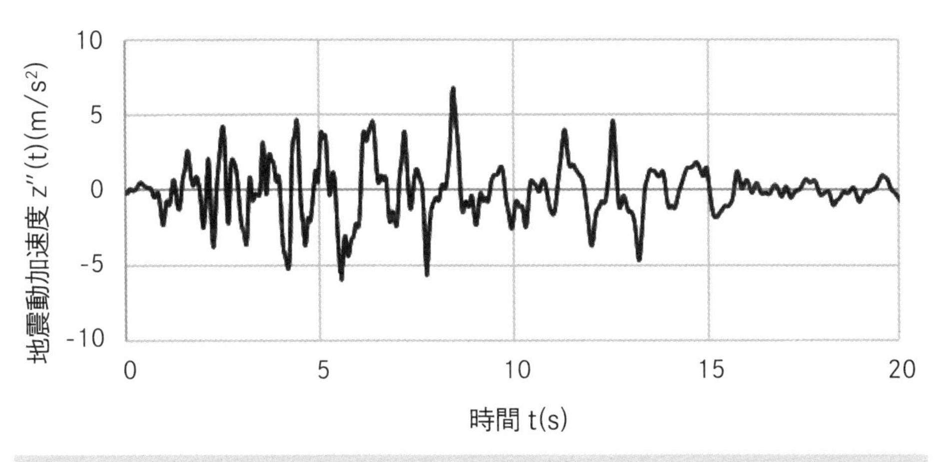

図 A8.1-1-1　入力地震動加速度波形（道路橋示方書 Type2 レベル 2 の 1）

入力地震動加速度波形による相対応答変位・速度波形と絶対応答加速度波形を図A8.1-1-2 に示す。この図の応答波形では、元の 1 質点系(固有周期 0.5 秒、減衰定数 5%)の応答波形と 2 つの受動的免震・制震装置を付与して 1 質点系の固有周期 2 秒と減衰定数 5%(免震装置のみを付与する場合)と 50%(免震装置と制震ダンパーを付与して、固有周期を長く、減衰定数を大きくする場合)の 1 質点系の応答波形を比較した。

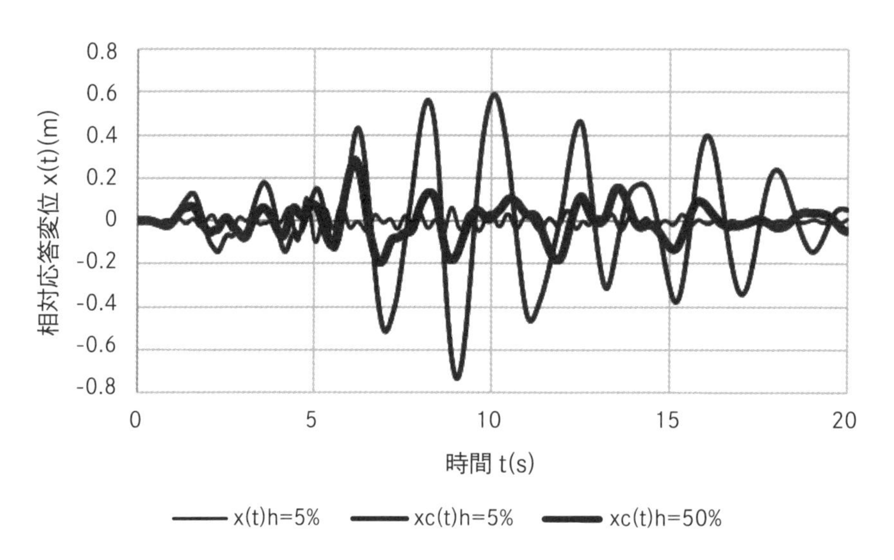

(a) 相対応答変位(細実線)と免震系の相対応答変位(中太と太実線)の比較

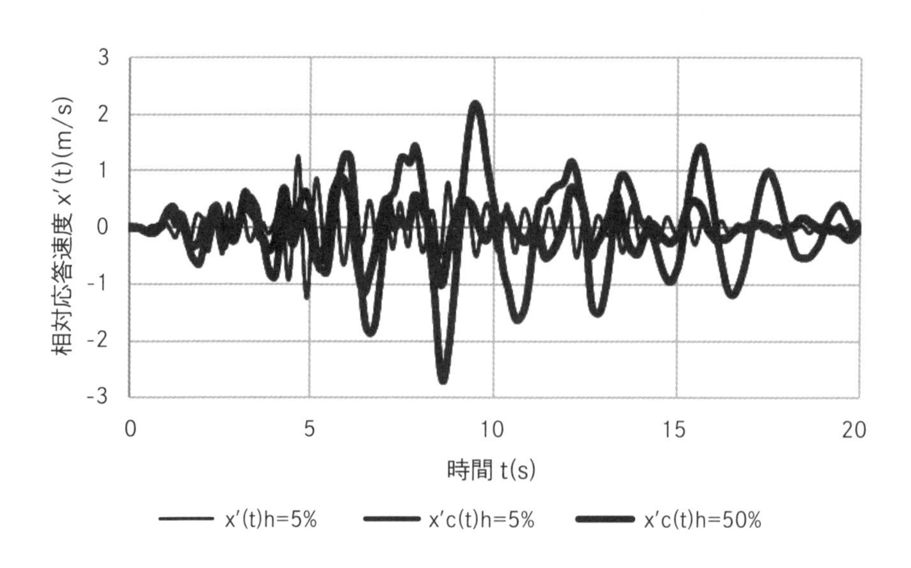

(b) 相対応答速度(細実線)と免震系の相対応答速度(中太と太実線)の比較

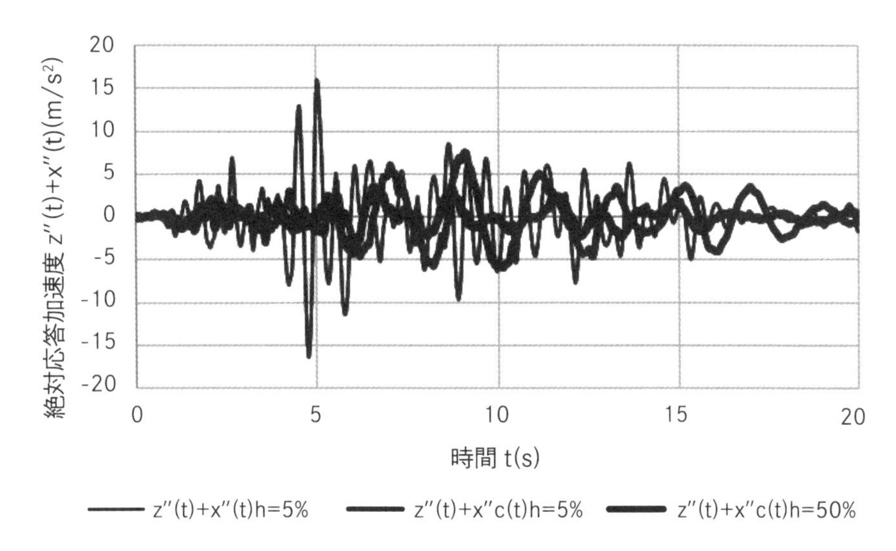

(c) 絶対応答加速度(細実線)と免震系の絶対応答加速度(中太と太実線)の比較

図 A8.1-1-2　地震動加速度波形による1質点系と免震1質点系の相対応答変位と速度波形および絶対応答加速度波形の比較

図 A8.1-1-2 (a) ~ (c) は、相対応答変位波形、相対応答速度波形と絶対応答加速度波形の比較を示す。図 A8.1-1-2 (a) の相対応答変位波形では、元の1質点系に比べると、1質点免震系の応答変位は、固有周期2秒の応答波形となり、応答変位は減衰定数5%の場合に約6.7倍、減衰定数50%でも約2.6倍大きくなる。

図 A8.1-1-2 (b) の相対応答速度波形では、元の1質点系に比べると、免震系の応答速度は、固有周期2秒の応答波形となり、応答変位は減衰定数5%の場合に約2.1倍大きくなるが、減衰定数50%でほぼ1倍である。

図 A8.1-1-2 (c) の絶対応答加速度波形では、元の1質点系に比べると、免震系の応答加速度は、固有周期2秒の応答波形となり、応答加速度は減衰定数5%の場合に約半分と小さくなり、減衰定数50%では約0.2倍とさらに小さくなる。

図 A8.1-1-2 の応答波形の比較から、元の1質点系（固有周期0.5秒と減数定数5%）に免震装置を付けて固有周期だけを長くした免震系（固有周期2秒と減数定数5%）では、絶対応答加速度波形は、約半分となるが、応答相対変位は6～7倍大きくなる。しかし、減衰も付与した免震系（固有周期2秒と減数定数50%）では、絶対応答加速度波形はさらに小さく、0.2倍となるとともに、相対応答変位は大きくなるが、その倍率は2.6倍程度に抑えられる。

8.2 最適制震理論(外力の無い場合の時間に関する連続系の最適制震法)

ここでは、外力の作用しない振動系の最適制震法の概要を説明する。最初に、時間の連続関数での定式化を説明する。しかし、応答計算や応答の観測量は、大抵の場合、離散化値で与えられるので、次の 8.3 節の離散化系の最適制震法が重要となる。本節は次節の離散化系のための準備事項である。

この場合の連立 1 階微分方程式は、次式になる。

$$\dot{\mathbf{X}}(t) = \mathbf{AX}(t) + \mathbf{Bf}_c(t) \tag{8.2-1a}$$

最適制震のために、制御理論では、次式の 2 次形式評価関数を最小にするように最適制震外力を探すための定式化をする。

$$J = \frac{1}{2}\int_0^{t_c}\left(\mathbf{X}^T(t)\mathbf{SX}(t) + \mathbf{f}_c^T(t)\mathbf{Rf}_c(t)\right)dt \tag{8.2-1b}$$

ここに、t_c は評価関数の計算時間を意味する。また、$\mathbf{S}(n \times n), \mathbf{R}(m \times m)$ は、重み行列と呼ばれ正定行列である。この重み行列の選定により、振動特性と制震外力の最適化を図る。例えば、$\mathbf{S}$ を大きく選ぶと ($\mathbf{R}$ を一定で、$\mathbf{S}$ を変化させる場合)、制震外力 $\mathbf{f}_c(t)$ の大きな変化が許されるので、応答 $\mathbf{X}(t)$ は制御され易くなる。この場合、制震外力は大きくなる。反対に、$\mathbf{R}$ を大きく選ぶと($\mathbf{S}$ を一定値で、$\mathbf{R}$ を変化させる場合)、制震外力 $\mathbf{f}_c(t)$ は小さな変化しか許されなくなるので、応答 $\mathbf{X}(t)$ は制御され難くなる(8.2 補助記事 2 と 8.3 補助記事 2)。

評価関数 $\mathbf{S}(n \times n), \mathbf{R}(m \times m)$ は、次式のように対角行列に選ぶ方が簡単になる。

$$\mathbf{S} = \begin{pmatrix} s_1 & 0 & \cdots & 0 \\ 0 & s_2 & \cdots & 0 \\ \vdots & \vdots & \ddots & \vdots \\ 0 & 0 & \cdots & s_n \end{pmatrix}, \mathbf{R} = \begin{pmatrix} r_1 & 0 & \cdots & 0 \\ 0 & r_2 & \cdots & 0 \\ \vdots & \vdots & \ddots & \vdots \\ 0 & 0 & \cdots & r_m \end{pmatrix} \tag{8.2-1c}$$

この時の評価関数は、次式のようになる。

$$J = \frac{1}{2}\int_0^{t_c}\begin{pmatrix} s_1(x_1^2 + \dot{x}_1^2) + s_2(x_2^2 + \dot{x}_2^2) + \cdots + s_n(x_n^2 + \dot{x}_n^2) + \\ r_1 f_{c1}^2 + r_1 f_{c2}^2 + \cdots + r_m f_{cm}^2 \end{pmatrix}dt \tag{8.2-1d}$$

制御理論によると、評価関数を最小にする制震外力は、次式で与えられる(8.3 補助記事 5)。

$$\begin{aligned} \mathbf{f}_c(t) &= -\mathbf{R}^{-1}\mathbf{B}^T\mathbf{PX}(t) \\ J_{\min} &= \frac{1}{2}\mathbf{X}^T(0)\mathbf{PX}(0) \end{aligned} \tag{8.2-2a}$$

ここに、$\mathbf{P}(n \times n)$ は、次式のリカッチ(Riccati)方程式から求められる正定対称行列を表す。

$$\mathbf{PA} + \mathbf{A}^T\mathbf{P} - \mathbf{PBR}^{-1}\mathbf{B}^T\mathbf{P} + \mathbf{S} = \mathbf{0} \tag{8.2-2b}$$

この時の連立 1 階微分方程式は最適応答で、次式で与えられる。

$$\dot{\mathbf{X}}(t) = \left(\mathbf{A} - \mathbf{B}\mathbf{R}^{-1}\mathbf{B}^T\mathbf{P}\right)\mathbf{X}(t) \tag{8.2-2c}$$

上式の解は、次式で与えられる。

$$\mathbf{X}(t) = \mathrm{e}^{\left(\mathbf{A}-\mathbf{B}\mathbf{R}^{-1}\mathbf{B}^T\mathbf{P}\right)t}\mathbf{X}(0) \tag{8.2-2d}$$

8.2　補助記事 1　スカラーの 1 階微分方程式の最適制震外力

次式のスカラーの 1 階微分方程式で最適制震外力を説明すると、以下のようになる。

$$\dot{v}(t) = -av(t) + q_c(t)$$

$$J = \frac{1}{2}\int_0^\infty \left(Sv^2(t) + q_c^2(t)\right)dt, \quad S > 0, R = 1 \tag{A8.2-1-1}$$

8.2 節 (1) 項の対比から、全てスカラーとなり、

$$A = -a, B = 1, S = S, R = 1, f_c(t) = q_c(t) \tag{A8.2-1-2a}$$

リカッチ方程式は、次式になる。

$$P(-a) + (-a)P - P^2 + S = 0 \rightarrow P^2 + 2aP - S = 0 \tag{A8.2-1-2b}$$

2 次方程式の根のうち、$P > 0$ より、次式が得られる。

$$P = -a + \sqrt{a^2 + S} \tag{A8.2-1-2c}$$

最適制震外力は、

$$\begin{aligned} q_c(t) &= -kv \\ k &= \mathbf{R}^{-1}\mathbf{B}^T\mathbf{P} = -a + \sqrt{a^2 + S} \\ J_{\min} &= \frac{1}{2}\mathbf{X}^T(0)\mathbf{P}\mathbf{X}(0) = \frac{1}{2}Pv^2(0) = \frac{1}{2}\left(\sqrt{a^2 + S} - a\right)v^2(0) \end{aligned} \tag{A8.2-1-3a}$$

最適応答は、次式となる。

$$\dot{v}(t) = -\left(\sqrt{a^2 + S}\right)v(t) \tag{A8.2-1-3b}$$

この式の応答は、2 章の同次方程式の解で与えられるので、次式となる。

$$v(t) = v(0)\exp\left(-\left(\sqrt{a^2 + S}\right)t\right) \tag{A8.2-1-3c}$$

図 A8.2-1-1 は、評価関数の重み S を変えた時の応答 $v(t)$ と最適制震外力 $q_c(t)$ を示す。この例では、以下のパラメータを用いた。

$$a = 1, v(0) = 1$$
$$S = 0.5, 1.0$$

図 A8.2-1-1 (a) と (b) は、S が小さい場合 (0.5) と大きい場合 (1.0) の最適応答と制震外力の時間変動を示す。両図を比較すると、S が小さい場合 (0.5)、応答の時間変化は大きく

なり、制震外力は小さい外力でよいことがわかる。逆に、S が大きい場合(1.0)には、応答の時間変化は小さく抑えられ、制震外力は大きくなる。

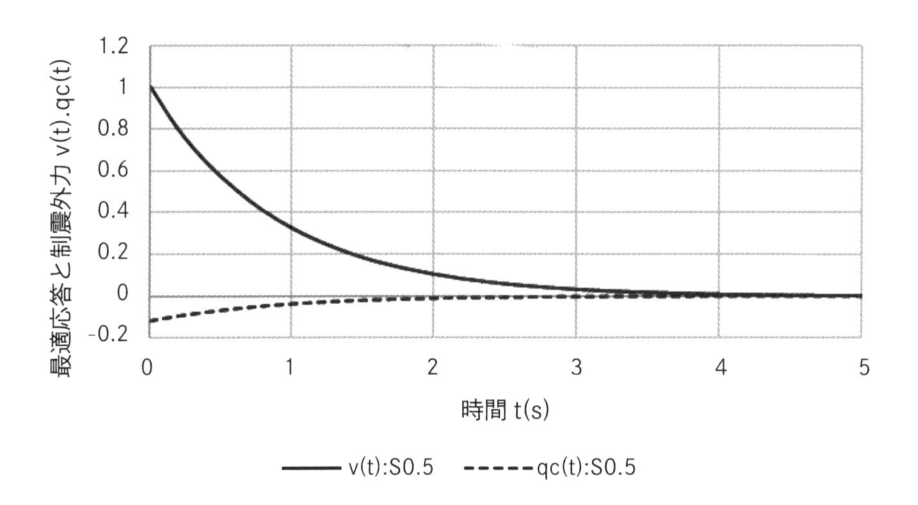

(a) 評価関数の重み S(0.5)が小さい場合の最適応答と制震外力

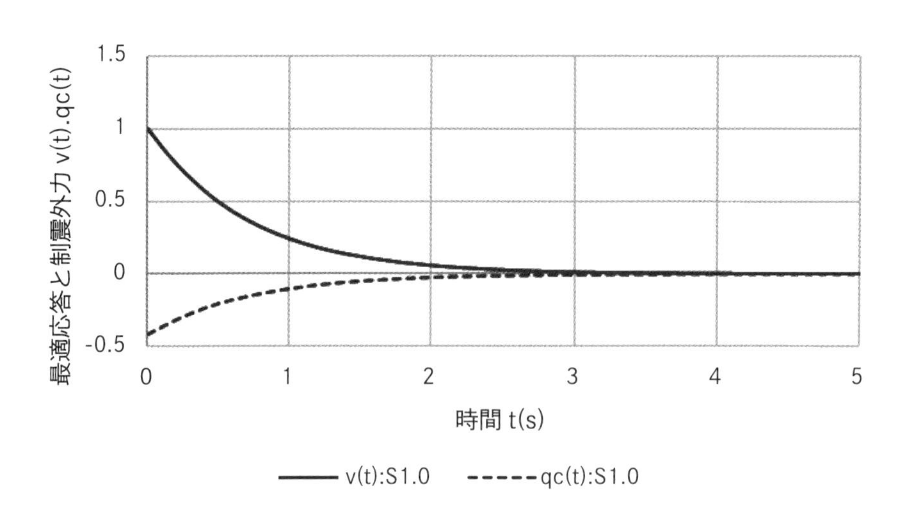

(b) 評価関数の重み S(1.0)が大きい場合の最適応答と制震外力

図 A8.2-1-1 最適応答と制震外力と評価関数の重み S の関係

8.2　補助記事２　評価関数の最小値とリカッチ方程式(ラグランジェの未定係数法)

ラグランジェの未定係数法を使って、次式の状態方程式の評価関数の最小値とリカッチ方程式を導く。

$$\dot{\mathbf{X}}(t)=\mathbf{AX}(t)+\mathbf{Bf}_c(t)$$
$$J=\frac{1}{2}\int_0^{t_c}\left(\mathbf{X}^T(t)\mathbf{SX}(t)+\mathbf{f}_c^T(t)\mathbf{Rf}_c(t)\right)dt \tag{A8.2-3-1}$$

ラグランジェの未定係数法は、未定係数を $\boldsymbol{\lambda}$ ($\mathbf{X}$ と同じ次元) を導入して、次式のラグランジェ式(変数：$\mathbf{X},\mathbf{f}_c,\boldsymbol{\lambda}$)を最小化する。

$$L=\int_0^{t_c}\left(\frac{1}{2}\mathbf{f}_0(\mathbf{X},\mathbf{f}_c)+\boldsymbol{\lambda}^T\left(\mathbf{f}_1(\mathbf{X},\mathbf{f}_c)-\dot{\mathbf{X}}\right)\right)dt \tag{A8.2-3-2a}$$

ここに、記号の簡単化のため、次式を用いている。

$$\mathbf{f}_0(\mathbf{X},\mathbf{f}_c)=\mathbf{X}^T(t)\mathbf{SX}(t)+\mathbf{f}_c^T(t)\mathbf{Rf}_c(t)$$
$$\mathbf{f}_1(\mathbf{X},\mathbf{f}_c)=\mathbf{AX}(t)+\mathbf{Bf}_c(t)$$
$$\boldsymbol{\lambda}=\begin{pmatrix}\lambda_1\\ \lambda_2\\ \vdots\\ \lambda_{2n}\end{pmatrix} \tag{A8.2-3-2b}$$

ここで、ラグランジェ式右辺最後の項は、部分積分を使うと、次式になる。

$$\int_0^{t_c}\left(\boldsymbol{\lambda}^T\dot{\mathbf{X}}\right)dt=\left[\boldsymbol{\lambda}^T\mathbf{X}\right]_0^{t_c}-\int_0^{t_c}\left(\dot{\boldsymbol{\lambda}}^T\mathbf{X}\right)dt=\mathbf{C}-\int_0^{t_c}\left(\dot{\boldsymbol{\lambda}}^T\mathbf{X}\right)dt$$
$$\mathbf{C}=\boldsymbol{\lambda}^T(t_c)\mathbf{X}(t_c)-\boldsymbol{\lambda}^T(0)\mathbf{X}(0) \tag{A8.2-3-3a}$$

ここに、$\mathbf{C}$ は定数である。上式より、ラグランジェ式は、次式に書き変えられる。

$$L=\int_0^{t_c}\left(H(\mathbf{X},\mathbf{f}_c)+\dot{\boldsymbol{\lambda}}^T\mathbf{X}-\mathbf{C}\right)dt$$
$$H(\mathbf{X},\mathbf{f}_c)=\frac{1}{2}\mathbf{f}_0(\mathbf{X},\mathbf{f}_c)+\boldsymbol{\lambda}^T\mathbf{f}_1(\mathbf{X},\mathbf{f}_c) \tag{A8.2-3-3b}$$

上式は、変数 $\dot{\mathbf{X}}$ を含まないため、変数 $\mathbf{X},\mathbf{f}_c,\boldsymbol{\lambda}$ での偏微分が容易になる。ラグランジェ式を偏微分すると、次式が得られる。

$$\frac{\partial L}{\partial \mathbf{X}} = \int_0^{t_c} \left(\frac{\partial H}{\partial \mathbf{X}} + \dot{\boldsymbol{\lambda}}^T \right) dt = \mathbf{0}$$
$$\frac{\partial L}{\partial \mathbf{f}_c} = \int_0^{t_c} \left(\frac{\partial H}{\partial \mathbf{f}_c} \right) dt = \mathbf{0} \qquad \text{(A8.2-3-3c)}$$
$$\frac{\partial L}{\partial \boldsymbol{\lambda}} = \int_0^{t_c} \left(\frac{\partial H}{\partial \boldsymbol{\lambda}} - \dot{\mathbf{X}} \right) dt = \mathbf{0}$$

上式から、被積分関数が零の時（そうでなければ、被積分関数が零とならない微小時間が存在するからである）に評価関数 J が最小となる。すなわち、評価関数が最小となるための次式の条件式が得られる。

$$\frac{\partial H}{\partial \mathbf{X}} + \dot{\boldsymbol{\lambda}}^T = \mathbf{SX} + \boldsymbol{\lambda}^T \mathbf{A} + \dot{\boldsymbol{\lambda}}^T = \mathbf{0}$$
$$\frac{\partial H}{\partial \mathbf{f}_c} = \mathbf{Rf}_c + \boldsymbol{\lambda}^T \mathbf{B} = \mathbf{0} \qquad \text{(A8.2-3-4a)}$$
$$\frac{\partial H}{\partial \boldsymbol{\lambda}} - \dot{\mathbf{X}} = \mathbf{AX} + \mathbf{Bf}_c - \dot{\mathbf{X}} = \mathbf{0}$$

上式下段目の式は、考察している連立 1 階微分方程式である。上式中段の式より、最適制震外力を求め、これを上段と下段の式に代入すると、次式が得られる。

$$\mathbf{f}_c(t) = -\mathbf{R}^{-1}\mathbf{B}^T \boldsymbol{\lambda}(t)$$
$$\dot{\mathbf{X}}(t) = \mathbf{AX}(t) - \mathbf{BR}^{-1}\mathbf{B}^T \boldsymbol{\lambda}(t), \quad \dot{\mathbf{X}}(0) = \mathbf{X}_0 \qquad \text{(A8.2-3-4b)}$$
$$\dot{\boldsymbol{\lambda}}(t) = -\mathbf{SX}(t) - \mathbf{A}^T \boldsymbol{\lambda}(t), \quad \boldsymbol{\lambda}(t_c) = \mathbf{0}$$

ここに、制震終了時間 t_c で、応答は零となるよう長い時間 t_c を設けるものとする。未定係数 $\boldsymbol{\lambda}(t_c)$ も零のように長い時間を設定する。この仮定は、減衰振動系応答等の物理量は最終的には零になるので、妥当である。しかし、単振動や減衰定数が負のような振動系では、無限時間でも応答は有限値か無限大になるので、上式の条件を付与している。

上式の中段と下段の式から、変数 $\mathbf{X}(t), \boldsymbol{\lambda}(t)$ を求めるために、次式の $(2n \times 2n)$ 行列 $\mathbf{P}(t)$（正の対称行列を仮定する）を導入する。

$$\boldsymbol{\lambda}(t) = \mathbf{P}(t)\mathbf{X}(t) \qquad \text{(A8.2-3-5)}$$

この式を上式の中段と下段に代入すると、次式が得られる。

$$\dot{\mathbf{X}}(t) = \mathbf{AX}(t) - \mathbf{BR}^{-1}\mathbf{B}^T \mathbf{P}(t)\mathbf{X}(t), \quad \dot{\mathbf{X}}(0) = \mathbf{X}_0 \qquad \text{(A8.2-3-6a)}$$
$$\dot{\mathbf{P}}(t)\mathbf{X}(t) + \mathbf{P}(t)\dot{\mathbf{X}}(t) = -\mathbf{SX}(t) - \mathbf{A}^T \mathbf{P}(t)\mathbf{X}(t)$$

この式の上段を下段に代入すると、次式が得られる。

$$\left(\dot{\mathbf{P}}(t) + \mathbf{P}(t)\mathbf{A} + \mathbf{A}^T \mathbf{P}(t) + \mathbf{S} - \mathbf{P}(t)\mathbf{BR}^{-1}\mathbf{B}^T \mathbf{P}(t) \right) \mathbf{X}(t) = \mathbf{0} \qquad \text{(A8.2-3-6b)}$$

$\mathbf{X}(t)$ に関係なく上式が成立するためには、次式が成立する。

$$\dot{\mathbf{P}}(t) + \mathbf{P}(t)\mathbf{A} + \mathbf{A}^T \mathbf{P}(t) + \mathbf{S} - \mathbf{P}(t)\mathbf{BR}^{-1}\mathbf{B}^T \mathbf{P}(t) = \mathbf{0} \qquad \text{(A8.2-3-6c)}$$

上式は、リカッチ方程式として知られている。

ここで、初期条件 $\dot{\mathbf{X}}(0)=\mathbf{X}_0$ と $\boldsymbol{\lambda}(t_c)=\mathbf{0}$ を考慮すると、任意の $\mathbf{X}(t_c)$ に対して、$\mathbf{P}(t_c)=\mathbf{0}$ となる。この時間終端値問題として、リカッチ方程式を解くと、最適制震外力が求められる。しかし、制震時間を大きく取り、無限大とし、$\mathbf{P}(t_c=\infty)=\mathbf{P}$ のように定数と仮定する。この場合、$\mathbf{P}(t)=\mathbf{P},\dot{\mathbf{P}}(t)=\mathbf{0}$ となるので、リカッチ方程式は、次式の定常状態のリカッチ方程式となる。

$$\mathbf{PA}+\mathbf{A}^T\mathbf{P}+\mathbf{S}-\mathbf{PBR}^{-1}\mathbf{B}^T\mathbf{P}=\mathbf{0} \qquad \text{(A8.2-3-7a)}$$

この場合、$\mathbf{P}$ は正定値対称行列と仮定されている（$\mathbf{P}^T=\mathbf{P}$）。最適制震外力と最適応答方程式(最適連立 1 階微分方程式)の解は、次式で与えられる。

$$\begin{aligned}\mathbf{f}_c(t)&=-\mathbf{R}^{-1}\mathbf{B}^T\mathbf{PX}(t)\\ \dot{\mathbf{X}}(t)&=\left(\mathbf{A}-\mathbf{BR}^{-1}\mathbf{B}^T\mathbf{P}\right)\mathbf{X}(t)\\ \mathbf{X}(t)&=\mathrm{e}^{(\mathbf{A}-\mathbf{BR}^{-1}\mathbf{B}^T\mathbf{P})t}\mathbf{X}_0\end{aligned} \qquad \text{(A8.2-3-7b)}$$

8.3　制震理論(外力の有る離散系の最適制震法)

ここでは、外力の作用(地震動や風等)する振動系の最適制震法の概要を説明する。外力は離散化されて与えられるので、前節の連続系の最適制震の定式化（8.2 補助記事 2）と同じように、ラグランジェの未定係数法を使う。この定式化で外力項を零とすれば、外力がない場合の離散系の最適制震法の定式化が得られる。

外力の作用する次式の多質点系の運動方程式を対象に、連立 1 階微分方程式に変換して定式化する(8.1 節(2)項)。

$$\begin{aligned}m\ddot{x}(t)+c\dot{x}(t)+k(t)x(t)&=f(t)+f_c(t)\\ \mathbf{m}\ddot{\mathbf{x}}(t)+\mathbf{c}\dot{\mathbf{x}}(t)+\mathbf{k}(t)\mathbf{x}(t)&=\mathbf{f}(t)+\mathbf{Df}_c(t)\end{aligned} \qquad \text{(8.3-1)}$$

例えば、地震動の加速度が $\ddot{z}(t)$ の場合、$\mathbf{f}(t)=-\mathbf{m1}\ddot{z}(t)$（$\mathbf{1}$：単位ベクトル）である。上式を次式の連立 1 階微分方程式に変換する。

$$\dot{\mathbf{X}}(t)=\mathbf{AX}(t)+\mathbf{Q}(t)+\mathbf{Bf}_c(t) \qquad \text{(8.3-2a)}$$

ここに、

$$\mathbf{A}=\begin{pmatrix}\mathbf{0} & \mathbf{I}\\ -\mathbf{m}^{-1}\mathbf{k}(t) & -\mathbf{m}^{-1}\mathbf{c}\end{pmatrix},\quad \mathbf{X}(t)=\begin{pmatrix}\mathbf{x}(t)\\ \dot{\mathbf{x}}(t)\end{pmatrix}$$

$$\mathbf{Q}(t)=\begin{pmatrix}\mathbf{0}\\ \mathbf{m}^{-1}\mathbf{f}(t)\end{pmatrix},\quad \mathbf{B}=\begin{pmatrix}\mathbf{0} & \mathbf{0}\\ \mathbf{0} & \mathbf{m}^{-1}\mathbf{D}\end{pmatrix},\quad \mathbf{f}_c(t)=\begin{pmatrix}0\\ \mathbf{f}_c(t)\end{pmatrix} \qquad \text{(8.3-2b)}$$

8.1 節の式（8.1-6）の直接積分法を使うと、時刻 t_n+dt,t_n の応答 $\mathbf{X}_{n+1},\mathbf{X}_n$ は、次式で与えられる。ここに、$\mathbf{k}(t)=\mathbf{k}(t_n)$ の剛性で評価する。

$$\mathbf{X}_{n+1} = \mathbf{E}_n\mathbf{X}_n + \mathbf{F}_n\mathbf{Q}_n + \mathbf{G}_n\mathbf{f}_{cn}$$

$$\begin{aligned} \mathbf{E}_n &= e^{\mathbf{A}dt}, \\ \mathbf{F}_n &= e^{\mathbf{A}dt}dt, \\ \mathbf{G}_n &= e^{\mathbf{A}dt}\mathbf{B}dt \end{aligned} \tag{8.3-3}$$

剛性行列が一定（線形系）の場合、係数行列 $\mathbf{A}$ は一定値なので、係数行列 $\mathbf{E}_n, \mathbf{F}_n, \mathbf{G}_n$ は、一定値 $\mathbf{E}, \mathbf{F}, \mathbf{G}$ となる。また、外力が作用しない場合、$\mathbf{Q}_n = \mathbf{0}$ である。

この場合の最適制震力と最適方程式は、8.3 補助記事 1 から、次式の離散化リカッチ方程式から正の $\mathbf{P}$ を求める。

$$\mathbf{P} = \mathbf{S} + \mathbf{E}_n^T\mathbf{P}\left(\mathbf{I} + \mathbf{G}_n\mathbf{R}^{-1}\mathbf{G}_n^T\mathbf{P}\right)^{-1}\mathbf{E}_n \tag{8.3-4}$$

最適制震力は、次式で与えられる。

$$\begin{aligned} \mathbf{f}_{cn} &= -\mathbf{R}^{-1}\mathbf{G}_n^T\mathbf{P}\left(\mathbf{E}_n\mathbf{X}_n + \mathbf{F}_n\mathbf{Q}_n + \mathbf{G}_n\mathbf{f}_{cn}\right) \\ &\downarrow \\ \mathbf{f}_{cn} &= -\left(\mathbf{R} + \mathbf{G}_n^T\mathbf{P}\mathbf{G}_n\right)^{-1}\mathbf{G}_n^T\mathbf{P}\left(\mathbf{E}_n\mathbf{X}_n + \mathbf{F}_n\mathbf{Q}_n\right) \end{aligned} \tag{8.3-5a}$$

上式の最適制震力は、外力 $\mathbf{Q}_n$ と同時に最適制震力を計算するので、このような制震力装置は不可能である。そこで、外力項を落とした次式で最適制震力を計算する（8.3 補助記事 1）。

$$\mathbf{f}_{cn} = -\left(\mathbf{R} + \mathbf{G}_n^T\mathbf{P}\mathbf{G}_n\right)^{-1}\mathbf{G}_n^T\mathbf{P}\mathbf{E}_n\mathbf{X}_n \tag{8.3-5b}$$

また、最適応答方程式は、次式となる。

$$\mathbf{X}_{n+1} = \mathbf{E}_n\mathbf{X}_n + \mathbf{F}_n\mathbf{Q}_n + \mathbf{G}_n\mathbf{f}_{cn} \tag{8.3-5c}$$

上式は、次式のように表現できる。

$$\mathbf{X}_{n+1} = \mathbf{P}(n+1,n)\left(\mathbf{E}_n\mathbf{X}_n + \mathbf{F}_n\mathbf{Q}_n\right)$$

ここに、

$$\begin{aligned} \mathbf{P}(n+1,n) &= \left(\mathbf{I} - \mathbf{G}_n\left(\mathbf{R} + \mathbf{G}_n^T\mathbf{P}\mathbf{G}_n\right)^{-1}\mathbf{G}_n^T\mathbf{P}\right) \\ &= \left(\mathbf{I} + \mathbf{G}_n\mathbf{R}^{-1}\mathbf{G}_n^T\mathbf{P}\right)^{-1} \end{aligned} \tag{8.3-5d}$$

上式では、次式を用いた（左辺の行列の積を求めると単位行列になることがわかる）。

$$\left(\mathbf{I} + \mathbf{G}_n\mathbf{R}^{-1}\mathbf{G}_n^T\mathbf{P}\right)\left(\mathbf{I} - \mathbf{G}_n\left(\mathbf{R} + \mathbf{G}_n^T\mathbf{P}\mathbf{G}_n\right)^{-1}\mathbf{G}_n^T\mathbf{P}\right) = \mathbf{I} \tag{8.3-5e}$$

式（8.3-5c）から、応答 $\mathbf{X}_{n+1}$ は、時刻 t_n の値から求められる。各時刻の最適制震力を求め、次の時刻の応答と最適制震力を繰り返し求めることができる。

8.3　補助記事１　外力を受ける離散化連立１階微分方程式の最適制震力とリカッチ方程式

次式の離散化連立１階微分方程式の最適制震力と最適応答とリカッチ方程式を導く。

$$\mathbf{X}_{n+1} = \mathbf{E}_n\mathbf{X}_n + \mathbf{F}_n\mathbf{Q}_n + \mathbf{G}_n\mathbf{f}_{cn} \qquad \text{(A8.3-1-1)}$$

定式化の手順は、8.2 補助記事 2 の連続系と同じである。次式の 2 次形式評価関数を最小にするように最適制震外力を探す。

$$J = \frac{1}{2}\sum_{n=0}^{N}\left(\mathbf{X}_n^T\mathbf{S}\mathbf{X}_n + \mathbf{f}_{cn}^T\mathbf{R}\mathbf{f}_{cn}\right) \qquad \text{(A8.3-1-2)}$$

次式のラグランジェ式を最小化する。

$$\begin{aligned}
L &= \sum_{n=0}^{N-1}\left(\frac{1}{2}\mathbf{f}_0(\mathbf{X}_n,\mathbf{f}_{cn}) + \boldsymbol{\lambda}_{n+1}^T\left(\mathbf{f}_1(\mathbf{X}_n,\mathbf{f}_{cn}) - \mathbf{X}_{n+1}\right)\right)\\
&= \sum_{n=0}^{N-1}\left(H_n - \boldsymbol{\lambda}_{n+1}^T\mathbf{X}_{n+1}\right)\\
&= H_0 - \boldsymbol{\lambda}_N^T\mathbf{X}_N + \sum_{n=1}^{N-1}\left(H_n - \boldsymbol{\lambda}_n^T\mathbf{X}_n\right)\\
H_n &= \frac{1}{2}\mathbf{f}_0(\mathbf{X}_n,\mathbf{f}_{cn}) + \boldsymbol{\lambda}_{n+1}^T\mathbf{f}_1(\mathbf{X}_n,\mathbf{f}_{cn})\\
\mathbf{f}_0(\mathbf{X}_n,\mathbf{f}_{cn}) &= \mathbf{X}_n^T\mathbf{S}\mathbf{X}_n + \mathbf{f}_{cn}^T\mathbf{R}\mathbf{f}_{cn}\\
\mathbf{f}_1(\mathbf{X}_n,\mathbf{f}_{cn}) &= \mathbf{E}_n\mathbf{X}_n + \mathbf{F}_n\mathbf{Q}_n + \mathbf{G}_n\mathbf{f}_{cn}
\end{aligned} \qquad \text{(A8.3-1-3)}$$

ここで、ハミルトン式を変数（$\mathbf{X}_n, \mathbf{f}_{cn}, \boldsymbol{\lambda}_{n+1}$）で偏微分したものを零とすると、ラグランジェ式の最小値が得られる。

$$\begin{aligned}
&\left(\frac{\partial H_n}{\partial \mathbf{X}_n}\right)^T - \boldsymbol{\lambda}_n = \mathbf{S}\mathbf{X}_n + \mathbf{E}_n^T\boldsymbol{\lambda}_{n+1} - \boldsymbol{\lambda}_n = \mathbf{0}\\
&\left(\frac{\partial H_n}{\partial \mathbf{f}_{cn}}\right)^T = \mathbf{R}\mathbf{f}_{cn} + \mathbf{G}_n^T\boldsymbol{\lambda}_{n+1} = \mathbf{0}\\
&\left(\frac{\partial H_n}{\partial \boldsymbol{\lambda}_{n+1}}\right)^T - \mathbf{X}_{n+1} = \mathbf{E}_n\mathbf{X}_n + \mathbf{F}_n\mathbf{Q}_n + \mathbf{G}_n\mathbf{f}_{cn} - \mathbf{X}_{n+1} = \mathbf{0}
\end{aligned} \qquad \text{(A8.3-1-4a)}$$

上式から、未定係数の関数として最適制震等が得られるが、8.2 補助記事 2 と同様に、次式のような $(2n \times 2n)$ 行列 $\mathbf{P}_n$（正の対称行列を仮定する）を導入する。

$$\boldsymbol{\lambda}_n = \mathbf{P}_n\mathbf{X}_n \qquad \text{(A8.3-1-4b)}$$

上式から、次式が得られる。

$$\begin{aligned}
\mathbf{f}_{cn} &= -\mathbf{R}^{-1}\mathbf{G}_n^T\mathbf{P}_{n+1}\mathbf{X}_{n+1}\\
\mathbf{X}_{n+1} &= \mathbf{E}_n\mathbf{X}_n + \mathbf{F}_n\mathbf{Q}_n - \mathbf{G}_n\mathbf{R}^{-1}\mathbf{G}_n^T\mathbf{P}_{n+1}\mathbf{X}_{n+1}\\
\mathbf{P}_n\mathbf{X}_n &= \mathbf{S}\mathbf{X}_n + \mathbf{E}_n^T\mathbf{P}_{n+1}\mathbf{X}_{n+1}
\end{aligned} \qquad \text{(A8.3-1-4c)}$$

上式の中段と下段の式から、次式が得られる。

$$\mathbf{P}_n\mathbf{X}_n = \mathbf{S}\mathbf{X}_n + \mathbf{E}_n^T\mathbf{P}_{n+1}\left(\mathbf{I}+\mathbf{G}_n\mathbf{R}^{-1}\mathbf{G}_n^T\mathbf{P}_{n+1}\right)^{-1}\mathbf{E}_n\mathbf{X}_n + \mathbf{E}_n^T\mathbf{P}_{n+1}\left(\mathbf{I}+\mathbf{G}_n\mathbf{R}^{-1}\mathbf{G}_n^T\mathbf{P}_{n+1}\right)^{-1}\mathbf{F}_n\mathbf{Q}_n \qquad \text{(A8.3-1-4d)}$$

上式は、外力が作用する時の離散化リカッチ方程式である。

正の対称行列が時間の関数ではなく、一定（正定対称行列）で、かつ外力に依存しないと仮定すると、離散化リカッチ方程式は、次式となる。

$$\mathbf{P} = \mathbf{S} + \mathbf{E}_n^T\mathbf{P}\left(\mathbf{I}+\mathbf{G}_n\mathbf{R}^{-1}\mathbf{G}_n^T\mathbf{P}\right)^{-1}\mathbf{E}_n \qquad \text{(A8.3-1-5)}$$

この離散化リカッチ方程式から、正の $\mathbf{P}$ を求めると、最適制震力は、次式で与えられる。

$$\begin{aligned}\mathbf{f}_{cn} &= -\mathbf{R}^{-1}\mathbf{G}_n^T\mathbf{P}\left(\mathbf{E}_n\mathbf{X}_n + \mathbf{F}_n\mathbf{Q}_n + \mathbf{G}_n\mathbf{f}_{cn}\right)\\ &\downarrow\\ \mathbf{f}_{cn} &= -\left(\mathbf{R}+\mathbf{G}_n^T\mathbf{P}\mathbf{G}_n\right)^{-1}\mathbf{G}_n^T\mathbf{P}\left(\mathbf{E}_n\mathbf{X}_n + \mathbf{F}_n\mathbf{Q}_n\right)\end{aligned} \qquad \text{(A8.3-1-6a)}$$

上式の最適制震力は、外力 $\mathbf{Q}_n$ と応答 $\mathbf{X}_n$ に依存する。ここで、この式を制御の視点から以下のように考察する。

応答 $\mathbf{X}_n$ は、式（A8.3-1-1）から、次式のように 1 つ前の時刻の値から求められる。

$$\mathbf{X}_n = \mathbf{E}_{n-1}\mathbf{X}_{n-1} + \mathbf{F}_{n-1}\mathbf{Q}_{n-1} + \mathbf{G}_{n-1}\mathbf{f}_{cn-1} \qquad \text{(A8.3-1-6b)}$$

しかし、外力 $\mathbf{Q}_n$ は、時刻 t_n の値なので、最適制震力 $\mathbf{f}_{cn}$ は外力 $\mathbf{Q}_n$ と同時に最適制震力を計算することになるになるので、このような制震力装置は不可能である。したがって、外力項を落とした次式で最適制震力を計算する。

$$\mathbf{f}_{cn} = -\left(\mathbf{R}+\mathbf{G}_n^T\mathbf{P}\mathbf{G}_n\right)^{-1}\mathbf{G}_n^T\mathbf{P}\mathbf{E}_n\mathbf{X}_n \qquad \text{(A8.3-1-6c)}$$

上式の最適制震力は、外力が無い場合の離散化系の最適制震力になる。また、最適応答は、次式となる。

$$\mathbf{X}_{n+1} = \mathbf{E}_n\mathbf{X}_n + \mathbf{F}_n\mathbf{Q}_n + \mathbf{G}_n\mathbf{f}_{cn} \qquad \text{(A8.3-1-6d)}$$

上式では、応答 $\mathbf{X}_{n+1}$ は、時刻 t_n の値から求められる。各時刻の最適制震力を求め、次の時刻の応答と最適制震力を繰り返し求めることができる。

補足であるが、離散系のリカッチ式は、次式の関係式を式（A8.3-1-5）に用いると、次式で与えられる。

$$\begin{aligned}&\left(\mathbf{I}+\mathbf{G}_n\mathbf{R}^{-1}\mathbf{G}_n^T\mathbf{P}\right)\left(\mathbf{I}-\mathbf{G}_n\left(\mathbf{R}+\mathbf{G}_n^T\mathbf{P}\mathbf{G}_n\right)^{-1}\mathbf{G}_n^T\mathbf{P}\right) = \mathbf{I}\\ &\mathbf{P} = \mathbf{S} + \mathbf{E}_n^T\mathbf{P}\mathbf{E}_n - \mathbf{E}_n^T\mathbf{P}\mathbf{G}_n\left(\mathbf{R}+\mathbf{G}_n^T\mathbf{P}\mathbf{G}_n\right)^{-1}\mathbf{G}_n^T\mathbf{P}\mathbf{E}_n\end{aligned} \qquad \text{(A8.3-1-7)}$$

上式が離散化系のリカッチ方程式として一般に使われる。しかし、上式よりも式（A8.3-1-5）の方が、行列の積や和の数が少ないので、本書では、式（A8.3-1-5）を離散系のリカッチ方程式として用いる（8.3 補助記事 3 のように求める）。

連続系のリカッチ式は、8.2 補助記事 2 より、次式である。

$$\mathbf{S} + \mathbf{P}\mathbf{A} + \mathbf{A}^T\mathbf{P} - \mathbf{P}\mathbf{B}\mathbf{R}^{-1}\mathbf{B}^T\mathbf{P} = \mathbf{0} \qquad \text{(A8.3-1-8)}$$

8.3　補助記事 2　外力の無い 1 自由度系の最適制震力と最適応答の数値計算例

外力の無い 1 質点系の最適制震と最適応答の数値計算例として、次式で与えられる単位質量 $m = 1\mathrm{kgfs^2/m}$ の初期変位 1m からの自由振動系を用いる。離散化は、$dt = 0.02\mathrm{s}$ とする。

$$\begin{aligned}&\ddot{x} + 2h\omega_0\dot{x} + \omega_0^2 x = f_c, \quad 0 < h < 1\\ &\text{初期条件：}\ x(0) = 1, \dot{x}(0) = 0\\ &h = 0.05, \quad \omega_0 = 2\pi f_0 = 2\pi(2)\mathrm{rad/s} \to T_0 = 1/f_0 = 0.5\mathrm{s}\end{aligned} \tag{A8.3-2-1}$$

この 2 階微分方程式の連立 1 階部分方程式は、次式である。

$$\begin{aligned}&\dot{\mathbf{X}}(t) = \mathbf{AX}(t) + \mathbf{Bf}_c(t)\\ &\text{初期条件：}\mathbf{X}_0 = \mathbf{X}(0) = \begin{pmatrix} x_0 = 1 \\ v_0 = 0 \end{pmatrix}\end{aligned} \tag{A8.3-2-2a}$$

ここに、

$$\begin{aligned}&\mathbf{A} = \begin{pmatrix} 0 & 1 \\ -\omega_0^2 & -2h\omega_0 \end{pmatrix} = \begin{pmatrix} 0 & 1 \\ -157.91 & -1.2567 \end{pmatrix}\\ &\mathbf{B} = \begin{pmatrix} 0 & 0 \\ 0 & 1 \end{pmatrix}, \quad \mathbf{f}_c(t) = \begin{pmatrix} 0 \\ f_c(t) \end{pmatrix}\end{aligned} \tag{A8.3-2-2b}$$

この自由振動系の離散化式と最適制震外力は、次式となる（式(8.3-3a)の線形系の場合）。

$$\begin{aligned}&\mathbf{X}_{n+1} = \mathbf{P}(n+1, n)\mathbf{EX}_n\\ &\mathbf{P}(n+1, n) = \left(\mathbf{I} + \mathbf{GR}^{-1}\mathbf{G}^T\mathbf{P}\right)^{-1}\\ &\mathbf{f}_{cn} = -\left(\mathbf{R} + \mathbf{G}^T\mathbf{PG}\right)^{-1}\mathbf{G}^T\mathbf{PEX}_n\end{aligned} \tag{A8.3-2-3a}$$

ここに、

$$\begin{aligned}\mathbf{E} &= \mathrm{e}^{\mathbf{A}dt}\\ &= \mathrm{e}^{-h\omega_0 dt}\begin{pmatrix} \cos\omega_D dt + \left(\dfrac{\omega_0 h}{\omega_D}\right)\sin\omega_D dt & \left(\dfrac{1}{\omega_D}\right)\sin\omega_D dt \\ -\left(\dfrac{\omega_0^2}{\omega_D}\right)\sin\omega_D dt & \cos\omega_D dt - \left(\dfrac{h\omega_0}{\omega_D}\right)\sin\omega_D dt \end{pmatrix}\\ &= \begin{pmatrix} 0.968844 & 0.019543 \\ -3.086185 & 0.944285 \end{pmatrix}\\ \mathbf{G} &= \mathrm{e}^{\mathbf{A}dt}\mathbf{B}dt = \begin{pmatrix} 0 & 0.000391 \\ 0 & 0.018886 \end{pmatrix}\end{aligned} \tag{A8.3-2-3b}$$

次式の離散化リカッチ方程式から、正定値対称行列 $\mathbf{P}$ を求める（8.3 補助記事 3）。

$$\mathbf{P} = \mathbf{S} + \mathbf{E}^T\mathbf{P}\left(\mathbf{I} + \mathbf{GR}^{-1}\mathbf{G}^T\mathbf{P}\right)^{-1}\mathbf{E} \tag{A8.3-2-4}$$

重み行列は、適切に設定できるが、ここでは、2 次形式の評価式が運動エネルギーと歪エネルギーに対応するように選定する。

$$\frac{1}{2}\mathbf{X}_n^T\mathbf{S}\mathbf{X}_n = \frac{1}{2}\begin{pmatrix} x_n & \dot{x}_n \end{pmatrix}\begin{pmatrix} k & 0 \\ 0 & m \end{pmatrix}\begin{pmatrix} x_n \\ \dot{x}_n \end{pmatrix} = \frac{1}{2}kx_n^2 + \frac{1}{2}m\dot{x}_n^2 \tag{A8.3-2-5a}$$

この例題の振動方程式は、$m = 1, k = \omega_0^2$ なので、重み行列は、次式のものを用いる。

$$\mathbf{S} = \begin{pmatrix} \omega_0^2 & 0 \\ 0 & 1 \end{pmatrix} = \begin{pmatrix} (4\pi)^2 & 0 \\ 0 & 1 \end{pmatrix} \tag{A8.3-2-5b}$$

制震力の 2 次形式の評価式の重みは、次式とする。

$$\mathbf{R} = \begin{pmatrix} R & 0 \\ 0 & R \end{pmatrix} \tag{A8.3-2-5c}$$

R を 0.1 と 0.01 とした 2 つの場合の制震効果を調べる。

(1) $R = 0.1$ の場合（制震力は小さい）：

$$\mathbf{P} = \begin{pmatrix} 2908.692 & 23.58896 \\ 23.58896 & 17.18214 \end{pmatrix} \tag{A8.3-2-6a}$$

$$\mathbf{f}_{cn} = \begin{pmatrix} 0 \\ f_{cn} \end{pmatrix} = -\left(\mathbf{R} + \mathbf{G}^T\mathbf{P}\mathbf{G}\right)^{-1}\mathbf{G}^T\mathbf{P}\mathbf{E}\mathbf{X}_n = \begin{pmatrix} 0 & 0 \\ -4.706196 & -3.236542 \end{pmatrix}\begin{pmatrix} x_n \\ \dot{x}_n \end{pmatrix}$$

$$f_{cn} = -4.706196x_n - 3.236542\dot{x}_n \tag{A8.3-2-6b}$$

伝達行列は、

$$\mathbf{P}(n+1,n)\mathbf{E} = \left(\mathbf{I} + \mathbf{G}\mathbf{R}^{-1}\mathbf{G}^T\mathbf{P}\right)^{-1}\mathbf{E} = \begin{pmatrix} 0.967005 & 0.018278 \\ -3.175066 & 0.883160 \end{pmatrix} \tag{A8.3-2-6c}$$

最適応答は、次式の漸化式から求められる。

$$\begin{pmatrix} x_{n+1} \\ \dot{x}_{n+1} \end{pmatrix} = \mathbf{P}(n+1,n)\mathbf{E}\begin{pmatrix} x_n \\ \dot{x}_n \end{pmatrix} = \begin{pmatrix} 0.967005 & 0.018278 \\ -3.175066 & 0.883160 \end{pmatrix}\begin{pmatrix} x_n \\ \dot{x}_n \end{pmatrix}$$

初期条件：

$$\begin{pmatrix} x_0 \\ \dot{x}_0 \end{pmatrix} = \begin{pmatrix} 1 \\ 0 \end{pmatrix} \tag{A8.3-2-6d}$$

図 A8.3-2-1 は、上式の応答変位（a）と最適制震力（b）を示す。この図の（a）には、重み $R = 0.1$ での最適応答変位の他に、制震力が無い場合の 5%減衰の自由振動応答変位と、最適応答変位に近い応答変位である 20%減衰の自由振動応答変位をプロットしている。この図から、最適制震力により応答変位は減衰するが、その制震力の効果は、減衰定数

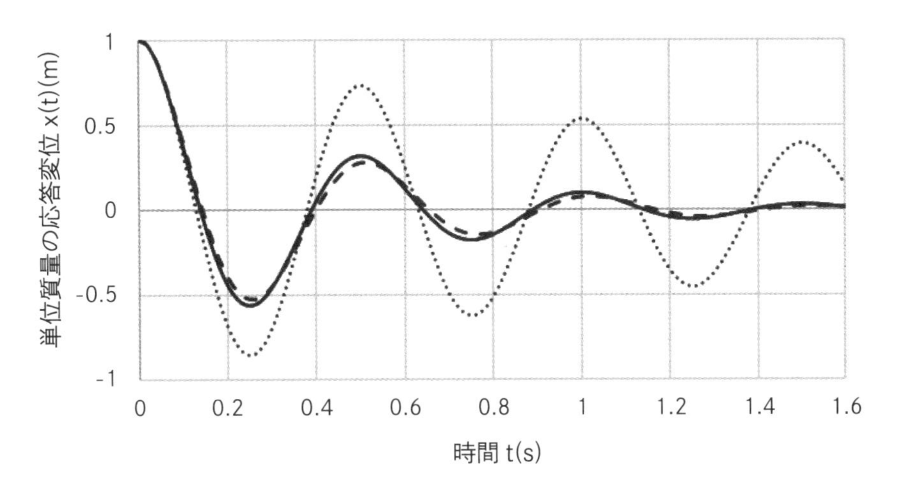

(a) 最適応答変位と制震力が無い 5%減衰応答変位及び最適応答変位を近似した制震力が無い 20%減衰応答変位の比較

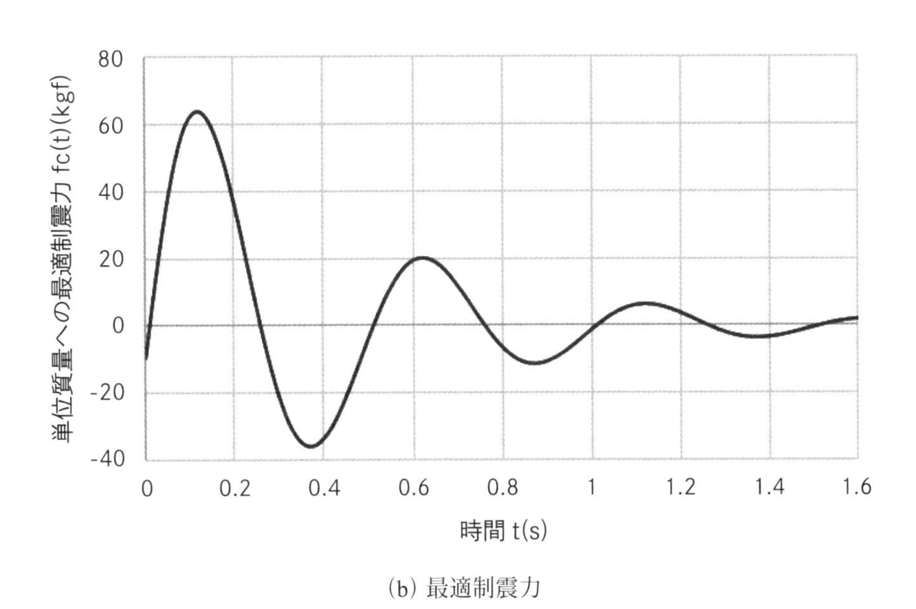

(b) 最適制震力

図 A8.3-2-1　最適応答変位と最適制震力（$R=0.1$）

20%の応答変位とほぼ同じであることがわかる。構造技術者には、広く知られているように、構造物の応答を小さくするには、大きな減衰定数を持つように速度依存ダンパーを設置することが重要である。

(2) $\boldsymbol{R}=0.01$ の場合(制震力は大きい):

$$\mathbf{P}=\begin{pmatrix}1426.963 & 19.00713\\ 19.00713 & 6.488000\end{pmatrix} \tag{A8.3-2-7a}$$

$$\mathbf{f}_{cn}=\begin{pmatrix}0\\ f_{cn}\end{pmatrix}=-\left(\mathbf{R}+\mathbf{G}^{T}\mathbf{PG}\right)^{-1}\mathbf{G}^{T}\mathbf{PEX}_{n}=\begin{pmatrix}0 & 0\\ -38.0151 & -10.9763\end{pmatrix}\begin{pmatrix}x_{n}\\ \dot{x}_{n}\end{pmatrix}$$

$$f_{cn}=-38.0151x_{n}-10.9763\dot{x}_{n} \tag{A8.3-2-7b}$$

伝達行列は、

$$\mathbf{P}(n+1,n)\mathbf{E}=\left(\mathbf{I}+\mathbf{GR}^{-1}\mathbf{G}^{T}\mathbf{P}\right)^{-1}\mathbf{E}=\begin{pmatrix}0.953985 & 0.015253\\ -3.804138 & 0.736987\end{pmatrix} \tag{A8.3-2-7c}$$

最適応答は、次式の漸化式から求められる。

$$\begin{pmatrix}x_{n+1}\\ \dot{x}_{n+1}\end{pmatrix}=\mathbf{P}(n+1,n)\mathbf{E}\begin{pmatrix}x_{n}\\ \dot{x}_{n}\end{pmatrix}=\begin{pmatrix}0.953985 & 0.015253\\ -3.804138 & 0.736987\end{pmatrix}\begin{pmatrix}x_{n}\\ \dot{x}_{n}\end{pmatrix}$$

初期条件: (A8.3-2-7d)

$$\begin{pmatrix}x_{0}\\ \dot{x}_{0}\end{pmatrix}=\begin{pmatrix}1\\ 0\end{pmatrix}$$

図 A8.3-2-2 は、上式の応答変位(a)と最適制震力(b)を示す。この図の(a)には、重み $R=0.01$ での最適応答変位の他に、制震力が無い場合の 5%減衰の自由振動応答変位と、最適応答変位に近い応答変位である 50%減衰の自由振動応答変位をプロットしている。

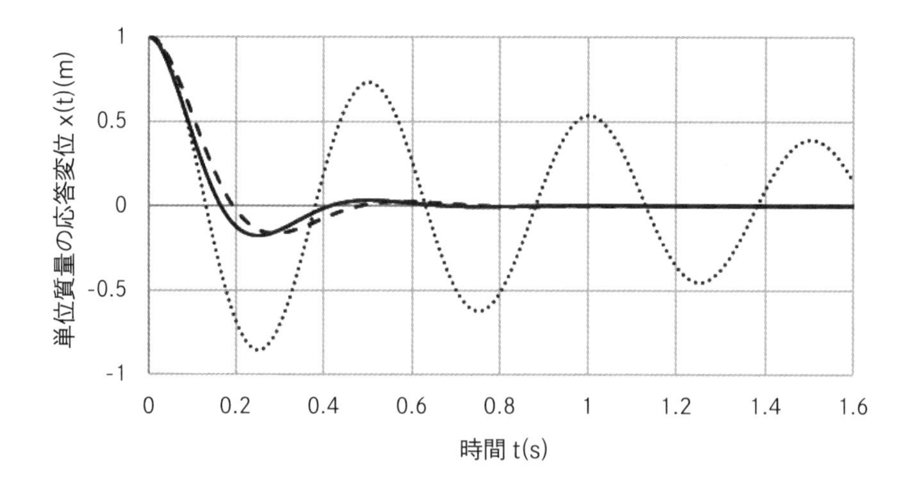

(a) 最適応答変位と制震力が無い 5%減衰応答変位及び最適応答変位を近似した制震力が無い 50%減衰応答変位の比較

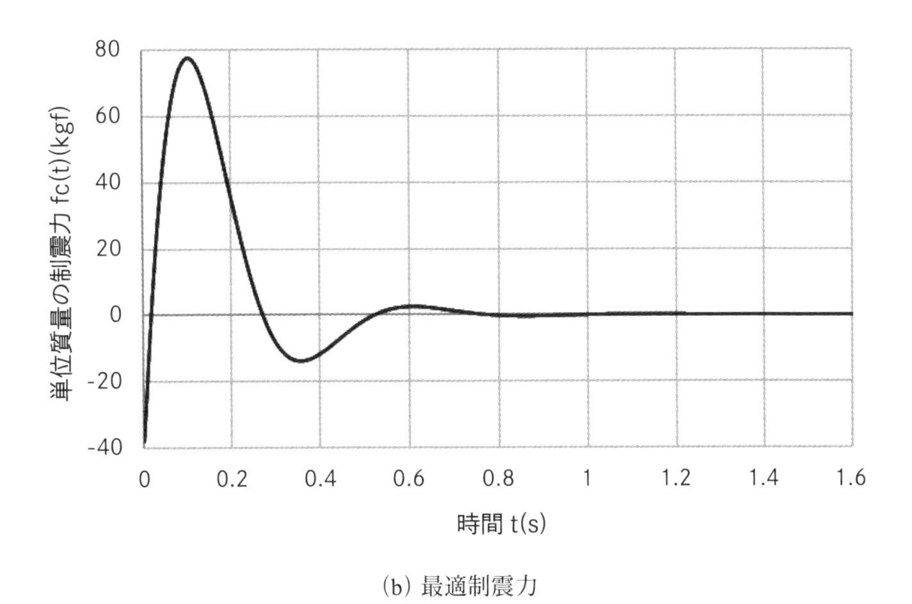

(b) 最適制震力

図 A8.3-2-2　最適応答変位と最適制震力（$R=0.01$）

この図から、最適制震力により応答変位は減衰するが、その制震力の効果は、減衰定数 50%の応答変位とほぼ同じであることがわかる。

図 A8.3-2-1（$R=0.1$ の場合）と図 A8.3-2-2（$R=0.01$ の場合）の最適応答と最適制震力の比較から、重み R が小さいほど、制震力は大きいことがわかる。$R=0.01$ の場合の制震力は、$R=0.1$ の場合の制震力の約 2 倍である。この時の応答は、50%減衰定数の応答変位とほぼ同じである。

(3) 最適制震力と受動的制震の考え方の関係

以上の例題から、最適制震力は、8.1 節の古典的制震の考え方と同じで、以下のように減衰定数と固有振動数を調整するものであることがわかる。ただし、その調整は、2 次形式評価関数 J の重み R に依存して評価される。

最適制震力は、次式のように重み R に依存して、応答変位と速度に比例している。

$$f_{cn} = \begin{cases} -4.706196x_n - 3.236542\dot{x}_n & R = 0.1 \\ -38.0151x_n - 10.9763\dot{x}_n & R = 0.01 \end{cases} \qquad \text{(A8.3-2-8)}$$

振動方程式（A8.3-2-1）から、最適制震力を考慮した自由振動方程式は、次式になる。

$$\ddot{x}_n + (2h\omega_0 + a)\dot{x}_n + (\omega_0^2 + b)x_n = 0$$

ここに、

$$a = \begin{cases} 3.236542 & R = 0.1 \\ 10.9763 & R = 0.01 \end{cases}, \quad b = \begin{cases} 4.706196 & R = 0.1 \\ 38.0151 & R = 0.01 \end{cases} \qquad \text{(A8.3-2-9a)}$$

この式を、次式のように書き変える。

$$\begin{aligned} &\ddot{x}_n + 2h_c\omega_c\dot{x}_n + \omega_c^2 x_n = 0 \\ &\omega_c = \omega_0\sqrt{1 + b / \omega_0^2} \\ &h_c = \frac{1}{\sqrt{1 + b / \omega_0^2}}\left(h + \frac{a}{2\omega_0}\right) \end{aligned} \qquad \text{(A8.3-2-9b)}$$

重み $R = 0.1, 0.01$ の場合、等価固有振動数と等価減衰定数は、次式の値となる。

$$\begin{aligned} &\omega_c = \omega_0\sqrt{1 + b / \omega_0^2} = \begin{cases} 4\pi(1.0148) & R = 0.1 \\ 4\pi(1.1139) & R = 0.01 \end{cases} \\ &h_c = \frac{1}{\sqrt{1 + b / \omega_0^2}}\left(h + \frac{a}{2\omega_0}\right) = \begin{cases} 0.18 & R = 0.1 \\ 0.44 & R = 0.01 \end{cases} \end{aligned} \qquad \text{(A8.3-2-9c)}$$

構造技術者には、広く知られているが、この自由振動の例題の最適制震力では、固有振動数の変化は小さく、減衰定数を大きくして、振動を減少させている。高減衰を実現できる速度依存型ダンパーが、制震には重要であることを示している。

8.3　補助記事 3　正定値対称行列 P の計算のための繰り返し法

正定値対称行列の計算方法の繰り返し計算法は、次式のように収束するまで繰り返して求める方法である。

$$\mathbf{P} = \mathbf{S} + \mathbf{E}^T\mathbf{P}\left(\mathbf{I} + \mathbf{G}\mathbf{R}^{-1}\mathbf{G}^T\mathbf{P}\right)^{-1}\mathbf{E} \qquad \text{(A8.3-3-1)}$$

適当な初期値 $\mathbf{P}_0$（例えば、正定値対称行列 $\mathbf{P}_0 = \mathbf{S}$）を与えて、第 1 次近似 $\mathbf{P}_1$ を次式で求める。

$$\mathbf{P}_1 = \mathbf{S} + \mathbf{E}^T\mathbf{P}_0\left(\mathbf{I} + \mathbf{G}\mathbf{R}^{-1}\mathbf{G}^T\mathbf{P}_0\right)^{-1}\mathbf{E} \qquad \text{(A8.3-3-2a)}$$

第 2 次近似 $\mathbf{P}_2$ は、次式で求める。

$$\mathbf{P}_2 = \mathbf{S} + \mathbf{E}^T\mathbf{P}_1\left(\mathbf{I} + \mathbf{G}\mathbf{R}^{-1}\mathbf{G}^T\mathbf{P}_1\right)^{-1}\mathbf{E} \qquad \text{(A8.3-3-2b)}$$

この繰り返し計算をすると、第 $n+1$ 次近似 $\mathbf{P}_{n+1}$ は、次式で求められる。

$$\mathbf{P}_{n+1} = \mathbf{S} + \mathbf{E}^T\mathbf{P}_n\left(\mathbf{I} + \mathbf{G}\mathbf{R}^{-1}\mathbf{G}^T\mathbf{P}_n\right)^{-1}\mathbf{E} \qquad \text{(A8.3-3-3)}$$

第 $n+1$ 次近似 $\mathbf{P}_{n+1}$ と第 n 次近似 $\mathbf{P}_n$ が、変わらなくなるまで繰り返し、収束した結果

を正定値対称行列 $\mathbf{P}$ とする。8.3 補助記事2の計算では、40回程度の繰り返しで収束した。

8.3　補助記事4　地震動を受ける1自由度振動系の最適応答と制震力

8.3 補助記事2で扱った単位質量 $m = 1\text{kgfs}^2/\text{m}$ の自由振動系を用いて、ここでは、静止状態から地震動加速度 $\ddot{z}$ を受ける次式の運動方程式の最適応答と制震力を計算する。離散化は、$dt = 0.02\text{s}$ とする。

$$\begin{aligned} &\ddot{x} + 2h\omega_0\dot{x} + \omega_0^2 x = -\ddot{z} + f_c \\ &\text{初期条件：}\ x(0) = 0, \dot{x}(0) = 0 \\ &h = 0.05, \quad \omega_0 = 2\pi f_0 = 2\pi(2)\text{rad/s} \to T_0 = 1/f_0 = 0.5\text{s} \end{aligned} \tag{A8.3-4-1}$$

この2階微分方程式の連立1階部分方程式は、次式である。

$$\begin{aligned} &\dot{\mathbf{X}}(t) = \mathbf{A}\mathbf{X}(t) + \mathbf{Q}(t) + \mathbf{B}\mathbf{f}_c(t) \\ &\text{初期条件：}\mathbf{X}_0 = \mathbf{X}(0) = \begin{pmatrix} x_0 = 0 \\ v_0 = 0 \end{pmatrix} \end{aligned} \tag{A8.3-4-2a}$$

ここに、

$$\begin{aligned} &\mathbf{A} = \begin{pmatrix} 0 & 1 \\ -\omega_0^2 & -2h\omega_0 \end{pmatrix} = \begin{pmatrix} 0 & 1 \\ -157.91 & -1.2567 \end{pmatrix} \\ &\mathbf{B} = \begin{pmatrix} 0 & 0 \\ 0 & 1 \end{pmatrix}, \quad \mathbf{Q}(t) = \begin{pmatrix} 0 \\ -\ddot{z}(t) \end{pmatrix}, \quad \mathbf{f}_c(t) = \begin{pmatrix} 0 \\ f_c(t) \end{pmatrix} \end{aligned} \tag{A8.3-4-2b}$$

この地震動を受ける1質点振動系の離散化式と最適制震外力は、次式となる（式(8.3-3)の線形系の場合）。

$$\begin{aligned} &\mathbf{X}_{n+1} = \mathbf{P}(n+1,n)\left(\mathbf{E}\mathbf{X}_n + \mathbf{F}\mathbf{Q}_n\right) \\ &\mathbf{P}(n+1,n) = \left(\mathbf{I} + \mathbf{G}\mathbf{R}^{-1}\mathbf{G}^T\mathbf{P}\right)^{-1} \\ &\mathbf{f}_{cn} = -\left(\mathbf{R} + \mathbf{G}^T\mathbf{P}\mathbf{G}\right)^{-1}\mathbf{G}^T\mathbf{P}\mathbf{E}\mathbf{X}_n \end{aligned} \tag{A8.3-4-3a}$$

制震力が無い場合の地震応答は、次式で計算する(7.5節)。

$$\mathbf{X}_{n+1} = \mathbf{E}\mathbf{X}_n + \mathbf{F}\mathbf{Q}_n \tag{A8.3-4-3b}$$

ここに、

$$\mathbf{E} = \mathrm{e}^{\mathbf{A}dt} = \begin{pmatrix} 0.968844 & 0.019543 \\ -3.086185 & 0.944285 \end{pmatrix}$$

$$\mathbf{F} = \mathrm{e}^{\mathbf{A}dt}dt = \begin{pmatrix} 0.019377 & 0.000391 \\ -0.061724 & 0.018886 \end{pmatrix} \qquad \text{(A8.3-4-3c)}$$

$$\mathbf{G} = \mathrm{e}^{\mathbf{A}dt}\mathbf{B}dt = \begin{pmatrix} 0 & 0.000391 \\ 0 & 0.018886 \end{pmatrix}$$

ここでは、8.3 補助記事 2 の重み $R=0.01$ の場合の正定値対称行列と伝達行列を使う。

$$\mathbf{P} = \begin{pmatrix} 1426.963 & 19.00713 \\ 19.00713 & 6.488000 \end{pmatrix}$$

$$\mathbf{P}(n+1,n)\mathbf{E} = \left(\mathbf{I} + \mathbf{G}\mathbf{R}^{-1}\mathbf{G}^T\mathbf{P}\right)^{-1}\mathbf{E} = \begin{pmatrix} 0.953985 & 0.015253 \\ -3.804138 & 0.736987 \end{pmatrix} \qquad \text{(A8.3-4-3d)}$$

$$\mathbf{P}(n+1,n)\mathbf{F} = \left(\mathbf{I} + \mathbf{G}\mathbf{R}^{-1}\mathbf{G}^T\mathbf{P}\right)^{-1}\mathbf{F} = \begin{pmatrix} 0.019079 & 0.0003051 \\ -0.076083 & 0.0147397 \end{pmatrix}$$

したがって、最適応答と最適制震力は、

$$\begin{pmatrix} x_{n+1} \\ \dot{x}_{n+1} \end{pmatrix} = \begin{pmatrix} 0.953985 & 0.015253 \\ -3.804138 & 0.736987 \end{pmatrix}\begin{pmatrix} x_n \\ \dot{x}_n \end{pmatrix} - \begin{pmatrix} 0.0003051 \\ 0.0147397 \end{pmatrix}\ddot{z}_n$$

$$\mathbf{f}_{cn} = \begin{pmatrix} 0 \\ f_{cn} \end{pmatrix} = -\left(\mathbf{R} + \mathbf{G}^T\mathbf{P}\mathbf{G}\right)^{-1}\mathbf{G}^T\mathbf{P}\mathbf{E}\mathbf{X}_n = \begin{pmatrix} 0 & 0 \\ -38.0151 & -10.9763 \end{pmatrix}\begin{pmatrix} x_n \\ \dot{x}_n \end{pmatrix} \qquad \text{(A8.3-4-3e)}$$

$$f_{cn} = -38.0151x_n - 10.9763\dot{x}_n$$

図 A8.3-4-1 は、計算で用いた入力地震動加速度波形を示す。

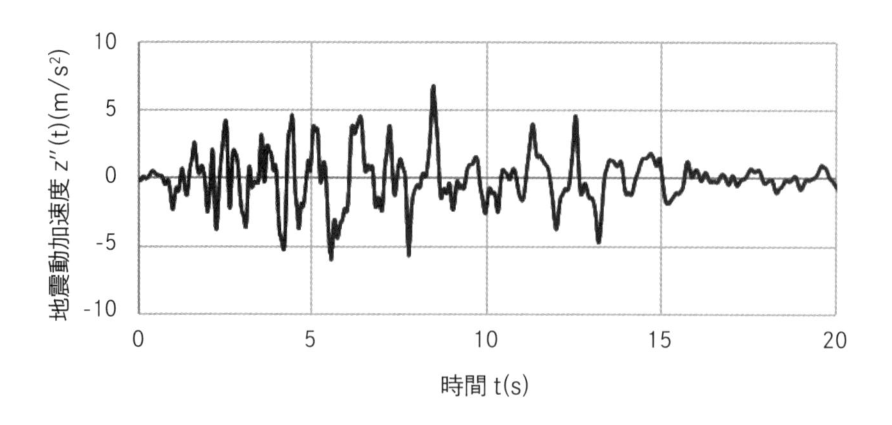

図 A8.3-4-1　入力地震動加速度波形(道路橋示方書 Type2 レベル 2 の 1)

図 A8.3-4-2 は、制震力の有無による地震応答相対変位と相対速度および絶対加速度波形の比較(a)～(c)と、最適制震力の時刻歴波形(d)を示す。

図 A8.3-4-2 から、重み $R=0.01$ の最適制震力により、地震相対応答変位と相対速度および絶対加速度は、5%減衰の制震力の無い場合の応答に比べると、相対変位で約 0.2 倍、相対速度で 0.23 倍、絶対加速度で 0.26 倍と全ての応答量がかなり小さく抑えられていることがわかる。単位質量当たりの最適制震力は、最大で約 3.2kgf である。

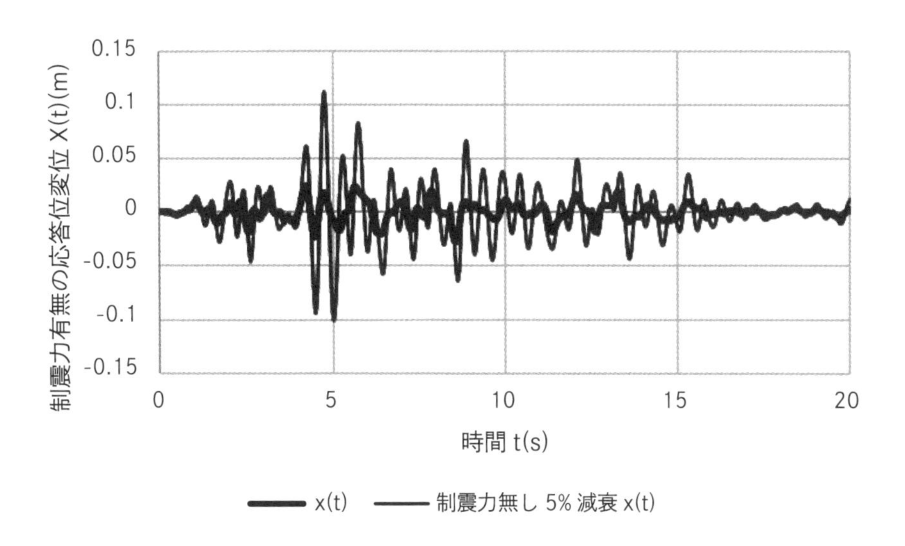

(a)　制震応答相対変位(太実線)と制震力無しの 5%応答相対変位(細実線)の比較

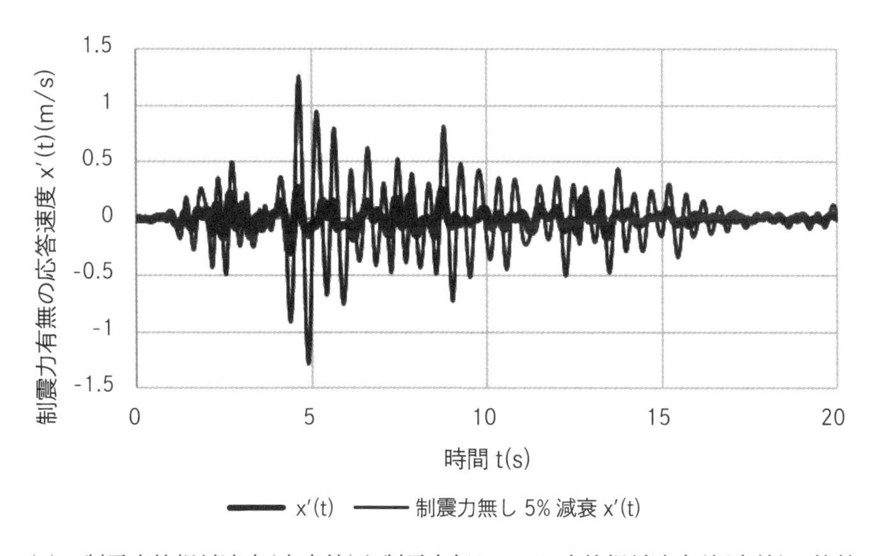

(b)　制震応答相対速度(太実線)と制震力無しの 5%応答相対速度(細実線)の比較

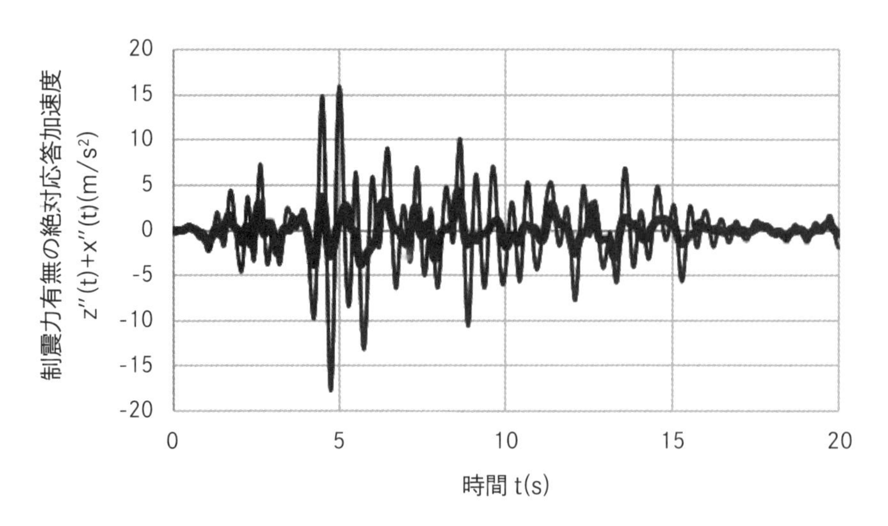

（c） 制震応答絶対加速度（太実線）と制震力無しの 5%応答絶対加速度（細実線）の比較

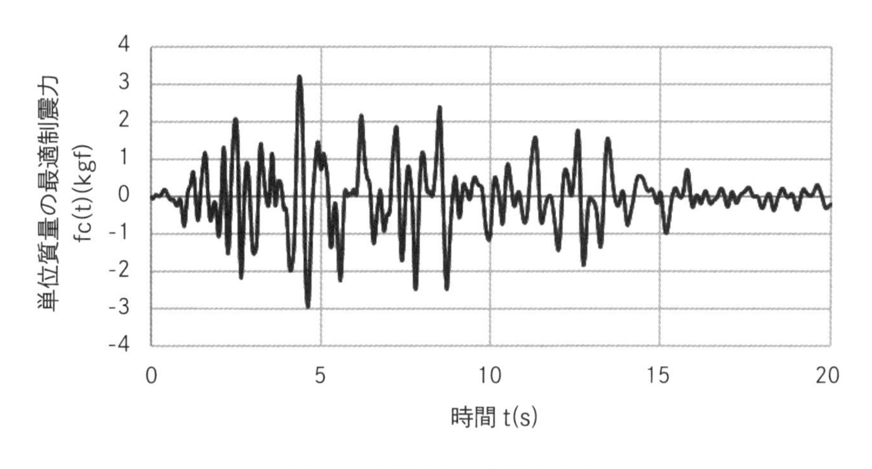

（d） 最適制震力の時刻歴波形

図 A8.3-4-2 制震応答相対変位と 5%応答相対変位（a）、応答相対速度（b）と応答絶対加速度（c）の比較と最適制震力波形（d）

8.3 補助記事 5 評価関数の最小値とリカッチ方程式

次式の連立 1 階微分方程式の条件の時に、2 次形式の評価関数の最小値を探す問題は、ラグランジェの未定係数法を使って求めることができる（8.2 補助記事 3）。しかし、ここでは、評価関数を無限大まで積分した以下のような評価関数として、その最小値を求める方法を説明する。

$$\dot{\mathbf{X}}(t) = \mathbf{A}\mathbf{X}(t) + \mathbf{B}\mathbf{f}_c(t)$$
$$J = \frac{1}{2}\int_0^\infty \left(\mathbf{X}^T(t)\mathbf{S}\mathbf{X}(t) + \mathbf{f}_c^T(t)\mathbf{R}\mathbf{f}_c(t)\right)dt \tag{A8.3-5-1}$$

上式の積分が有限な値を持つためには、$t \to \infty$ で、$\mathbf{X}(t) \to \mathbf{0}$ を満たすことを利用する。このような応答 $\mathbf{X}(t)$ の場合、次式左辺の積分は、右辺のように応答の初期値で与えられる。

$$\int_0^\infty \frac{d}{dt}\left(\mathbf{X}^T(t)\mathbf{P}\mathbf{X}(t)\right)dt = \left[\mathbf{X}^T(t)\mathbf{P}\mathbf{X}(t)\right]_0^\infty = -\mathbf{X}^T(0)\mathbf{P}\mathbf{X}(0) \tag{A8.3-5-2a}$$

ここに、$\mathbf{P}$ は正定対称行列である。また、被積分関数は、次式のようになる。

$$\begin{aligned}\frac{d}{dt}\left(\mathbf{X}^T(t)\mathbf{P}\mathbf{X}(t)\right) &= \frac{d\mathbf{X}^T}{dt}\mathbf{P}\mathbf{X} + \mathbf{X}^T\mathbf{P}\frac{d\mathbf{X}}{dt} \\ &= \left(\mathbf{A}\mathbf{X} + \mathbf{B}\mathbf{f}_c\right)^T\mathbf{P}\mathbf{X} + \mathbf{X}^T\mathbf{P}\left(\mathbf{A}\mathbf{X} + \mathbf{B}\mathbf{f}_c\right) \\ &= \mathbf{X}^T\left(\mathbf{A}^T\mathbf{P} + \mathbf{P}\mathbf{A}\right)\mathbf{X} + \mathbf{f}_c^T\mathbf{B}^T\mathbf{P}\mathbf{X} + \mathbf{X}^T\mathbf{P}\mathbf{B}\mathbf{f}_c\end{aligned} \tag{A8.3-5-2b}$$

したがって、次式が成立する。

$$\int_0^\infty \left(\mathbf{X}^T\left(\mathbf{A}^T\mathbf{P} + \mathbf{P}\mathbf{A}\right)\mathbf{X} + \mathbf{f}_c^T\mathbf{B}^T\mathbf{P}\mathbf{X} + \mathbf{X}^T\mathbf{P}\mathbf{B}\mathbf{f}_c\right)dt + \mathbf{X}^T(0)\mathbf{P}\mathbf{X}(0) = \mathbf{0} \tag{A8.3-5-3}$$

ここで、評価関数に上式を加えても、評価関数は変わらないため、次式が得られる。

$$\begin{aligned}J = &\frac{1}{2}\int_0^\infty \left(\mathbf{X}^T\mathbf{S}\mathbf{X} + \mathbf{f}_c^T\mathbf{R}\mathbf{f}_c\right)dt + \\ &\frac{1}{2}\int_0^\infty \left(\mathbf{X}^T\left(\mathbf{A}^T\mathbf{P} + \mathbf{P}\mathbf{A}\right)\mathbf{X} + \mathbf{f}_c^T\mathbf{B}^T\mathbf{P}\mathbf{X} + \mathbf{X}^T\mathbf{P}\mathbf{B}\mathbf{f}_c\right)dt + \frac{1}{2}\mathbf{X}^T(0)\mathbf{P}\mathbf{X}(0)\end{aligned} \tag{A8.3-5-4a}$$

上式の被積分関数は、次式のように書き変えることができる。

$$\begin{aligned}&\mathbf{X}^T\mathbf{S}\mathbf{X} + \mathbf{f}_c^T\mathbf{R}\mathbf{f}_c + \mathbf{X}^T\left(\mathbf{A}^T\mathbf{P} + \mathbf{P}\mathbf{A}\right)\mathbf{X} + \mathbf{f}_c^T\mathbf{B}^T\mathbf{P}\mathbf{X} + \mathbf{X}^T\mathbf{P}\mathbf{B}\mathbf{f}_c \\ &\quad = \mathbf{X}^T\mathbf{Ri}\mathbf{X} + \left(\mathbf{f}_c^T + \mathbf{X}^T\mathbf{P}\mathbf{B}\mathbf{R}^{-1}\right)\mathbf{B}^T\mathbf{P}\mathbf{X} + \left(\mathbf{f}_c^T + \mathbf{X}^T\mathbf{P}\mathbf{B}\mathbf{R}^{-1}\right)\mathbf{R}\mathbf{f}_c \\ &\quad = \mathbf{X}^T\mathbf{Ri}\mathbf{X} + \left(\mathbf{f}_c + \mathbf{R}^{-1}\mathbf{B}^T\mathbf{P}\mathbf{X}\right)^T\mathbf{R}\left(\mathbf{f}_c + \mathbf{R}^{-1}\mathbf{B}^T\mathbf{P}\mathbf{X}\right)\end{aligned} \tag{A8.3-5-4b}$$

ここに、$\mathbf{Ri}$ は、リカッチ行列関数を表す。

$$\mathbf{Ri} = \mathbf{A}^T\mathbf{P} + \mathbf{P}\mathbf{A} - \mathbf{P}\mathbf{B}\mathbf{R}^{-1}\mathbf{B}^T\mathbf{P} + \mathbf{S} \tag{A8.3-5-4c}$$

上式３段目の式は、重み行列 $\mathbf{R}$ は対角行列、$\mathbf{P}$ は正定対称行列とするので、次式を用いて求めた。

$$(\mathbf{R}^{-1})^T = \mathbf{R}^{-1}, \quad \mathbf{P}^T = \mathbf{P} \tag{A8.3-5-4d}$$

上式の被積分関数を評価関数式に代入すると、次式が得られる。

$$J = \frac{1}{2}\int_0^\infty \left(\left(\mathbf{f}_c + \mathbf{R}^{-1}\mathbf{B}^T\mathbf{P}\mathbf{X}\right)^T\mathbf{R}\left(\mathbf{f}_c + \mathbf{R}^{-1}\mathbf{B}^T\mathbf{P}\mathbf{X}\right) + \mathbf{X}^T\mathbf{Ri}\mathbf{X}\right)dt + \frac{1}{2}\mathbf{X}^T(0)\mathbf{P}\mathbf{X}(0) \tag{A8.3-5-4e}$$

被積分関数は 2 次形式なので正値となる。評価関数が最小となる条件は、被積分関数が零である。この条件を満たすためには、次式が成立する。

$$\begin{aligned}\mathbf{f}_c &= -\mathbf{R}^{-1}\mathbf{B}^T\mathbf{P}\mathbf{X}\\ \mathbf{Ri} &= \mathbf{A}^T\mathbf{P} + \mathbf{P}\mathbf{A} - \mathbf{P}\mathbf{B}\mathbf{R}^{-1}\mathbf{B}^T\mathbf{P} + \mathbf{S} = \mathbf{0}\end{aligned} \qquad \text{(A8.3-5-5a)}$$

上式が成立する時の評価関数の最小値は、

$$J_{\min} = \frac{1}{2}\mathbf{X}^T(0)\mathbf{P}\mathbf{X}(0) \qquad \text{(A8.3-5-5b)}$$

制震外力 $\mathbf{f}_c$ を式（A8.3-5-1）の連立 1 階微分方程式に代入すると、次式の最適方程式が得られる。

$$\dot{\mathbf{X}}(t) = \left(\mathbf{A} - \mathbf{B}\mathbf{R}^{-1}\mathbf{B}^T\mathbf{P}\right)\mathbf{X}(t) \qquad \text{(A8.3-5-5c)}$$

ここに、$\mathbf{P}$（正定対称行列）は、式(A8.3-5-5a)のリカッチ方程式の解である。

第9章 2次元と3次元フーリエ変換による波動方程式の一般解

ここでは、2次元と3次元のフーリエ変換により、時空間領域の波動方程式を振動数・波数領域に変換して、2次元と3次元波動方程式の関係を整理する。波動方程式を扱う場合、S波、P波という2つの言葉やSH波とP・SV波などの言葉が現れるので、その関係を説明する。境界値問題では、表面波も現れる。これらは水平多層弾性体の波動問題で現れる現象である。水平多層弾性体の波動問題は、連立1次方程式(剛性方程式)を解く問題に定式化できることを9.1節(SH波)、9.2節(P・SV波)、9.3節(3次元問題)に示すが、表面波問題や、地震動入射波や外力による水平多層弾性体の応答問題を簡単に説明する(その基礎と応用例は、原田・本橋(2017)参照)。

結論としては、3次元波動方程式と2次元波動方程式の関係は、下図のように水平成分のみのSH波と水平と上下成分を持つP・SV波に分解できることを具体的な定式化で示す。直交座標系 (x, y, z) と新直交座標系 (x', y', z) のP波、SH波とP･SV波の幾何学的関係は、図9-1のようになる。

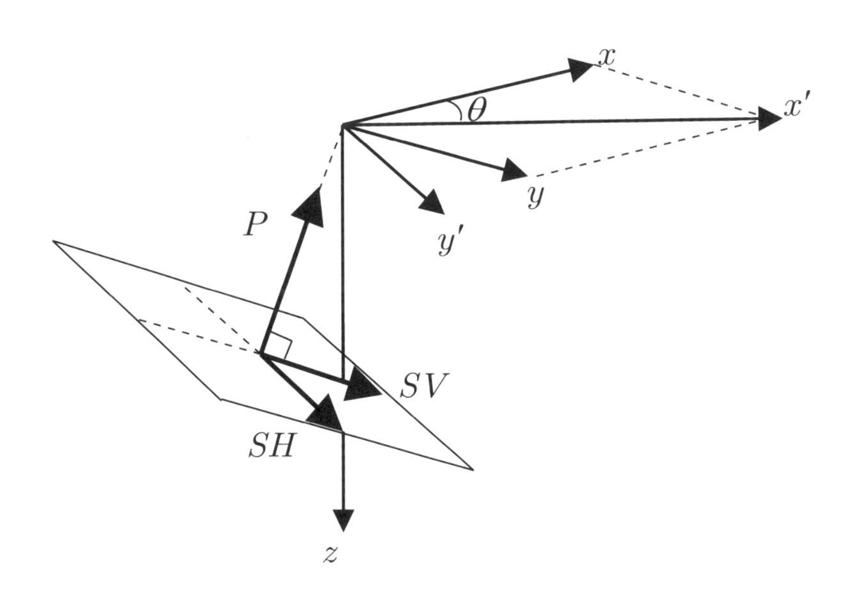

図9-1　直交座標系(x, y, z)と新直交座標系(x', y', z)のP波、SH波とP･SV波の幾何学的関係

9.1　2次元波動方程式のSH波(面内問題)

(1) SH波の波動方程式

震源断層・水平多層弾性体の応答を扱う時、震源断層の走向方向を x 軸、鉛直下方に z 軸を設定した右手系の直交座標 (x, y, z) と調和平面波が進む方向の新座標 (x', y', z) の2つの座標系を用いて、SH波とP・SV波は新座標 (x', y', z) 系で定義する必要がある（原田・本橋(2017)）。ここでは、記号の簡単化のためにSH波を (x, y, z) 系と変位を $v_0(x', z) \to v(x, z)$ と表記する。

このような記号を用い、体積力を無視すると、SH波の波動方程式は次式で与えられる。

$$\left(\frac{d^2}{dx^2}+\frac{d^2}{dz^2}\right)v(x,z,t)=\frac{1}{C_S^2}\ddot{v},\quad C_S=\sqrt{\frac{\mu}{\rho}} \tag{9.1-1}$$

ここに、ρ, μ, C_S はそれぞれ弾性体の単位体積当たりの質量（密度）、せん断剛性、S波速度を意味する。

(2) 振動数・波数領域の解

フーリエ変換を使って波動方程式を解く。2重フーリエ変換より、

$$\begin{aligned} v(x,z,t) &= \frac{1}{(2\pi)^2}\int_{-\infty}^{\infty}\int_{-\infty}^{\infty} v(\kappa,z,\omega)\mathrm{e}^{i(\kappa x-\omega t)}d\kappa d\omega \\ v(\kappa,z,\omega) &= \int_{-\infty}^{\infty}\int_{-\infty}^{\infty} v(x,z,t)\mathrm{e}^{-i(\kappa x-\omega t)}dxdt \end{aligned} \tag{9.1-2a}$$

ここに、記号の簡単化のため、時空間領域と振動数・波数領域の変位を $v(x,z,t)$ と $v(\kappa,z,\omega)$ のように同じ記号で表現している。変数によって時空間領域か振動数・波数領域かを区別するものとする。特に、振動数・波数領域の場合、$v(z) \equiv v(\kappa,z,\omega)$ と簡略表現をする。

無限遠と初期条件が零の境界条件の場合には（そうでない場合の厳密解は部分積分を使うが、原田・本橋(2017)参照)、記号を簡単化して、以下のように調和波の解が求められる。

$$v(x,z,t)=v(z)\mathrm{e}^{i(\kappa x-\omega t)},\quad v(z)=v(\kappa,z,\omega) \tag{9.1-2b}$$

ここに、この簡略記号は、2.2節（3）の調和振動の仮定 $v(t)=V(\omega)\mathrm{e}^{i\omega t}$ と同じであるが、振動数の関数 $V(\omega)$ を小文字にしていることと、$v(\kappa,z,\omega)$ は長いので、$v(z)$ と簡略していることに注意せよ。これを波動方程式に代入すると、次式が得られる。

$$\left(\frac{d^2}{dz^2}+\gamma^2\right)v(z)=0,\quad \gamma^2=\left(\frac{\omega}{C_S}\right)^2-\kappa^2 \tag{9.1-2c}$$

これは、2階微分方程式なので、解を指数関数と仮定する。

$$v(z)=C\mathrm{e}^{\lambda z} \tag{9.1-3a}$$

波動方程式に代入すると、次式の特性方程式が求められる。

$$\left(\lambda^2+\gamma^2\right)v(z)=0 \tag{9.1-3b}$$

$v(z)$ が零でないためには、特性方程式の係数が零でなければならない。したがって、

$$\lambda=\pm i\gamma,\quad \gamma=\sqrt{\left(\frac{\omega}{C_S}\right)^2-\kappa^2},\quad \mathrm{Re}(\gamma)\geq 0, \mathrm{Im}(\gamma)\geq 0 \tag{9.1-3c}$$

放射条件（$z\to\pm\infty, v\to 0$）を満たすために、虚数部は正でなければならない（式 (9.1-2a) のフーリエ変換の定義に現れる調和波 $\mathrm{e}^{i(\kappa x-\omega t)}$ における振動数の正負に依存することと、この定義は、9.1 補助記事 1 の上昇波と下降波とも連動することの 2 点に注意せよ：波動方程式を扱う場合の注意点)。

一般解は、$v(z)=C_1\mathrm{e}^{i\gamma z}+C_2\mathrm{e}^{-i\gamma z}$ となるので、また、せん断変位とせん断歪・せん断応力は、$\mathrm{e}^{i(\kappa x-\omega t)}$ は共通なので、記号の簡単化のため、省略して表すと、

$$\begin{aligned}
v(z)&=C_1\mathrm{e}^{i\gamma z}+C_2\mathrm{e}^{-i\gamma z}\\
\gamma_{zy}(z)&=\frac{dv}{dz}=i\gamma\left(C_1\mathrm{e}^{i\gamma z}-C_2\mathrm{e}^{-i\gamma z}\right)\\
\tau_{zy}(z)&=\mu\frac{dv}{dz}=i\mu\gamma\left(C_1\mathrm{e}^{i\gamma z}-C_2\mathrm{e}^{-i\gamma z}\right)
\end{aligned} \tag{9.1-4a}$$

後の解析のため、変位・応力ベクトルとして、次式のように整理しておく。

$$\begin{aligned}
&\begin{pmatrix} v(z)\\ \tau_{zy}(z)\end{pmatrix}=\begin{pmatrix}1 & 1\\ i\mu\gamma & -i\mu\gamma\end{pmatrix}\begin{pmatrix}\mathrm{e}^{i\gamma z} & 0\\ 0 & \mathrm{e}^{-i\gamma z}\end{pmatrix}\begin{pmatrix}u_{SHout}\\ u_{SHin}\end{pmatrix}\\
&C_1\equiv u_{SHout}\\
&C_2\equiv u_{SHin}
\end{aligned} \tag{9.1-4b}$$

ここに、9.1 補助記事 1 に示すが、積分定数 $C_1\equiv u_{SHout}, C_2\equiv u_{SHin}$ は、SH 波の下降波と上昇波の変位振幅を表す。

9.1　補助記事 1　波数・振動数の幾何学的意味と Snell の法則

変位の一般解を考察する。

$$v(x,z,t)=C_1\mathrm{e}^{i(\kappa x+\gamma z-\omega t)}+C_2\mathrm{e}^{i(\kappa x-\gamma z-\omega t)} \tag{A9.1-1-1}$$

最初に右辺第 1 項から始める。位相を Phase とおくと、

$$Phase=\kappa x+\gamma z-\omega t \tag{A9.1-1-2a}$$

位相が一定である座標には、次式が成立する。

$$z=-\frac{\kappa}{\gamma}x+\frac{\omega}{\gamma}t+\frac{Phase}{\gamma} \tag{A9.1-1-2b}$$

位相が一定とする。波数・振動数が正として、この式の時刻零と時刻 t での座標を描くと、図 A9.1-1-1 のような 2 本の直線が得られる。この 2 本の直線が調和平面波の位相

が一定である点(波面)の時間変化を表し、この直線に直交する方向が調和平面波の伝播方向であり、波線とも呼ばれる。波面に直交するのが波線である。時間経過とともに、位相が一定の点(波面)は、z 軸の正の方向に進むので、右辺第 1 項は下降波と呼ばれる。図 A9.1-1-1 の幾何学的関係より、

$$AB = \frac{\omega}{\kappa} t \sin \theta_{out} = \frac{\omega}{\gamma} t \cos \theta_{out} \tag{A9.1-1-2c}$$

S 波の伝播速度は C_S なので、$AB = C_S t$ となり、次式が得られる。

$$\kappa = \frac{\omega}{C_S} \sin \theta_{out}, \quad \gamma = \frac{\omega}{C_S} \cos \theta_{out} \rightarrow \kappa^2 + \gamma^2 = \left(\frac{\omega}{C_S} \right)^2 \tag{A9.1-1-2d}$$

これは、波数平面を図 A9.1-1-2 のようにとると、その幾何学的関係から、x, z 軸方向の波数と調和平面波伝播方向の波数との関係を表す。

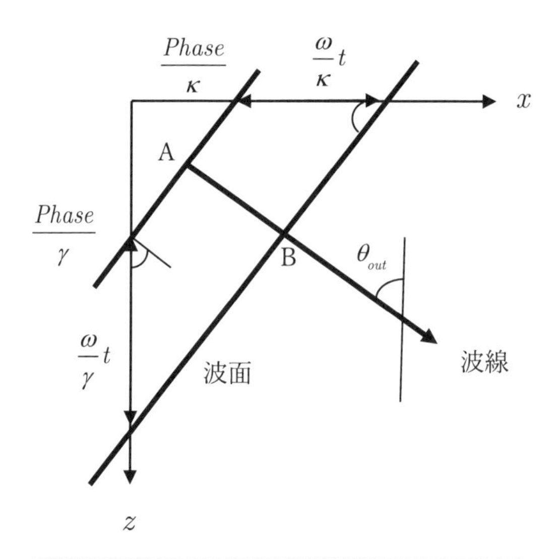

図 A9.1-1-1　調和平面波の下降波とその記号

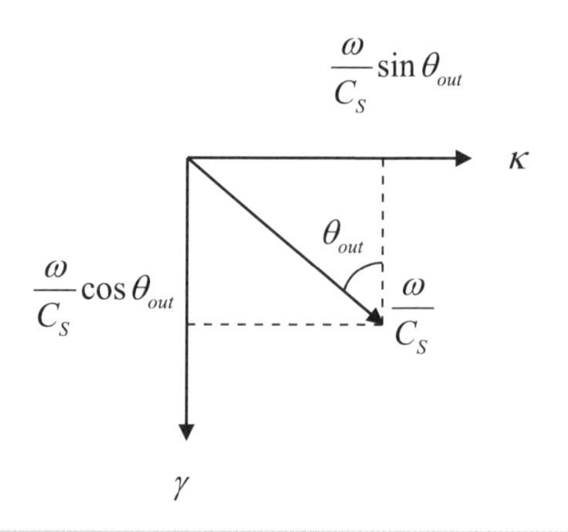

図 A9.1-1-2　下降波の波数平面とその記号

次に、同様な方法で右辺第２項を説明する。位相を Phase とおくと、次式が得られる。

$$z = \frac{\kappa}{\gamma}x - \frac{\omega}{\gamma}t - \frac{Phase}{\gamma} \tag{A9.1-1-3}$$

同様に、時刻零と時刻 t での座標を描くと、図 A9.1-3 のような２本の直線が得られる。この直線に直交する方向が調和平面波の伝播方向となる。２項の場合、時間経過とともに、位相が一定の点（波面）は、z 軸の負の方向に進むので、右辺第２項は上昇波と呼ばれる。図の幾何学的関係より、

$$AB = \frac{\omega}{\kappa}t\sin\theta_{in} = \frac{\omega}{\gamma}t\cos\theta_{in} \tag{A9.1-1-4a}$$

S 波の伝播速度は C_S なので、$AB = C_S t$ となり、次式が得られる。

$$\kappa = \frac{\omega}{C_S}\sin\theta_{in}, \quad \gamma = \frac{\omega}{C_S}\cos\theta_{in} \to \kappa^2 + \gamma^2 = \left(\frac{\omega}{C_S}\right)^2 \tag{A9.1-1-4b}$$

これは、同様に波数平面の θ_{out} を θ_{in} に置き換えると、その幾何学的関係から、x, z 軸方向の波数と調和平面波伝播方向の波数との関係を表す。

入射角 θ_{in} は零（鉛直入力）から $\pi/2$（水平入力）まで変化する。$\kappa/\omega = \sin\theta_{in}/C_S$ は、零から $1/C_S$ までの値をとる。この κ/ω は見かけ水平速度（図 A9.1-1-3 参照）の逆数で、これは水平スローネスと呼ばれる。

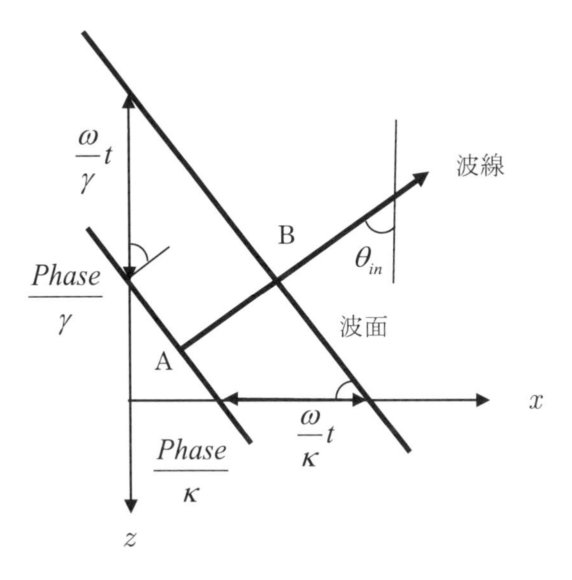

図 A9.1-1-3　調和平面波の上昇波とその記号

境界面を挟んで S 波速度が違う弾性体の Snell の法則と波数・振動数の関係を求めてみる。図 A9.1-1-4 のように S 波の波線と入射角を取り、$z = 0$ を境界面とする。x 軸方向の波数 κ は、境界面で等しいので、次式が成立する。

$$\kappa = \frac{\omega}{C_{S2}}\sin\theta_{in2} = \frac{\omega}{C_{S1}}\sin\theta_{in1} \rightarrow \frac{\sin\theta_{in2}}{C_{S2}} = \frac{\sin\theta_{in1}}{C_{S1}} = \frac{\kappa}{\omega} = p = \text{一定} \qquad \text{(A9.1-1-5)}$$

この式はSnellの法則を表す。また、上式はFermatの最小時間の原理からも求められる。境界面の下の点P_2から境界面の上の点P_1までの走時T_{12}が最小になるような波線経路を求めると、以下のようになる。

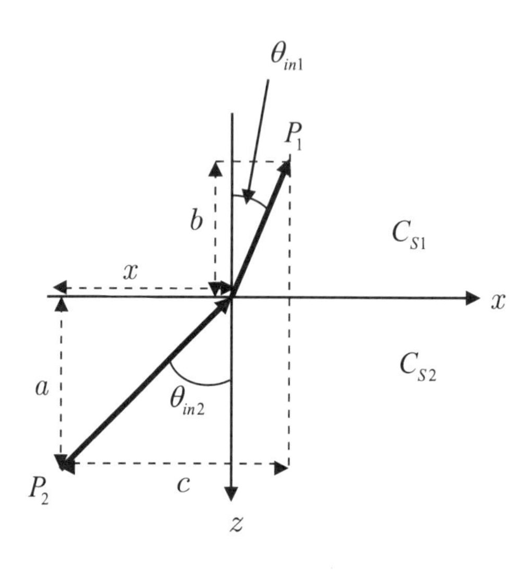

図 A9.1-1-4　境界面を挟んでS波速度の違う弾性体のSnellの法則とその記号

$$T_{12} = t_2 + t_1 = \frac{\sqrt{a^2 + x^2}}{C_{S2}} + \frac{\sqrt{b^2 + (c-x)^2}}{C_{S1}} \qquad \text{(A9.1-1-6a)}$$

最小時間の条件から、

$$\frac{dT_{12}}{dx} = 0 = \frac{x}{C_{S2}\sqrt{a^2 + x^2}} - \frac{(c-x)}{C_{S1}\sqrt{b^2 + (c-x)^2}} = \frac{\sin\theta_{in2}}{C_{S2}} - \frac{\sin\theta_{in1}}{C_{S1}} \qquad \text{(A9.1-1-6b)}$$

この式より、Snellの法則が得られる。

$$\frac{\sin\theta_{in2}}{C_{S2}} = \frac{\sin\theta_{in1}}{C_{S1}} \qquad \text{(A9.1-1-6c)}$$

省略するが、Huygensの原理（波面上の各点は2次的な波源から外側のあらゆる方向へ向かってその点の媒質の速度で伝播する）に従うと、媒質2と1の調和平面波の波面がx軸と交わる距離の入射角の正弦成分が調和平面波の時間差の距離に等しいことからもSnellの法則が求められる。これは、水平方向の波数が境界面で等しいことを意味することも注目せよ。

また、Fermatの最小時間の原理から求められるSnellの法則には、波数や振動数の関係（水平スローネス）は含まれないが、上記のような振動数・波数の幾何学的関係を考慮すれば、水平スローネス$\kappa/\omega=p$が一定ということが導かれることにも注意せよ。

境界面を挟んでS波速度が違う弾性体の水平方向の波数κは変わらない。しかし、以下に説明するように鉛直方向の波数γは媒質が違うと異なることにも注意せよ。

水平1層弾性体の入射問題では、(5)項で示すように、各波数は次式で与えられる。

$$\gamma_1=\sqrt{\left(\frac{\omega}{C_{S1}}\right)^2-\kappa^2},\quad \gamma_2=\sqrt{\left(\frac{\omega}{C_{S2}}\right)^2-\kappa^2},\quad \kappa=\frac{\omega}{C_{S2}}\sin\theta_{in2} \tag{A9.1-1-7a}$$

これより、

$$\gamma_2=\sqrt{\left(\frac{\omega}{C_{S2}}\right)^2-\kappa^2}=\frac{\omega}{C_{S2}}\sqrt{1-\sin^2\theta_{in2}}=\frac{\omega}{C_{S2}}\cos\theta_{in2} \tag{A9.1-1-7b}$$

この式は、幾何学的関係から得られる入射角と鉛直方向波数の関係式と同じである。また、第1層の鉛直方向波数は、次式のようになり、これも幾何学的関係から得られる入射角と鉛直方向波数の関係式と同じである。

$$\gamma_1=\sqrt{\left(\frac{\omega}{C_{S1}}\right)^2-\kappa^2}=\frac{\omega}{C_{S1}}\sqrt{1-\left(\frac{C_{S1}}{C_{S2}}\right)^2\sin^2\theta_{in2}} \tag{A9.1-1-8a}$$

Snellの法則を上式に代入すると、次式が得られる。

$$\gamma_1=\frac{\omega}{C_{S1}}\sqrt{1-\left(\frac{C_{S1}}{C_{S2}}\right)^2\left(\frac{C_{S2}}{C_{S1}}\right)^2\sin^2\theta_{in1}}=\frac{\omega}{C_{S1}}\cos\theta_{in1} \tag{A9.1-1-8b}$$

(3) 多層の要素剛性行列

図9.1-1に示す水平多層弾性体のSH波応答を求める。この準備として、ここでは、第m層の変位・応力ベクトルから、第m層の要素剛性行列と半無弾性体の剛性行列を求める。これらを使って、水平多層弾性体の応答計算式が次の(4)項のように求められる。

第m層の上端と下端のせん断応力を図9.1-1の右図のように全て右方向に統一する。右手系の座標における前面の応力は座標軸方向に取り、後面の応力はその逆を取るため（原田・本橋(2017)）、上端のせん断応力は、$q_{m-1}=-\tau_{m-1zy}$となることに注意せよ。

第m層の上端からz軸を下方に取ると、上端と下端の変位・応力ベクトルは次式のようになる(式(9.1-4b))。

第m層上端の変位・応力ベクトル：

$$\begin{pmatrix} v_m(z_{m-1}) \\ \tau_{mzy}(z_{m-1}) \end{pmatrix}=\begin{pmatrix} 1 & 1 \\ i\mu_m\gamma_m & -i\mu_m\gamma_m \end{pmatrix}\begin{pmatrix} e^{i\gamma z_{m-1}} & 0 \\ 0 & e^{-i\gamma z_{m-1}} \end{pmatrix}\begin{pmatrix} C_1 \\ C_2 \end{pmatrix} \tag{9.1-5a}$$

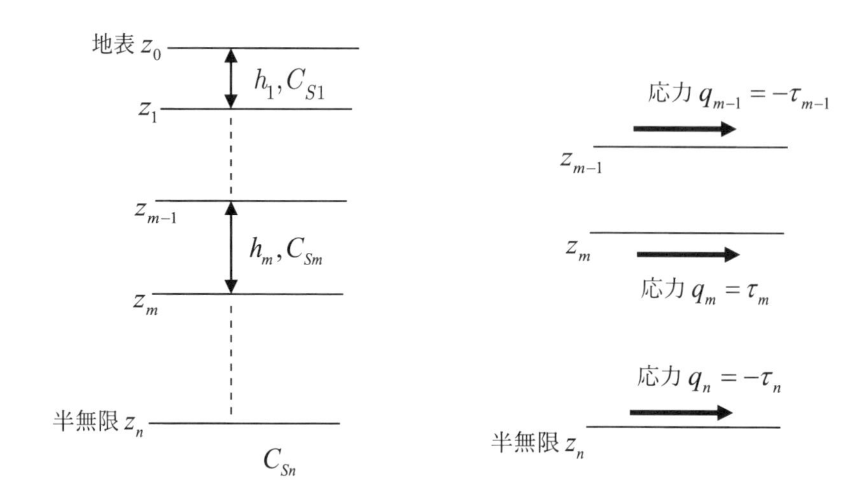

図 9.1-1　水平多層弾性体およびその第 m 層と半無限弾性体とその記号

第 m 層下端の変位・応力ベクトル：

$$\begin{pmatrix} v_m(z_m) \\ \tau_{mzy}(z_m) \end{pmatrix} = \begin{pmatrix} 1 & 1 \\ i\mu_m\gamma_m & -i\mu_m\gamma_m \end{pmatrix} \begin{pmatrix} \mathrm{e}^{i\gamma z_m} & 0 \\ 0 & \mathrm{e}^{-i\gamma z_m} \end{pmatrix} \begin{pmatrix} C_1 \\ C_2 \end{pmatrix} \tag{9.1-5b}$$

この 2 つの式より、係数ベクトル(C_1 ：下降波振幅、 C_2 ：上昇波振幅、9.1 補助記事 1 参照)を消去すると、次式が得られる。

$$\begin{pmatrix} v_m(z_m) \\ q_m(z_m) \end{pmatrix} = \begin{pmatrix} \cos\gamma_m h_m & \dfrac{1}{\mu_m\gamma_m}\sin\gamma_m h_m \\ -\mu_m\gamma_m \sin\gamma_m h_m & \cos\gamma_m h_m \end{pmatrix} \begin{pmatrix} v_m(z_{m-1}) \\ -q_m(z_{m-1}) \end{pmatrix} \tag{9.1-5c}$$

ここに、 $h_m = z_m - z_{m-1}$ で、第 m 層の層厚を意味する。上式は、次式のように第 m 層の上下端の応力ベクトルと変位ベクトルの関係式に書き変えられる。

$$\begin{pmatrix} q_m(z_{m-1}) \\ q_m(z_m) \end{pmatrix} = \frac{\mu_m\gamma_m}{\sin\gamma_m h_m} \begin{pmatrix} \cos\gamma_m h_m & -1 \\ -1 & \cos\gamma_m h_m \end{pmatrix} \begin{pmatrix} v_m(z_{m-1}) \\ v_m(z_m) \end{pmatrix} \tag{9.1-6a}$$

この式は、次式のように簡単な式として表現できる。

$$\boldsymbol{q}_m = \boldsymbol{K}_m \boldsymbol{v}_m \tag{9.1-6b}$$

ここに、 $\boldsymbol{K}_m$ を第 m 層の要素剛性行列と呼ぶ。

$$\boldsymbol{K}_m = \frac{\mu_m\gamma_m}{\sin\gamma_m h_m} \begin{pmatrix} \cos\gamma_m h_m & -1 \\ -1 & \cos\gamma_m h_m \end{pmatrix} \tag{9.1-6c}$$

半無限弾性体の剛性行列は、次のように求められる。半無限弾性体の上端から z 軸を下方に取る。せん断応力による半無限弾性体の波動は z 軸方向(C_1)のみで上昇波(C_2)は無い。この条件を式(9.1-5a)に考慮すると(第 m 層の記号を $m \to n, z_{m-1} \to z_n (= 0)$ に変更する)、次式のようになる。

$$\begin{pmatrix} v_n(z_n) \\ -q_n(z_n) = \tau_{nzy}(z_n) \end{pmatrix} = \begin{pmatrix} 1 & 1 \\ i\mu_n\gamma_n & -i\mu_n\gamma_n \end{pmatrix} \begin{pmatrix} C_1 \\ C_2 = 0 \end{pmatrix} \tag{9.1-7a}$$

これより、

$$q_n(z_n) = -i\mu_n\gamma_n v_n(z_n) \rightarrow q_n = K_{SH}^{half} v_n, \quad K_{SH}^{half} = -i\mu_n\gamma_n \tag{9.1-7b}$$

(4) 水平多層弾性体の全体の剛性方程式

半無限弾性体上に2層の水平弾性体がある場合（水平2層弾性体）の全体系の剛性方程式を求めて、第 m 層の要素剛性行列と半無弾性体の剛性行列から、水平多層弾性体の剛性方程式の求め方を説明する。

(3)項の要素剛性行列と半無弾性体の剛性行列を使うと、

第1層の剛性方程式：

$$\begin{pmatrix} q_1(z_0) \\ q_1(z_1) \end{pmatrix} = \begin{pmatrix} K_{11}^1 & K_{12}^1 \\ K_{21}^1 & K_{22}^1 \end{pmatrix} \begin{pmatrix} v_1(z_0) \\ v_1(z_1) \end{pmatrix} \tag{9.1-8a}$$

第2層の剛性方程式：

$$\begin{pmatrix} q_2(z_1) \\ q_2(z_2) \end{pmatrix} = \begin{pmatrix} K_{11}^2 & K_{12}^2 \\ K_{21}^2 & K_{22}^2 \end{pmatrix} \begin{pmatrix} v_2(z_1) \\ v_2(z_2) \end{pmatrix} \tag{9.1-8b}$$

半無限弾性体($n = 2$)の剛性方程式：

$$q_{half}(z_2) = K_{SH}^{half} v_{half}(z_2) \tag{9.1-8c}$$

ここで、第1層と2層の境界条件と、第2層と半無限弾性体の境界条件を考えると、これらは、次式で与えられる。

$$\begin{aligned} &q(z_0) = q_1(z_0) \\ &q(z_1) = q_1(z_1) + q_2(z_1) \\ &q(z_2) = q_2(z_2) + q_{half}(z_2) \\ &v_1(z_0) = v(z_0), \quad v_1(z_1) = v_2(z_1) = v(z_1), \quad v_2(z_2) = v_{half}(z_2) = v(z_2) \end{aligned} \tag{9.1-9}$$

この境界条件と要素剛性方程式より、水平2層弾性体の剛性方程式が次式のように得られる。

$$\begin{pmatrix} q(z_0) \\ q(z_1) \\ q(z_2) \end{pmatrix} = \begin{pmatrix} K_{11}^1 & K_{12}^1 & 0 \\ K_{21}^1 & K_{22}^1 + K_{11}^2 & K_{12}^2 \\ 0 & K_{21}^2 & K_{22}^2 + K_{SH}^{half} \end{pmatrix} \begin{pmatrix} v(z_0) \\ v(z_1) \\ v(z_2) \end{pmatrix} \tag{9.1-10}$$

ここに、$q(z)$ は単位面積当たりのせん断外力、$v(z)$ は水平変位を表す。この全体系の剛性方程式の剛性行列は、有限要素法と同じように要素剛性行列と半無限剛性行列の重ね合わせによって求められている。

地震波入力の場合、半無限弾性体の表面を地表面(露頭とも呼ぶ)とした時の地表面変位を v_{free} (露頭波)とすると、

$$q(z_2) = K_{SH}^{half} v_{free} \tag{9.1-11}$$

とおける（露頭への外力と変位の関係と入射による露頭波変位の 2 つの状態の重ね合わせから簡単に求められるが、原田・本橋 (2017) 参照)。一般に、地震時には弾性体に外力は作用しない状態であると考えられるので、自由地盤の水平 2 層弾性体の剛性方程式は、次式のようになる。

$$\begin{pmatrix} 0 \\ 0 \\ K_{SH}^{half} v_{free} \end{pmatrix} = \begin{pmatrix} K_{11}^1 & K_{12}^1 & 0 \\ K_{21}^1 & K_{22}^1 + K_{11}^2 & K_{12}^2 \\ 0 & K_{21}^2 & K_{22}^2 + K_{SH}^{half} \end{pmatrix} \begin{pmatrix} v(z_0) \\ v(z_1) \\ v(z_2) \end{pmatrix} \tag{9.1-12a}$$

この剛性方程式(複素対称で疎である剛性行列係数の連立 1 次方程式)を解いて、各層の振動数・波数領域の変位ベクトルが求められる。

水平多層弾性体の SH 波の連立 1 次方程式において、次式の剛性行列式が零を満足する振動数と位相速度($C = \omega / \kappa$)を求めると、表面波である Love 波の分散曲線が求められる。

$$\begin{vmatrix} K_{11}^1 & K_{12}^1 & 0 \\ K_{21}^1 & K_{22}^1 + K_{11}^2 & K_{12}^2 \\ 0 & K_{21}^2 & K_{22}^2 + K_{SH}^{half} \end{vmatrix} = 0 \tag{9.1-12b}$$

(5) 水平 1 層弾性体の地震波応答

半無限弾性体上に厚さ h の 1 層の水平弾性体がある場合(水平 1 層弾性体)、式(9.1-12)は、

$$\begin{pmatrix} 0 \\ K_{SH}^{half} v_{free} \end{pmatrix} = \frac{\mu_1 \gamma_1}{\sin \gamma_1 h} \begin{pmatrix} \cos \gamma_1 h & -1 \\ -1 & \cos \gamma_1 h - i \dfrac{1}{R_1} \sin \gamma_1 h \end{pmatrix} \begin{pmatrix} v(z_0) \\ v(z_1) \end{pmatrix} \tag{9.1-13a}$$

ここに、

$$\begin{aligned} &\gamma_1 = \sqrt{\left(\frac{\omega}{C_{S1}}\right)^2 - \kappa^2}, \quad \gamma_2 = \sqrt{\left(\frac{\omega}{C_{S2}}\right)^2 - \kappa^2}, \quad \kappa = \frac{\omega}{C_{S2}} \sin \theta_{in} \\ &R_1 = \frac{\gamma_1 \mu_1}{\gamma_2 \mu_2}, \quad K_{SH}^{half} = -i \mu_2 \gamma_2 \end{aligned} \tag{9.1-13b}$$

ここに、波数と SH 波の入射角の関係および、半無限弾性体と表層弾性体の波数が同じであること(Snell の法則)に関しては、9.1 補助記事 1 を参照せよ。

これを解くと、

$$\frac{v(z_0)}{v_{free}} = \frac{1}{\cos\gamma_1 h - iR_1 \sin\gamma_1 h} \tag{9.1-14a}$$

極座標表示すると、

$$\frac{v(z_0)}{v_{free}} = \sqrt{\frac{1}{\cos^2\gamma_1 h + R_1^2 \sin^2\gamma_1 h}}\ \mathrm{e}^{i\theta}, \quad \tan\theta = \frac{R_1 \sin\gamma_1 h}{\cos\gamma_1 h} \tag{9.1-14b}$$

鉛直入射の場合、θ_{in} は零なので、$\kappa = 0$ となる。さらに、半無限弾性体が剛体の場合、$R_1 = 0$ とおける。この時、上式は、

$$\frac{v(z_0)}{v_{free}} = \sqrt{\frac{1}{\cos^2\gamma_1 h}} \to \left|\frac{v(z_0)}{v_{free}}\right| = \left|\frac{1}{\cos\gamma_1 h}\right| \tag{9.1-15a}$$

$$\cos\gamma_1 h = 0 \to \frac{\omega h}{C_{s1}} = \frac{(2n-1)\pi}{2}, n = 1, 2, 3, \cdots \tag{9.1-15b}$$

この時、表層の変位は無限になり共振する。この表層の固有振動数は、上式で与えられる。具体的に示すと、

$$\omega_1 = \frac{\pi C_{s1}}{2h}, \omega_2 = \frac{3\pi C_{s1}}{2h}, \omega_3 = \frac{5\pi C_{s1}}{2h}, \cdots \tag{9.1-16a}$$

固有周波数(Hz)では、$\omega = 2\pi f$ より、

$$f_1 = \frac{C_{s1}}{4h}, f_2 = \frac{3C_{s1}}{4h}, f_3 = \frac{5C_{s1}}{4h}, \cdots \tag{9.1-16b}$$

特に、地盤の１次固有振動数は工学的に重要である。

$$f_1 = \frac{C_{s1}}{4h} \tag{9.1-16c}$$

図 9.1-2a は、インピーダンス比 $R_1 = 0.2, 0.5, 0.8$ 毎に鉛直入射の増幅率を振動数の関数として描いたものである。

$$\left|\frac{v(z_0)}{v_{free}}\right| = \sqrt{\frac{1}{\cos^2\gamma_1 h + R_1^2 \sin^2\gamma_1 h}} \tag{9.1-17}$$

半無限弾性体の剛性が表層弾性体の剛性に比べ大きいほど、インピーダンス比は小さくなり、表層弾性体の増幅率は大きくなる。インピーダンス比が小さくなると、半無限弾性体に波動が透過し難くなるため、入射波が表層弾性体中に閉じ込められ、表層弾性体の振幅が大きくなる。

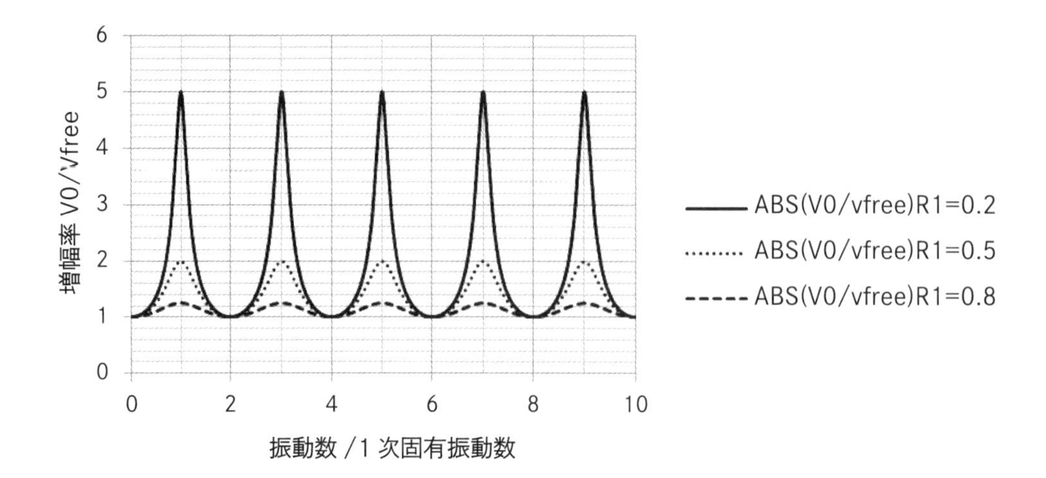

図 9.1-2a インピーダンス比 $R_1 = 0.2, 0.5, 0.8$ 毎における鉛直入射の増幅率の振動数特性

図 9.1-2b は、$C_{S2} / C_{S1} = 2$ の時の入射角 $\theta_{in} = 0^\circ, 30^\circ, 60^\circ, 80^\circ$ 毎の増幅率を示す。入射角が大きくなるに従い、増幅率は減少し、80 度の入射角では、増幅率は 1 以下となる。入射角 60 度までの 1 次固有振動数の入射角依存性は大きくないが、2 次や 3 次固有振動数は高くなる傾向にある。

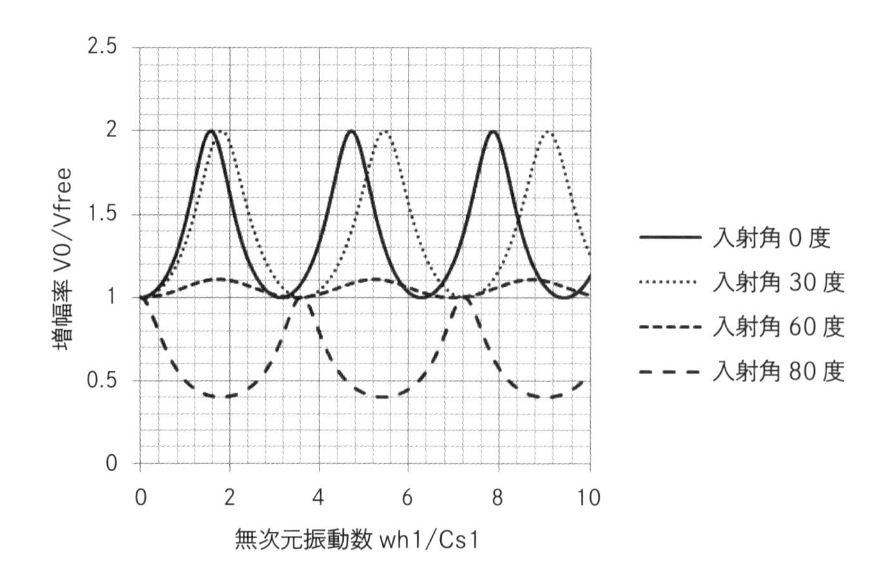

図 9.1-2b　$C_{S2} / C_{S1} = 2$ の時の入射角 $\theta_{in} = 0^\circ, 30^\circ, 60^\circ, 80^\circ$ 毎の増幅率の振動数特性

9.2　2次元波動方程式のP・SV波(面外問題)

(1) P・SV波の波動方程式

SH波と同様に鉛直下方に z 軸を設定した右手系の直交座標 (x, y, z) と調和平面波が進む方向の新座標 (x', y', z) の2つの座標系を用いて、SH波とP・SV波は新座標 (x', y', z) 系で定義する必要がある（原田・本橋 (2017)）。ここでは、記号の簡単化のためにP・SV波を (x, y, z) 系と変位を $u_0(x', z), w_0(x', z) \to u(x, z), w(x, z)$ と表記する。

この記号を用いて体積力を無視すると、P・SV波の波動方程式は、次式のように連立した微分方程式で与えられる。

$$\left(\frac{d^2}{dx^2}+\frac{d^2}{dz^2}\right)u+\left(\left(C_P / C_S\right)^2-1\right)\frac{\partial}{\partial x}\left(\frac{\partial}{\partial x}u+\frac{\partial}{\partial z}w\right)=\frac{1}{C_S^2}\ddot{u}, \quad C_S=\sqrt{\frac{\mu}{\rho}}$$

$$\left(\frac{d^2}{dx^2}+\frac{d^2}{dz^2}\right)w+\left(\left(C_P / C_S\right)^2-1\right)\frac{\partial}{\partial z}\left(\frac{\partial}{\partial x}u+\frac{\partial}{\partial z}w\right)=\frac{1}{C_S^2}\ddot{w}, \quad C_P=\sqrt{\frac{\lambda+2\mu}{\rho}} \tag{9.2-1}$$

ここに、$\rho, \mu, \lambda, C_S, C_P$ はそれぞれ弾性体の単位体積当たりの質量（密度）、ラーメの定数 (μ, λ)、S波速度、P波速度を意味する。

連立した波動方程式は、扱いにくいので、次式のHelmholtzの定理を用いて、変位ポテンシャル Φ, Ψ に関する独立な標準波動方程式に変換する。

$$\begin{aligned}
u &= \frac{\partial}{\partial x}\Phi-\frac{\partial}{\partial z}\Psi \\
w &= \frac{\partial}{\partial z}\Phi+\frac{\partial}{\partial x}\Psi \\
&\left(\frac{\partial^2}{\partial x^2}+\frac{\partial^2}{\partial z^2}\right)\Phi=\frac{1}{C_P^2}\ddot{\Phi}, \quad \left(\frac{\partial^2}{\partial x^2}+\frac{\partial^2}{\partial z^2}\right)\Psi=\frac{1}{C_S^2}\ddot{\Psi}
\end{aligned} \tag{9.2-2}$$

(2) 振動数・波数領域の解

変位ポテンシャル Φ, Ψ に関する独立な標準波動方程式は、S波速度、P波速度が違うのみで、両者は同じ形式である。したがって、ここでは、P波速度に関係する変位ポテンシャル Φ のみの解を示す。ただし、これは9.1節のSH波の波動方程式と同じ形式なので、解の手順は同じとなる。このため結果を示すことで十分であろう。

変位ポテンシャル Φ, Ψ の一般解は、記号を簡略化して、次式で与えられる。

$$\begin{aligned}
&\Phi(x,z,t)=\Phi(z)\mathrm{e}^{i(\kappa x-\omega t)}, \quad \Phi(z)=\Phi(\kappa,z,\omega) \\
&\Psi(x,z,t)=\Psi(z)\mathrm{e}^{i(\kappa x-\omega t)}, \quad \Psi(z)=\Psi(\kappa,z,\omega) \\
&\Phi(z)=\Phi_{out}\mathrm{e}^{i\nu z}+\Phi_{in}\mathrm{e}^{-i\nu z} \\
&\Psi(z)=\Psi_{SVout}\mathrm{e}^{i\gamma z}+\Psi_{SVin}\mathrm{e}^{-i\gamma z}
\end{aligned} \tag{9.2-3a}$$

ここに、$(\Phi_{out}, \Psi_{SVout}), (\Phi_{in}, \Psi_{SVin})$ は、下降波と上昇波の積分定数を表す。この式から、P・SV 波の変位は、次式で与えられる。

$$
\begin{aligned}
&u(x,z,t) = u(z)\mathrm{e}^{i(\kappa x - \omega t)}, \quad u(z) = u(\kappa, z, \omega) \\
&w(x,z,t) = w(z)\mathrm{e}^{i(\kappa x - \omega t)}, \quad w(z) = w(\kappa, z, \omega) \\
&\begin{pmatrix} u(z) \\ w(z) \end{pmatrix} = \begin{pmatrix} i\kappa \\ i\nu \end{pmatrix} \Phi_{out} \mathrm{e}^{i\nu z} + \begin{pmatrix} i\kappa \\ -i\nu \end{pmatrix} \Phi_{in} \mathrm{e}^{-i\nu z} + \begin{pmatrix} -i\gamma \\ i\kappa \end{pmatrix} \Psi_{SVout} \mathrm{e}^{i\gamma z} + \begin{pmatrix} i\gamma \\ i\kappa \end{pmatrix} \Psi_{SVin} \mathrm{e}^{-i\gamma z}
\end{aligned}
\tag{9.2-3b}
$$

応力も記号を簡略化し、次式で与えられる。

$$
\begin{aligned}
&\tau_{zx}(x,z,t) = \tau_{zx}(z)\mathrm{e}^{i(\kappa x - \omega t)}, \quad \tau_{zx}(z) = \tau_{zx}(\kappa, z, \omega) \\
&\sigma_{zz}(x,z,t) = \sigma_{zz}(z)\mathrm{e}^{i(\kappa x - \omega t)}, \quad \sigma_{zz}(z) = \sigma_{zz}(\kappa, z, \omega) \\
&\tau_{zx}(x,z,t) = \mu\left(\frac{\partial u}{\partial z} + \frac{\partial w}{\partial x}\right) \\
&\sigma_{zz}(x,z,t) = \lambda\left(\frac{\partial u}{\partial x} + \frac{\partial w}{\partial z}\right) + 2\mu\frac{\partial w}{\partial z}
\end{aligned}
\tag{9.2-3c}
$$

途中計算は、省略するが、後の解析のため、変位・応力ベクトルとして、次式のように整理できる。

$$
\begin{pmatrix} u(z) \\ w(z) \\ \tau_{zx}(z) \\ \sigma_{zz}(z) \end{pmatrix} = \mathbf{F}_{PSV}(z) \begin{pmatrix} u_{Pout} \\ u_{SVout} \\ u_{Pin} \\ u_{SVin} \end{pmatrix}, \quad \mathbf{F}_{PSV}(z) = \mathbf{V}_{PSV}\mathbf{E}_{PSV}(z)
\tag{9.2-4a}
$$

ここに、$u_{Pout}, u_{SVout}, u_{Pin}, u_{SVin}$ は、P 波と SV 波の下降波と上昇波の変位振幅を表し、変位ポテンシャルと次式の関係が成立する。

$$
\begin{pmatrix} u_{Pout} \\ u_{SVout} \\ u_{Pin} \\ u_{SVin} \end{pmatrix} = \begin{pmatrix} i(\omega / C_P)\Phi_{out} \\ -i(\omega / C_S)\Psi_{SVout} \\ i(\omega / C_P)\Phi_{in} \\ i(\omega / C_S)\Psi_{SVin} \end{pmatrix}
\tag{9.2-4b}
$$

また、係数行列は、次式で与えられる。

$$
\mathbf{V}_{PSV} = \begin{pmatrix}
\dfrac{\kappa C_P}{\omega} & \dfrac{\gamma C_S}{\omega} & \dfrac{\kappa C_P}{\omega} & \dfrac{\gamma C_S}{\omega} \\
\dfrac{\nu C_P}{\omega} & -\dfrac{\kappa C_S}{\omega} & -\dfrac{\nu C_P}{\omega} & \dfrac{\kappa C_S}{\omega} \\
\dfrac{i2\mu\kappa\nu C_P}{\omega} & \dfrac{i\mu(\gamma^2 - \kappa^2)C_S}{\omega} & -\dfrac{i2\mu\kappa\nu C_P}{\omega} & -\dfrac{i\mu(\gamma^2 - \kappa^2)C_S}{\omega} \\
\dfrac{i\mu(\gamma^2 - \kappa^2)C_P}{\omega} & -\dfrac{i2\mu\kappa\gamma C_S}{\omega} & \dfrac{i\mu(\gamma^2 - \kappa^2)C_P}{\omega} & -\dfrac{i2\mu\kappa\gamma C_S}{\omega}
\end{pmatrix}
$$

$$
\mathbf{E}_{PSV} = \begin{pmatrix}
\mathrm{e}^{i\nu z} & 0 & 0 & 0 \\
 & \mathrm{e}^{i\gamma z} & 0 & 0 \\
 & & \mathrm{e}^{-i\nu z} & 0 \\
\text{Sym.} & & & \mathrm{e}^{-i\gamma z}
\end{pmatrix}
\tag{9.2-4c}
$$

(3) 多層の要素剛性行列

図9.1-1の水平多層弾性体の記号を用いてP・SV波の要素剛性行列を求める。
第 m 層上端の変位・応力ベクトル：

$$\begin{pmatrix} u_m(z_{m-1}) \\ w_m(z_{m-1}) \\ \tau_{mzx}(z_{m-1}) \\ \sigma_{mzz}(z_{m-1}) \end{pmatrix} = \mathbf{F}_{mPSV}(z_{m-1}) \begin{pmatrix} u_{Pout} \\ u_{SVout} \\ u_{Pin} \\ u_{SVin} \end{pmatrix} \tag{9.2-5a}$$

第 m 層下端の変位・応力ベクトル：

$$\begin{pmatrix} u_m(z_m) \\ w_m(z_m) \\ \tau_{mzx}(z_m) \\ \sigma_{mzz}(z_m) \end{pmatrix} = \mathbf{F}_{mPSV}(z_m) \begin{pmatrix} u_{Pout} \\ u_{SVout} \\ u_{Pin} \\ u_{SVin} \end{pmatrix} \tag{9.2-5b}$$

この2つの式より、係数ベクトル（下降波振幅、上昇波振幅、9.1 補助記事1参照）を消去すると、次式が得られる。

$$\begin{pmatrix} u_m(z_m) \\ w_m(z_m) \\ q_{mx}(z_m) = \tau_{mzx}(z_m) \\ q_{mz}(z_m) = \sigma_{mzz}(z_m) \end{pmatrix} = \mathbf{F}_{mPSV}(z_m)\mathbf{F}^{-1}_{mPSV}(z_{m-1}) \begin{pmatrix} u_m(z_{m-1}) \\ w_m(z_{m-1}) \\ q_{mx}(z_{m-1}) = -\tau_{mzx}(z_{m-1}) \\ q_{mz}(z_{m-1}) = -\sigma_{mzz}(z_{m-1}) \end{pmatrix} \tag{9.2-5c}$$

上式は、次式のように第 m 層の上下端の応力ベクトルと変位ベクトルの関係式に書き変えられる。

$$\begin{pmatrix} q_{mx}(z_{m-1}) \\ iq_{mz}(z_{m-1}) \\ q_{mx}(z_m) \\ iq_{mz}(z_m) \end{pmatrix} = \mathbf{K}^m_{PSV} \begin{pmatrix} u_m(z_{m-1}) \\ iw_m(z_{m-1}) \\ u_m(z_m) \\ iw_m(z_m) \end{pmatrix} \tag{9.2-6a}$$

この場合、剛性行列を以下の複素対称行列にするために、z 軸方向の応力と変位に虚数単位を付けていることに注意せよ。この式は、次式のように簡単な式として表現できる。

$$\boldsymbol{q}_m = \boldsymbol{K}^m_{PSV}\boldsymbol{u}_m \tag{9.2-6b}$$

ここに、$\boldsymbol{K}^m_{PSV}$ を第 m 層の要素剛性行列と呼ぶ。

$$\boldsymbol{K}^m_{PSV} = \frac{1+\gamma_m^2/\kappa^2}{D}\mu_m\kappa \begin{pmatrix} K^m_{11} & K^m_{12} & K^m_{13} & K^m_{14} \\ & K^m_{22} & K^m_{23} & K^m_{24} \\ & & K^m_{33} & K^m_{34} \\ \text{Sym.} & & & K^m_{44} \end{pmatrix} \tag{9.2-6c}$$

$$D = 2\left(1-\cos\nu_m h_m \cos\gamma_m h_m\right) + \left(\frac{\kappa^2}{\nu_m\gamma_m} + \frac{\nu_m\gamma_m}{\kappa^2}\right)\sin\nu_m h_m \sin\gamma_m h_m$$

また、$K_{ij}^m = K_{ji}^m$（複素対称行列）で、次式で与えられる。

$$
\begin{aligned}
K_{11}^m &= K_{33}^m = \frac{\nu_m}{\kappa}\left(\sin\nu_m h_m \cos\gamma_m h_m + \frac{\kappa^2}{\nu_m\gamma_m}\cos\nu_m h_m \sin\gamma_m h_m\right) \\
K_{12}^m &= -K_{34}^m = \left(1-2A_0\right)\left(1-\cos\nu_m h_m \cos\gamma_m h_m\right) + \\
&\qquad \left(B_0\frac{\kappa^2}{\nu_m\gamma_m} - A_0\frac{\nu_m\gamma_m}{\kappa^2}\right)\sin\nu_m h_m \sin\gamma_m h_m \\
K_{13}^m &= -\frac{\nu_m}{\kappa}\left(\sin\nu_m h_m + \frac{\kappa^2}{\nu_m\gamma_m}\sin\gamma_m h_m\right) \\
K_{14}^m &= -K_{23}^m = -\left(\cos\nu_m h_m - \cos\gamma_m h_m\right) \\
K_{22}^m &= K_{44}^m = \frac{\kappa}{\nu_m}\left(\sin\nu_m h_m \cos\gamma_m h_m + \frac{\nu_m\gamma_m}{\kappa^2}\cos\nu_m h_m \sin\gamma_m h_m\right) \\
K_{24}^m &= -\frac{\kappa}{\nu_m}\left(\sin\nu_m h_m + \frac{\nu_m\gamma_m}{\kappa^2}\sin\gamma_m h_m\right) \\
A_0 &= 2\left(\kappa\frac{C_S}{\omega}\right)^2, \quad B_0 = 1 - A_0
\end{aligned}
\tag{9.2-6d}
$$

半無限弾性体の剛性行列は、次のように求められる。半無限弾性体の上端から z 軸を下方に取る。せん断応力による半無限弾性体の波動は z 軸方向のみで上昇波は無い。この条件を式 (9.2-4a) に考慮すると（半無限弾性体のため第 m 層の記号を $m \to n, z_{m-1} \to z_n (=0)$ に変更する）、次式のようになる。

$$
\begin{pmatrix} u_n(z_n) \\ w_n(z_n) \\ q_{nx}(z_n) = \tau_{nzx}(z_n) \\ q_{nz}(z_n) = \sigma_{nzz}(z_n) \end{pmatrix} = \mathbf{F}_{nPSV}(z_n = 0)\begin{pmatrix} u_{Pout} \\ u_{SVout} \\ 0 \\ 0 \end{pmatrix}
\tag{9.2-7a}
$$

これより、

$$
\begin{aligned}
&\begin{pmatrix} q_{nx}(z_n) \\ iq_{nz}(z_n) \end{pmatrix} = K_{PSV}^{half}\begin{pmatrix} u_n(z_n) \\ iw_n(z_n) \end{pmatrix} \\
&K_{PSV}^{half} = \frac{1+\gamma_n^2/\kappa^2}{1+\nu_n\gamma_n/\kappa^2}\mu_n\kappa\begin{pmatrix} -i\dfrac{\nu_n}{\kappa} & B_0 - A_0\dfrac{\nu_n\gamma_n}{\kappa^2} \\ B_0 - A_0\dfrac{\nu_n\gamma_n}{\kappa^2} & -i\dfrac{\gamma_n}{\kappa} \end{pmatrix}
\end{aligned}
\tag{9.2-7b}
$$

(4) 水平多層弾性体の全体の剛性方程式

半無限弾性体上に 2 層の水平弾性体がある場合（水平 2 層弾性体）の全体系の剛性方程式は、前節の SH 波と同じように、要素剛性行列の重ね合わせにより求められる。その結果を次式に示すが、P・SV 波では、z 軸方向の応力と変位に虚数単位が付く。

P・SV 問題の水平多層弾性体の表面波である Rayleigh 波の分散曲線は、全体剛性方程式の剛性行列式が零の条件から求められる。

$$\begin{pmatrix} q_x(z_0) \\ iq_z(z_0) \\ q_x(z_1) \\ iq_z(z_1) \\ q_x(z_2) \\ iq_z(z_2) \end{pmatrix} = \begin{pmatrix} K_{11}^1 & K_{12}^1 & K_{13}^1 & K_{14}^1 & 0 & 0 \\ & K_{22}^1 & K_{23}^1 & K_{24}^1 & 0 & 0 \\ & & K_{33}^1 + K_{11}^2 & K_{34}^1 + K_{12}^2 & K_{13}^2 & K_{14}^2 \\ & & & K_{44}^1 + K_{22}^2 & K_{23}^2 & K_{24}^2 \\ & & & & K_{33}^2 + K_{11}^{half} & K_{33}^2 + K_{12}^{half} \\ & & \text{Sym.} & & & K_{33}^2 + K_{22}^{half} \end{pmatrix} \begin{pmatrix} u(z_0) \\ iw(z_0) \\ u(z_1) \\ iw(z_1) \\ u(z_2) \\ iw(z_2) \end{pmatrix}$$

(9.2-8)

9.3　２次元と３次元波動方程式の関係（振動数・波数領域）

振動数・波数領域では、2 次元（SH 波と P・SV 波）波動変位と 3 次元波動変位の関係が、次式であることを示す。図 9-1 のような直交座標系 (x, y, z) と新直交座標系 (x', y', z) の P 波、SH 波と P･SV 波の幾何学的関係から、振動数・波数領域での直交座標系 (x, y, z) における 3 次元波動変位 $u(z), v(z), w(z)$ は、新直交座標系 (x', y', z) の P 波、SH 波と P･SV 波の変位 $u_0(z), v_0(z), w_0(z) = w(z)$ から、次式で求められる（以下の (1) 項以降に簡単な説明をする）。

$$\begin{pmatrix} u(z) \\ v(z) \\ w(z) \end{pmatrix} = \frac{1}{\kappa} \begin{pmatrix} \kappa_x & -\kappa_y & 0 \\ \kappa_y & \kappa_x & 0 \\ 0 & 0 & \kappa \end{pmatrix} \begin{pmatrix} u_0(z) \\ v_0(z) \\ w_0(z) \end{pmatrix}$$

$$\begin{pmatrix} u_0(z) \\ v_0(z) \\ w_0(z) \end{pmatrix} = \frac{1}{\kappa} \begin{pmatrix} \kappa_x & \kappa_y & 0 \\ -\kappa_y & \kappa_x & 0 \\ 0 & 0 & \kappa \end{pmatrix} \begin{pmatrix} u(z) \\ v(z) \\ w(z) \end{pmatrix}$$

(9.3-1a)

ここに、$\kappa = \sqrt{\kappa_x^2 + \kappa_y^2}$ である。また、振動数・波数領域の変位を次式の簡略表現としている。

$$u_i(z) = u_i(\kappa_x, \kappa_y, z, \omega) \tag{9.3-1b}$$

上式の 2 次元と 3 次元波動方程式の関係式は、2 次元の SH 波と P･SV 波の変位から 3 次元波動方程式の解を求められるので、大変便利である。時空間領域の 3 次元波動変位場は、次式の 3 重フーリエ変換で求められる。

$$\mathbf{u}(x, y, z, t) = \frac{1}{(2\pi)^3} \int_{-\infty}^{\infty} \int_{-\infty}^{\infty} \int_{-\infty}^{\infty} \mathbf{u}(\kappa_x, \kappa_y, z, \omega) \mathrm{e}^{i(\kappa_x x + \kappa_y y - \omega t)} d\kappa_x d\kappa_y d\omega$$

$$\mathbf{u}(\kappa_x, \kappa_y, z, \omega) = \int_{-\infty}^{\infty} \int_{-\infty}^{\infty} \int_{-\infty}^{\infty} \mathbf{u}(x, y, z, t) \mathrm{e}^{-i(\kappa_x x + \kappa_y y - \omega t)} dx dy dt$$

(9.3-1c)

(1) 3次元波動方程式

3次元波動方程式は、単位体積当たりの体積力を f_i とすると、次式で与えられる。

$$C_S^2\nabla^2 u_i + \left(C_P^2 - C_S^2\right)\frac{\partial}{\partial x_i}\left(\nabla\cdot\mathbf{u}\right) + \frac{f_i}{\rho} = \ddot{u}_i$$

$$\nabla^2 = \frac{\partial^2}{\partial x^2} + \frac{\partial^2}{\partial y^2} + \frac{\partial^2}{\partial z^2} \tag{9.3-2a}$$

$$\nabla\cdot\mathbf{u} = \frac{\partial u}{\partial x} + \frac{\partial v}{\partial y} + \frac{\partial w}{\partial z}$$

ヘルムホルツの定理を使うと、上式の波動方程式は、変位ポテンシャルに関する次式の標準波動方程式に変換できる。

$$\nabla^2\Phi + \frac{F}{\rho} = \frac{1}{C_P^2}\ddot{\Phi},\quad \nabla^2\mathbf{\Psi} + \frac{\mathbf{G}}{\rho} = \frac{1}{C_S^2}\ddot{\mathbf{\Psi}}$$

$$\mathbf{\Psi} = \begin{pmatrix}\Psi_1\\ \Psi_2\\ \Psi_3\end{pmatrix},\quad \begin{pmatrix}f_x\\ f_y\\ f_z\end{pmatrix} = C_P^2\begin{pmatrix}\dfrac{\partial}{\partial x}\\ \dfrac{\partial}{\partial y}\\ \dfrac{\partial}{\partial z}\end{pmatrix}F + C_S^2\begin{pmatrix}\dfrac{\partial G_3}{\partial y} - \dfrac{\partial G_2}{\partial z}\\ \dfrac{\partial G_1}{\partial z} - \dfrac{\partial G_3}{\partial x}\\ \dfrac{\partial G_2}{\partial x} - \dfrac{\partial G_1}{\partial y}\end{pmatrix} \tag{9.3-2b}$$

$$\frac{\partial G_1}{\partial x} + \frac{\partial G_2}{\partial y} + \frac{\partial G_3}{\partial z} = 0$$

$$\begin{pmatrix}u\\ v\\ w\end{pmatrix} = \begin{pmatrix}\dfrac{\partial}{\partial x}\\ \dfrac{\partial}{\partial y}\\ \dfrac{\partial}{\partial z}\end{pmatrix}\Phi + \begin{pmatrix}\dfrac{\partial\Psi_3}{\partial y} - \dfrac{\partial\Psi_2}{\partial z}\\ \dfrac{\partial\Psi_1}{\partial z} - \dfrac{\partial\Psi_3}{\partial x}\\ \dfrac{\partial\Psi_2}{\partial x} - \dfrac{\partial\Psi_1}{\partial y}\end{pmatrix},\quad \frac{\partial\Psi_1}{\partial x} + \frac{\partial\Psi_2}{\partial y} + \frac{\partial\Psi_3}{\partial z} = 0$$

(2) 振動数・波数領域の解

体積力が無い場合の変位ポテンシャルによる波動方程式は、P波速度とS波速度の違いのみなので、ここでは、P波の波動方程式を次式の3重フーリエ変換を使って求める。

$$\Phi(x,y,z,t) = \frac{1}{(2\pi)^3}\int_{-\infty}^{\infty}\int_{-\infty}^{\infty}\int_{-\infty}^{\infty}\Phi(\kappa_x,\kappa_y,z,\omega)\mathrm{e}^{i(\kappa_x x+\kappa_y y-\omega t)}d\kappa_x d\kappa_y d\omega$$

$$\Phi(\kappa_x,\kappa_y,z,\omega) = \int_{-\infty}^{\infty}\int_{-\infty}^{\infty}\int_{-\infty}^{\infty}\Phi(x,y,z,t)\mathrm{e}^{-i(\kappa_x x+\kappa_y y-\omega t)}dxdydt \tag{9.3-3}$$

波動の問題では、初期と無限遠で静止条件が成立するので、積分記号を外して、次式を波動方程式に代入して、振動数・波数領域の解を求めることができる(原田・本橋(2017))。

$$\Phi(x,y,z,t) = \Phi(z)\mathrm{e}^{i(\kappa_x x+\kappa_y y-\omega t)} \tag{9.3-4a}$$

$$\Phi(z) \equiv \Phi(\kappa_x,\kappa_y,z,\omega)$$

これを波動方程式に代入すると、次式が得られる。

$$\left(\frac{\partial^2}{\partial z^2}+\nu^2\right)\Phi(z)=0,\quad \nu=\sqrt{\left(\frac{\omega}{C_P}\right)^2-\kappa_x^2-\kappa_y^2},\quad \mathrm{Im}(\nu)>0 \tag{9.3-4b}$$

ここに、z 軸方向の波数 ν の虚数部が正であることは、放射条件（遠方で変位が零）のために必要である。上式の２階微分方程式の一般解は、次式で与えられる。

$$\Phi(z)=\Phi_{out}\mathrm{e}^{i\nu z}+\Phi_{in}\mathrm{e}^{-i\nu z} \tag{9.3-4c}$$

したがって、波動方程式の一般解は、下降波と上昇波の和として、次式で与えられる。

$$\Phi(x,y,z,t)=\frac{1}{(2\pi)^3}\int_{-\infty}^{\infty}\int_{-\infty}^{\infty}\int_{-\infty}^{\infty}\left(\Phi_{out}\mathrm{e}^{i\nu z}+\Phi_{in}\mathrm{e}^{-i\nu z}\right)\mathrm{e}^{i(\kappa_x x+\kappa_y y-\omega t)}d\kappa_x d\kappa_y d\omega \tag{9.3-5a}$$

S 波に関しては、次式のようになる。

$$\Psi_n(x,y,z,t)=\frac{1}{(2\pi)^3}\int_{-\infty}^{\infty}\int_{-\infty}^{\infty}\int_{-\infty}^{\infty}\left(\Psi_{nout}\mathrm{e}^{i\gamma z}+\Psi_{nin}\mathrm{e}^{-i\gamma z}\right)\mathrm{e}^{i(\kappa_x x+\kappa_y y-\omega t)}d\kappa_x d\kappa_y d\omega$$

$$\gamma=\sqrt{\left(\frac{\omega}{C_S}\right)^2-\kappa_x^2-\kappa_y^2},\quad \mathrm{Im}(\gamma)>0 \tag{9.3-5b}$$

これらの変位ポテンシャルの一般解を式 (9.3-2b) のヘルムホルツの定理に代入すると、振動数・波数領域の３次元波動変位の一般解が次式のように求められる。

$$\begin{pmatrix}u(\kappa_x,\kappa_y,z,\omega)\\ v(\kappa_x,\kappa_y,z,\omega)\\ w(\kappa_x,\kappa_y,z,\omega)\end{pmatrix}=\begin{pmatrix}i\kappa_x\\ i\kappa_y\\ i\nu\end{pmatrix}\Phi_{out}\mathrm{e}^{i\nu z}+\begin{pmatrix}i\kappa_x\\ i\kappa_y\\ -i\nu\end{pmatrix}\Phi_{in}\mathrm{e}^{-i\nu z}+$$
$$\begin{pmatrix}i\left(\kappa_x\Psi_{3out}-\gamma\Psi_{2out}\right)\\ i\left(\gamma\Psi_{1out}-\kappa_x\Psi_{3out}\right)\\ i\left(\kappa_x\Psi_{2out}-\kappa_y\Psi_{1out}\right)\end{pmatrix}\mathrm{e}^{i\gamma z}+\begin{pmatrix}i\left(\kappa_y\Psi_{3in}+\gamma\Psi_{2in}\right)\\ i\left(-\gamma\Psi_{1in}-\kappa_x\Psi_{3in}\right)\\ i\left(\kappa_x\Psi_{2in}-\kappa_y\Psi_{1in}\right)\end{pmatrix}\mathrm{e}^{-i\gamma z} \tag{9.3-5c}$$

上式右辺第１項と２項は、P 波の下降波と上昇波成分を、第３項と第４項は、S 波の下降波と上昇波成分を表す。上式を式 (9.3-1c) で３重フーリエ変換すると、時時空間領域の波動変位は求められる。積分定数は、対象問題の外力等の境界条件から求められる（原田・本橋 (2017)）。

(3) 調和平面波の特性と座標変換

式 (9.3-1c) の３重フーリエ変換における調和平面波 $\mathrm{e}^{i(\kappa_x x+\kappa_y y-\omega t)}$ の特性から、調和平面波の伝播方向に x' 軸を設定した新座標系 (x', y', z) で調和平面波を表すと、調和平面波は、y' 軸に依存しなくなる。これを利用すると、任意の直交座標系 (x, y, z) の３次元波動方程式の一般解と、新座標系 (x', y', z) での y' 軸に依存しない 2 次元波動方程式の一般解の関係が求められる。このことを以下に定式化する。

調和平面波は、オイラーの公式より次式のように表される。

$$\begin{aligned} e^{i(\kappa_x x+\kappa_y y-\omega t)} &= \cos(\kappa_x x+\kappa_y y-\omega t)+i\sin(\kappa_x x+\kappa_y y-\omega t) \\ &= \cos(Phase)+i\sin(Phase) \end{aligned} \tag{9.3-6a}$$

ここに、位相 $Phase$ は次式のように定義した。

$$Phase = \kappa_x x+\kappa_y y-\omega t \rightarrow y = -\frac{\kappa_x}{\kappa_y}x+\frac{\omega}{\kappa_y}t+\frac{Phase}{\kappa_y} \tag{9.3-6b}$$

調和平面波は、位相 $Phase$ に関して周期 2π の周期関数である。実部 $\cos(Phase)$ のみに注目し位相 $Phase$ が一定である $\cos(Phase)$ の値が時間 t の経過によって空間 (x, y) でどのように移動するかを調べる。式 (9.3-6b) から、例えば、時刻 $t = 0$ と $t = t$ での位相 $Phase$ が一定であるある $\cos(Phase)$ の値は、図 9.3-1 の 2 つの直線上にある。

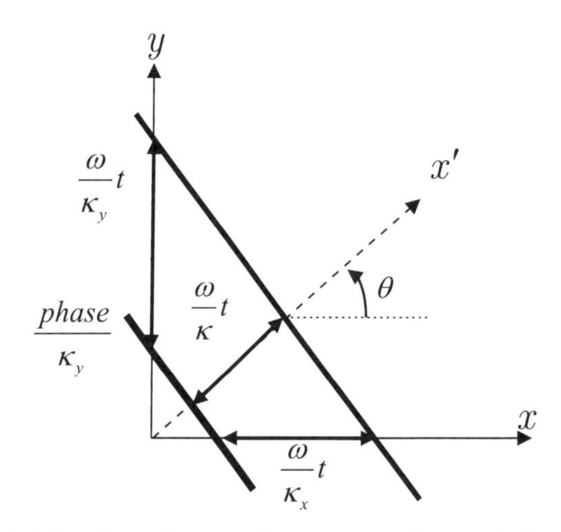

図 9.3-1　調和平面波の位相が一定である値と伝播方向、伝播速度、波数の関係

図 9.3-1 の幾何学的関係から時刻 $t = 0$ の位相が一定である $\cos(Phase)$ の値が、時刻 t では x, y 軸方向にそれぞれ $(\omega / \kappa_x)t, (\omega / \kappa_y)t$ だけ移動している。このことは、調和平面波の x, y 軸方向の伝播速度が、次式で与えられることを意味する。

$$C_x = \frac{\omega}{\kappa_x}, \quad C_y = \frac{\omega}{\kappa_y} \tag{9.3-7a}$$

また、図 9.3-1 に示す 2 つの直線に直交する方向に x' 軸を設定すると、この x' 軸方向（波線）に調和平面波が伝播する。この x' 軸に直交する方向（波面）に y' 軸をとると、位相 $Phase$ が一定である $\cos(Phase)$ の値は y' に依存しない。そこで、図 9.3-2 のように調和平面波伝播方向 (x') の波数を κ とすると、x' 方向の速度は次式で与えられる。

$$C_{x'} = \frac{\omega}{\kappa} \tag{9.3-7b}$$

また、図 9.3-1 の幾何学的関係より次式が成立し、波数軸で表すと、図 9.3-2 が得られる。

$$\kappa_x = \kappa\cos\theta, \quad \kappa_y = \kappa\sin\theta \tag{9.3-7c}$$

新座標系 (x', y') と任意の座標系 (x, y) の間には次式が成立する。

$$\begin{pmatrix} x \\ y \end{pmatrix} = \begin{pmatrix} \cos\theta & -\sin\theta \\ \sin\theta & \cos\theta \end{pmatrix}\begin{pmatrix} x' \\ y' \end{pmatrix}, \quad \begin{pmatrix} x' \\ y' \end{pmatrix} = \begin{pmatrix} \cos\theta & \sin\theta \\ -\sin\theta & \cos\theta \end{pmatrix}\begin{pmatrix} x \\ y \end{pmatrix} \tag{9.3-8a}$$

式 (9.3-7c) と式 (9.3-8a) を使うと、任意の座標 (x, y) での調和平面波は、次式のように新座標系 (x', y', z) では x' のみに依存し、y' に依存しない調和平面波になる。

$$\mathrm{e}^{i(\kappa_x x + \kappa_y y - \omega t)} = \mathrm{e}^{i(\kappa(x\cos\theta + y\sin\theta) - \omega t)} = \mathrm{e}^{i(\kappa x' - \omega t)} \tag{9.3-8b}$$

上式は、調和平面波の進行方向に x' を設定した新座標系 (x', y', z) でみると、y' に依存しない調和平面波になるという当然のことを意味するが、この性質を使うと次項で記述するような 3 次元と 2 次元波動方程式の解の重要な関係が得られる。

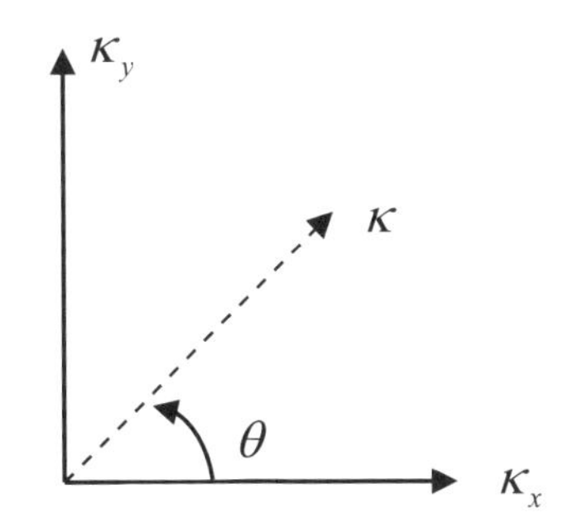

図 9.3-2　調和平面波の伝播方向 x' の波数と座標 (x, y) 方向の波数の関係

(4) 3 次元波動方程式の解と 2 元波動方程式の解の関係

上記の新座標系の変位は、$u_0(x', z, t), v_0(x', z, t), w_0(x', z, t)$ のように座標軸 y' に無関係な 2 次元 (x', z) の面内問題(P・SV 波問題)と面外問題(SH 波問題)となる(9.1 節と 9.2 節)。

任意の直交座標系を z 軸の回りに角度 θ だけ回転した新座標系の変位と、任意の直交座標系での変位 $u(x, y, z, t), v(x, y, z, t), w(x, y, z, t)$ の間には、次式が成立する(時空間領域の関係)。

$$\begin{pmatrix} u \\ v \\ w \end{pmatrix} = \begin{pmatrix} \cos\theta & -\sin\theta & 0 \\ \sin\theta & \cos\theta & 0 \\ 0 & 0 & 1 \end{pmatrix}\begin{pmatrix} u_0 \\ v_0 \\ w_0 \end{pmatrix}, \quad \begin{pmatrix} u_0 \\ v_0 \\ w_0 \end{pmatrix} = \begin{pmatrix} \cos\theta & \sin\theta & 0 \\ -\sin\theta & \cos\theta & 0 \\ 0 & 0 & 1 \end{pmatrix}\begin{pmatrix} u \\ v \\ w \end{pmatrix} \tag{9.3-9}$$

振動数・波数領域の変位では、波数と座標回転の関係式(9.3-7c)より、次式が成立する。

$$\begin{pmatrix} u(z) \\ v(z) \\ w(z) \end{pmatrix} = \frac{1}{\kappa} \begin{pmatrix} \kappa_x & -\kappa_y & 0 \\ \kappa_y & \kappa_x & 0 \\ 0 & 0 & \kappa \end{pmatrix} \begin{pmatrix} u_0(z) \\ v_0(z) \\ w_0(z) \end{pmatrix}, \quad \begin{pmatrix} u_0(z) \\ v_0(z) \\ w_0(z) \end{pmatrix} = \frac{1}{\kappa} \begin{pmatrix} \kappa_x & \kappa_y & 0 \\ -\kappa_y & \kappa_x & 0 \\ 0 & 0 & \kappa \end{pmatrix} \begin{pmatrix} u(z) \\ v(z) \\ w(z) \end{pmatrix} \tag{9.3-10a}$$

ここに、$\kappa = \sqrt{\kappa_x^2 + \kappa_y^2}$ である。また、振動数・波数領域の変位を次式のように簡略表現した。

$$\begin{pmatrix} u(z) \\ v(z) \\ w(z) \end{pmatrix} \equiv \begin{pmatrix} u(\kappa_x, \kappa_y, z, \omega) \\ v(\kappa_x, \kappa_y, z, \omega) \\ w(\kappa_x, \kappa_y, z, \omega) \end{pmatrix}, \quad \begin{pmatrix} u_0(z) \\ v_0(z) \\ w_0(z) \end{pmatrix} \equiv \begin{pmatrix} u_0(\kappa, z, \omega) \\ v_0(\kappa, z, \omega) \\ w_0(\kappa, z, \omega) \end{pmatrix} \tag{9.3-10b}$$

以上より、3 次元波動方程式の解 $\mathbf{u}(\kappa_x, \kappa_y, z, \omega)$ は、新座標系の面内問題（P・SV 波問題）と面外問題（SH 波問題）の 2 次元波動方程式の解 $\mathbf{u}_0(\kappa, z, \omega)$ に分解できることがわかった。これをまとめると、図 9.3-3 のようになる。

このことより、2 次元波動方程式の解 $\mathbf{u}_0(\kappa, z, \omega)$ は、新座標系の面内問題と面外問題の 2 次元波動方程式を直接に解くか、または、式 (9.3-10) の 3 次元と 2 次元の解の関係式に以下のように 3 次元の解を代入して求めることができる。

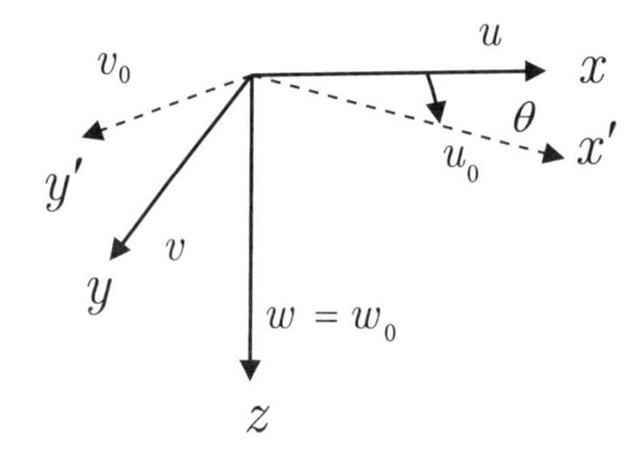

図 9.3-3　3 次元波動場 (u, v, w) と 2 次元波動場（P・SV 波問題 :u_0, w_0 と SH 波問題 :v_0）と調和平面波伝播方向 x' の関係

式(9.3-10)に 3 次元の解（式(9.3-5)）を代入して、2 次元の解が次式のように得られる。

$$\mathbf{u}_0(x', z, t) = \frac{1}{(2\pi)^2} \iint \mathbf{u}_0(\kappa, z, \omega) \mathrm{e}^{i(\kappa x' - \omega t)} d\kappa d\omega \tag{9.3-11a}$$

ここに、振動数・波数領域の変位ベクトル $\mathbf{u}_0(\kappa, z, \omega)$ の各成分は、次式のようになる。

SH 波（面外問題）：

$$v_0(\kappa, z, \omega) = i\left(\Psi_{SHout} \mathrm{e}^{i\gamma z} + \Psi_{SHin} \mathrm{e}^{-i\gamma z}\right) \tag{9.3-11b}$$

P・SV 波（面内問題）：

$$\begin{pmatrix} u_0(\kappa, z, \omega) \\ w_0(\kappa, z, \omega) \end{pmatrix} = \begin{pmatrix} i\kappa \\ i\nu \end{pmatrix} \Phi_{out} \mathrm{e}^{i\nu z} + \begin{pmatrix} i\kappa \\ -i\nu \end{pmatrix} \Phi_{in} \mathrm{e}^{-i\nu z} + \begin{pmatrix} -i\gamma \\ i\kappa \end{pmatrix} \Psi_{SVout} \mathrm{e}^{i\gamma z} + \begin{pmatrix} i\gamma \\ i\kappa \end{pmatrix} \Psi_{SVin} \mathrm{e}^{-i\gamma z} \tag{9.311c}$$

ここに、

$$\Psi_{SVout} = \left(\frac{\kappa_x}{\kappa}\Psi_{2out} - \frac{\kappa_y}{\kappa}\Psi_{1out}\right), \qquad \Psi_{SVin} = \left(\frac{\kappa_x}{\kappa}\Psi_{2in} - \frac{\kappa_y}{\kappa}\Psi_{1in}\right)$$

$$\Psi_{SHout} = -\kappa\Psi_{3out} + \gamma\left(\frac{\kappa_x}{\kappa}\Psi_{1out} + \frac{\kappa_y}{\kappa}\Psi_{2out}\right) \tag{9.3-11d}$$

$$\Psi_{SHin} = -\kappa\Psi_{3in} - \gamma\left(\frac{\kappa_x}{\kappa}\Psi_{1in} + \frac{\kappa_y}{\kappa}\Psi_{2in}\right)$$

これらの振動数・波数領域での2次元波動方程式の解は、次式のような積分定数の関係を考慮すると、2重フーリエ変換を使って求めた2次元波動方程式の一般解と一致する。

$$\begin{pmatrix} u_{SHout} \\ u_{SHin} \end{pmatrix} = i\begin{pmatrix} \Psi_{SHout} \\ \Psi_{SHin} \end{pmatrix}, \quad \begin{pmatrix} u_{Pout} \\ u_{SVout} \\ u_{Pin} \\ u_{SVin} \end{pmatrix} = \begin{pmatrix} i\dfrac{\omega}{C_P}\Phi_{out} \\ -i\dfrac{\omega}{C_S}\Psi_{SVout} \\ i\dfrac{\omega}{C_P}\Phi_{in} \\ i\dfrac{\omega}{C_S}\Psi_{SVin} \end{pmatrix} \tag{9.3-11e}$$

上式の$\Phi_{out}, \Psi_{SVout}, \Psi_{SHout}$等は未知係数で、2次元問題としての境界条件から決定できる。ただし、3次元問題の境界条件を満たす解を求めた場合、3次元問題の未知係数とは式(9.3-11d)の関係があるため、3次元問題の境界条件から決められる未知係数から2次元問題の未知係数が求められる。この場合、2次元問題の未知係数は3次元問題の(x, y, z)座標系での波数$\kappa_x, \kappa_y, \nu, \gamma$の関数として決まることに注意せよ。

参考文献

時間領域と振動数領域の微分方程式：

1. 上野健爾監修(2015)：応用数学，森北出版.
2. 畑上到(2013)：工学基礎　フーリエ解析とその応用，数理工学社.
3. A. Papoulis 著，大槻 喬他・平岡 寛二訳(1967)：応用フーリエ積分，オーム社.
4. 原田隆典，本橋英樹(2017)：入門弾性波動理論，現代図書.
5. 原田隆典，本橋英樹(2020)：入門数理地震工学，技報堂出版.
6. 原田隆典，本橋英樹(2021)：フーリエ変換と応用，現代図書.
7. 野波健蔵，西村秀和(1998)：制御理論の基礎，東京電機大学出版局.
8. C.R. Wylie，富久泰明訳(1970)：工業数学　上・下，ブレイン図書出版.
9. 富田幸雄，小泉堯，松本浩之(1974，1975)：工学のための数理解析 I，II，実教出版.
10. V.T. Karman and M.A. Biot（1940）：Mathematical Methods in Engineering，McGraw-Hill Book Company.

各種数学公式：

1. 大脇直明，高橋忠久，有田耕一(2002)：土木技術者のための数学入門，コロナ社.
2. 森口繁一，宇田川久，一松信(1960)：数学公式 I(微分積分・平面曲線), II(級数・フーリエ解析), III(特殊関数)，岩波書店.（公式集で大いに使った).
3. 数学ハンドブック編集委員会(1960)：理工学のための数学ハンドブック，丸善.
4. ピーアス・フォスター，ブレイン図書出版通信教育部訳(1975)：簡約積分表，ブレイン図書出版.（手軽で便利な数学公式集として使った).
5. M.R. Spiegel (1968)：Mathematical Handbook of Formulas and Tables，McGraw-Hill Book Company.（これもよく使う手軽な公式集である).
6. I.S. Gradshteyn and I.M. Ryzhik，Corrected and Enlarged Edition by Alan Jeffrey（1980）：Table of Integrals, Series, and Products，Academic Press.（殆どの公式が網羅されている).
7. M. Abramowitz and I.A. Stegun（1970）：Hand Book of Mathematical Functions，Dover Publications.（殆どの関数や図表と数値があり便利である).

索　引

い
一般化フーリエ変換 11, 15, 16, 17, 25, 37, 40, 41, 46, 49, 78, 80, 82, 83, 84
インピーダンス比 149

う
運動量の変化 48

え
Aliasing 28
SH 波 139, 160
SH 波の波動方程式 140
FFT 83

き
共振 149

く
Clough の方法 95
グリーン関数 45, 50, 51, 52

け
ケーリー・ハミルトンの定理 69, 71, 73

こ
固有行列 57, 59
固有振動数 149
固有値 57
固有値問題 57
固有ベクトル 57

さ
最適制震法 110, 123
最適レギュレータ法 110
差分方程式 65, 100, 101

し
指数関数 9
指数関数行列 59, 62
シルベスターの恒等式 73
振動数 28
振動数・波数領域 139

す
水平スローネス 143, 145
Snell の法則 143

せ
制震 111

た
多項式 9
畳み込み積分 10, 12, 53
単位衝撃力 45, 52

ち
直接積分法 103
直交性 57

て
定数変化法 9, 33, 66
デルタ関数 45
伝達演算子 96, 99
伝達行列 59, 65

と

同次方程式 8, 56
特解 8, 10
特性方程式 8, 32

な

Nyquist 振動数 28, 42

に

Nigam・Jennings 法 92
Newmark のβ法 94, 99, 101

は

波線 142
波動方程式 139
波面 142

ひ

P・SV 波 139, 160
P・SV 波の波動方程式 151
非同次方程式 8
微分演算子 96, 98
標準波動方程式 151, 156

ふ

フーリエスペクトル 29
フーリエ変換 11, 15
複素積分 20, 22, 38

め

面外問題 159, 160
免震 110
面内問題 159, 160

ら

ラグランジェの未定係数法 121
Love 波の分散曲線 148
ラプラス変換 18

り

リカッチ方程式 118, 119, 121, 138
力積 48
離散化リカッチ方程式 126
離散高速フーリエ変換 83
離散フーリエ変換 28
留数定理 20, 22
臨界減衰状態 51

る

ルンゲ・クッタ法 89, 90, 91, 98

れ

Rayleigh 波の分散曲線 154
連立 1 階微分方程式 54, 55

わ

ワイエルシュトラスの定理 9

■著者略歴

原田　隆典(はらだ　たかのり)

1952 年　山口県生まれ

1975 年　九州工業大学開発土木工学科卒業

1980 年　東京大学大学院工学研究科博士課程修了(土木工学専攻、工学博士)

同　年　宮崎大学助教授(工学部土木工学科)

1997 年　宮崎大学教授(工学部土木工学科)

2018 年　宮崎大学名誉教授

同　年　宮崎大学発ベンチャー企業㈱地震工学研究開発センター技術顧問、現在に至る

本橋　英樹(もとはし　ひでき)

1973 年　中国遼寧省生まれ(中国名：王宏沢(おう　こうたく))

2001 年　宮崎大学工学部土木環境工学科卒業

2006 年　宮崎大学大学院工学研究科博士後期課程修了(システム工学専攻、博士(工学))

同　年　㈱耐震解析研究所

2009 年　帰化(日本名：本橋英樹)

2011 年　宮崎大学発ベンチャー企業㈱地震工学研究開発センター主任研究員

2017 年　㈱ IABC　地震・津波研究室取締役室長、現在に至る

土木環境数学Ⅱ　時間と振動数・波数領域による定数係数の微分方程式と波動方程式の解法

2021 年 10 月 20 日　第 1 刷発行

共著者　原田 隆典・本橋 英樹
発行者　池田 廣子
発行所　株式会社現代図書
〒 252-0333　神奈川県相模原市南区東大沼 2-21-4
TEL　042-765-6462（代）　FAX　042-701-8612
振替　00200-4-5262
http://www.gendaitosho.co.jp/
発売元　株式会社星雲社（共同出版社・流通責任出版社）
〒 112-0005　東京都文京区水道 1-3-30
TEL　03-3868-3275　FAX　03-3868-6588
印刷・製本　株式会社丸井工文社

ISBN978-4-434-29468-6　C3051
Printed in Japan